지구인에게, 별로부터

◆ 일러두기

1. 본문에 나오는 인명과 지명은 외래어 표기법을 따랐습니다.
2. 본문에서 언급하는 단행본이 국내에서 출간된 경우 번역본 제목으로 표기했고, 출간되지 않은 경우 최대한 원서와 가깝게 번역하고 원제를 병기했습니다.
3. 책 제목은 겹낫표(『』), 논문, 보고서, 정기간행물은 홑낫표(「」), 영화, 뮤지컬, TV 프로그램은 홑화살괄호(〈〉)를 써서 묶었습니다.

지구인에게,

별로부터

지웅배 지음

다섯
수레

별은 오늘도 우리에게
말을 건다

천문학자라고 소개하면 사람들은 내게 별자리 신화를 묻곤 한다. 밤하늘에 얽힌 신과 영웅의 이야기를 들려주길 기대한다. 천문학자라면 당연히 별자리 전설 몇 편쯤은 줄줄 읊으리라 생각하는 모양이다. 하지만 이는 거대한 착각이다. 타인의 기대를 충족해야 한다는 과도한 책임감에, 평소 관심조차 없던 타로 카드까지 취미로 공부하는 동료를 본 적도 있다. 사회가 보낸 어긋난 요구에 부응하려 노력한 천문학자가 보인 귀여운 몸부림이었을지 모른다.

별자리와 신화에는 인류가 품은 오랜 상상력과 두려움, 소망이 고스란히 담겨 있다. 제각기 다른 거리에 놓인 별이 우연히 같은 방향에서 모여 보인다는 이유만으로 제멋대로 선을 긋고, 그 위에 동물이나 신의 형상을 덧씌웠다. 지구 밤하늘에 나타난 별 배치만으로는 우리 삶과 미래를 논할 수 없다. 별자리와 그 신화는 별이 우리에게 들려주는 이야기가 아니라, 인간이 밤하늘 위에 그려 놓은 오래된 낙서에 가깝다.

나는 오래전부터 낙서 너머에 숨은 이야기를 전하고 싶었다. 오늘날 천문학자가 밤하늘에서 무엇을 보는지를 들려주고 싶었다. 우리는 별을 보며 누가 활을 겨누는지, 누가 영원한 벌을 받는지 따위를 궁금해하지 않는다. 대신 한 점의 별빛이 얼마나 아득한 시간을 건너왔는지, 그 빛이 출발한 별이 아직 살아 있는지 아니면 이미 사라졌는지, 그 별이 우주 비밀을 얼마나 품고 있는지를 궁금해한다. 그리고 그 비밀이 지구 위 우리 삶과 어떻게 이어지는지를 떠올린다.

내게 그 사실을 가장 선명하게 알려 준 작품이 있다. 바로 〈시데레우스〉라는 국내 뮤지컬이다. 천문학자 갈릴레오와 케플러가 편지를 주고받으며 우주의 실체에 조금씩 다가갔던 실화를 바탕으로 한다. 이 뮤지컬의 곡 중에 오래도록 마음에 남는 넘버가 하나 있다. 바로 〈시데레우스 눈치우스〉라는 곡이다. '시데레우스 눈치우스'는 '별에서 온 소식을 전한다'라는 아름다운 뜻이다. 이 제목은 갈릴레오가 개량한 망원경으로 하늘을 관찰한 뒤 달의 거친 표면, 목성 주변을 도는 위성, 셀 수 없이 많은 별로 이루어진 은하수의 모습을 기록해 펴낸 책의 제목이기도 하다. 갈릴레오는 자신을 '별의 소식을 전하는 사람'으로 여겼다.

기나긴 거리를 넘어 별들의 이야길 전하고, 기나긴 시간을 견뎌 별들의 소식을 받고 있어.

이 아름다운 노랫말을 듣는 순간, 나는 천문학자로서 내가 하는 일이 무엇인지 깨달았다. 동료와 온종일 연구실에 앉아 토론하고, 관측자료를 검토하고, 그래프를 그리고, 단어 하나를 고치려 씨름하고, 논문의 빈칸을 채우는 과정. 그것은 결국 수백, 수천 광년을 날아온 별빛에 담긴 소식을 인간의 언어로 번역하는 작업이었다. 천문학자는 단순히 별을 잇고 낙서를 그리는 이가 아니다. 너무 멀리 있어 곧바로 들리지 않는 별들의 이야기를, 우리가 들을 수 있는 형태로 겨우겨우 옮겨 적는 사람이다. 천문학자는 말 그대로 별 소식을 전하는 전달자다.

별이 들려주는 소식을 들으려면 먼저 인간이 덧씌운 낙서를 잠시 지워야 한다. 익숙한 별자리 이름과 어릴 적 읽었던 신화를 걷어내고, 오직 별빛에 귀를 기울여야 한다. 별에는 다채로운 이야기가 담겨 있다. 우주의 기원과 변화, 지구 바깥에 생명체가 있을 가능성, 별의 소멸과 그 파괴에서 비롯한 새로운 탄생, 인간이 절대적이라 믿어 온 기준과 그 기준이 얼마나 쉽게 흔들리는지에 관한 수많은 서사가 별 속에 새겨져 있다. 밤하늘은 얼핏 고요해 보이지만, 사실은 거대한 사건과 발견 기록이 빼곡하게 들어찬 기록보관소와 같다. 그리고 그 모든 이야기는 희미한 빛으로 적혀 있다.

어린 시절 나를 우주로 이끈 〈은하철도 999〉의 여행처럼, 작은 별을 하나씩 찾아 나선 『어린 왕자』의 발걸음처럼, 이 책은 열두 개의 별을 하나씩 방문하며 별의 이야기를 듣는 여정이다. 그 별 곁에서 우리는 천문학적 발견과 오래된 문명의 기록을 만나고, 인간이 품었던 꿈과 공포, 기쁨과 슬픔, 경외의 순간을 함께 바라볼 테다. 별은 늘 그 자리에 있었지만, 인류가 그 별을 이해하고 느낀 방식은 항상 달라졌다.

책을 통해 우리가 매 순간 우주에 속해 있는 존재라는 아름다운 사실을 느끼기를 바란다. 그래서 망원경이나 특별한 장비가 없어도 지구 어디서든 고개만 들면 맨눈으로 쉽게 찾는 대표적인 별들을 책의 주인공으로 골랐다. 당신이 할 일은 어렵지 않다. 이야기가 이끄는 대로 조금씩 고개를 돌리고, 밤하늘의 한 점을 오래 바라보면 된다. 마침내 머나먼 거리와 기나긴 시간을 가로질러 날아온 별빛이 눈동자에 닿는 순간을 만끽하기 바란다. 그 빛에 새겨져 있던 별의 소식이 조금씩 들리기 시작할 것이다. 머리 위 별들은 단지 반짝이는 작은 점이 아니다. 지금 이 순간에도 우리에게 말을 거는 오래된 세계다.

차례

---

1. 미래를 가리키는 안내자, 시리우스

별은 인간을 꿈꾸게 한다

평화로운 항구도시 시 헤이븐에서 사랑하는 아내와 사는 트루먼 버뱅크. 오늘도 평소처럼 평범한 하루를 시작한다. 이웃과 즐겁게 인사를 나누고 출근하려는 순간, 갑자기 하늘에서 무언가 트루먼 앞에 떨어진다. 무대조명처럼 보이는 낯선 장치 위에는 손글씨로 휘갈겨 쓴 시리우스Sirius라는 단어가 선명하다.

사실 트루먼은 거대한 거짓에 둘러싸여 있다. 시 헤이븐은 거대한 무대다. 그 무대 위 진짜 인간은 트루먼뿐이다. 곁을 지키는 이웃과 직장동료, 사랑한다고 믿었던 아내조차 정해진 각본을 연기하는 배우에 불과하다. 그는 태어난 순간부터 기획된 세상에서 살았고, 전 세계가 그의 삶을 지켜봤다. 하지만 운명처럼 눈앞에 조명 하나가 떨어졌다. 조명에는 밤하늘에서 가장 찬란하게 빛나는 별, 시리우스의 이름이 새겨져 있었다.

당황한 스태프는 급히 상황을 수습하려 했다. 트루먼이 탄 차의 라디오에서는 비행기 부품이 추락했다는 뉴스가 흘러나오지만, 모든 것은 허술한 거짓말일 뿐이다. 다시 일상으로 돌아간 듯 보여도 트루먼의 마음에는 작고 뚜렷한 균열이 생긴다.

이 장면은 1998년 개봉한 짐 캐리Jim Carrey 주연의 영화 〈트루먼 쇼〉의 서막이다. 하늘 위 별빛을 담당하던 조명이 추락하는 이 장면은 단순한 해프닝이 아니다. 트루먼이 갇힌 세트장 규모를 실감하게 하는 서늘한 복선이자 마음속에서 깨어나는 의심의 서곡이다. 하필 조명이 담당하던 별이 시리우스였다는 점은 의미심장하다.

시리우스는 밤하늘에서 맨눈으로 볼 때 가장 밝게 빛나는 별이다. 겨울밤의 한없이 맑고 차가운 공기 속에서 푸르스름한 빛을 내며 반짝이는 시리우스는 강렬한 불꽃처럼 타오른다. 고대 그리스인은 이 별을 '불타오르는, 눈부시게 빛나는'이라는 뜻을 지닌 세이리오스Seirios라고 불렀다. 오늘날 시리우스라는 이름은 여기서 유래했다. 옅은 구름이 깔린 밤에도 존재감을 숨기지 못할 만큼 강렬하게 빛나는 시리우스는 수천 년 동안 우주의 신비를 동경하는 이들에게 길잡이가 되었다.

별이 약속한 풍요로운 여름

"이집트는 나일강의 선물이다." 역사의 아버지라 불리는 고대 그

◆ 국제우주정거장이 상공 350킬로미터를 지나며 촬영한 사진. 나일강 하류에 도시 불빛이 밀집해 있다. 불빛으로 가장 밝게 빛나는 곳이 현재 이집트의 수도 카이로다. 나일강은 과거에도 지금도 문명의 생명줄이다.

리스 역사학자 헤로도토스Herodotus가 남긴 말이다. 총길이 6650킬로미터에 달하는 나일강은 적도 부근 케냐에서 시작해 수단과 에티오피아를 거쳐 북쪽 지중해로 흘러간다. 그중에서도 나일강 하류에 자리 잡은 이집트는 신이 내린 축복의 땅이다. 아프리카 대륙의 10분의 1에 달하는 광대한 유역에서 밀려온 비옥한 토사가 삼각주를 기름지게 했다.

매년 여름 나일강은 범람했다. 약속이라도 한 듯 7월이 되면 강물은 3배로 불어나 대지를 적셨다. 강물이 범람할 때는 농사를 지을 수 없었기 때문에 사람들은 이 시기를 이용해 피라미드를 건설했다. 피라미드 건설에 필요한 돌도 범람한 강을 통해 옮겼다. 범람이 끝나면 강물이 가져온 비옥한 퇴적물을 비료 삼아 농사를 지었다. 나일강은 단순한 물줄기가 아니었다. 그것은 생명의 순환이자 이집트 문명의 리듬이었다. 홍수 주기가 곧 국가의 운명을 결정했다. 물이 풍족하면 수확량이 늘었고 세금도 많이 걷을 수 있었다. 반대로 가뭄이 들면 기근이 찾아왔다. 이집트인은 나일강이 언제 범람할지 예측하는 데 운명을 걸었다.

그 답을 알려준 주인공이 시리우스였다. 이 별은 단순한 빛이 아니라 시간의 신호였다. 지금으로부터 4000년 전, 이집트 제11왕조를 다스리던 파라오 멘투호테프Mentuhotep 시대를 떠올려 보자. 새벽녘, 고대 이집트의 수도 테베의 하늘이 어둠을 걷어낸다. 동쪽 지평선 아래에서 태양빛이 희미하게 번지며 하늘을 물들인다. 태양이 떠오르기 전, 빛이 닿지 않는 새벽하늘에 별이 하나둘 모습을 드러낸다. 마침내 동쪽 하늘에 오랫동안 숨죽이고 있던 별 하나가 다시 떠오른다. 바로 시리우스다.

지구는 매일 태양을 중심으로 1도씩 움직인다. 태양을 기준으로 하늘을 바라보는 지구인 눈에는 하늘 전체가 매일 1도씩 틀어지는 것처럼 보인다. 태양신 라Ra를 태운 천상의 돛단배는 매일 동쪽에서 서쪽 지평선으로 항해하지만 그 너머 밤하늘의 별들은 조금씩 자리를 바꾼다. 태양에 한참 뒤처져 늦게 떠오르던 별이 어느새 태양과 동시에 지평선 위로 모습을 드러낸다. 6월 말에서 7월이 되면 눈부신 태양 바로 뒤에 숨어 있던 오리온자리가 태양보다 앞서 지평선 위로 나타난다. 오리온은 매일 조금씩 더 부지런해진다. 새벽이 깊어질수록 아직 태양빛이 스며들지 않은 어두운 하늘에 오리온의 모습은 더 뚜렷해진다.

밤하늘의 사냥꾼, 오리온 곁에는 충직한 사냥개가 함께한다. 사냥개 코끝에서 찬란하게 빛나는 별이 바로 시리우스다. 개는 결코 주인을 앞서지 않는다. 언제나 주인 뒤를 따른다. 테베의 하늘에서도 오리온이 먼저 모습을 드러내면 뒤따라 사냥개가 나타난다. 7월이 깊어질수록 사냥꾼과 사냥개는 더 부지런해진다. 그러다 사냥개도 태양을 앞지르기 시작한다. 동쪽 지평선 위로 태양빛이 스며들 때 사냥개가 지평선 위로 밝게 빛나는 코끝을 내민다. 시리우스가 태양과 동시에 지평선 위로 모습을 드러내는 순간, 나일강은 차오르고 새로운 생명이 움튼다. 이집트에서 가장 풍요로운 계절인 여름은 그렇게 시작된다.

별이 동쪽 지평선 위로 태양과 함께 떠오르는 현상을 헬리컬 라이징heliacal rising이라고 한다. 이는 곧 나일강의 부활을 의미했다. 이 별은 단순한 천체가 아니었다. 이집트인에게 시리우스는 풍요의 여신인 소프데트였다. 그녀는 나일강에 생명을 불어넣는 존재였고, 이 별이 떠오를 때마다 세상은 다시 한번 생명을 얻었다. 벽화 속 소프데트는 언제나 머리 위에 밝은 별을 이고 있다. 이는 단순한 장식이 아니라 하늘과 대지를 잇는 상징이다. 그리고 그 별이 바로 시리우스다.

◆ 이집트 덴데라의 하토르 신전 기둥에 그려진 풍요의 여신 소프데트. 머리 위에 밝게 빛나는 별이 시리우스다. 고대 이집트인에게 시리우스의 등장은 풍요와 다산의 계절을 알리는 표지였다.

이집트는 세계 최초로 태양력을 개발한 문명이다. 그들은 태양의 움직임을 기준으로 날짜를 계산하며 한 해를 세 계절로 나누었다. 나일강이 범람하는 '아케트', 농작물을 재배하는 '페레트', 그리고 수확을 맞이하는 '셰무'다. 아케트의 시작은 시리우스의 헬리컬 라이징이 일어나는 날이었다. 즉 그들의 달력에서 시리우스가 떠오르는 순간 새로운 해가 시작되었다.

하지만 지금 이집트에서 나일강은 더 이상 주기적으로 범람하지 않는다. 1970년대 아스완댐이 건설되면서 나일강 범람은 막을 내렸다. 강물은 더 이상 소프데트의 부활을 알리지 않는다. 그러나 시리우스는 변함없다. 4000년 전에도 지금도 밤하늘에서 가장 찬란한 빛을 발하며 인류의 시선을 끈다.

이집트인보다 앞서 시리우스를
바라본 사람들

흔히 지구에서 가장 오래된 문명으로 고대 이집트 왕국을 이야기하지만, 그보다 훨씬 오래된 역사의 흔적이 있다. 튀르키예 남동부에서 발견된 미스터리한 유적, 괴베클리 테페Göbekli Tepe다. 이 이름은 튀르키예어로 '배불뚝이 언덕'이라는 뜻이다. 알파벳 T자 모양의 거대한 돌기둥 수백 개가 원형으로 배치된 이곳은 지금으로부터 약 1만 2000년 전에 세워졌다고 추정한다.

인류가 농경을 본격적으로 시작하기 전, 수렵과 채집을 하며 살아가던 시대에 누군가는 이곳에 거대한 신전을 세웠다. 이 정도면 사실상 신석기시대나 다름없다. 고대 이집트 왕국보다 7000년이나 앞선 시기다. 괴베클리 테페가 세워지고 이집트 왕국이 등장하기까지 걸린 시간이 이집트 왕국이 세워지고 현대에 이르기까지 흐른 시간보다 길다. 손에서 아직 돌도끼의 흙먼지가 채 가시지 않았던 시절에 인류는 이미 정교한 건축물을 세우고 함께 모여 살며 하늘을 바라보았다.

◆ 지금으로부터 1만 2000년 전에 세워진 인류 최초의 신전이자 건축물인 괴베클리 테페. 일부 고고학자는 이곳이 우주와 관련이 있다고 주장한다. 이곳에 남은 돌기둥은 정밀한 시계처럼 1만 여 년 전에 처음 지평선 위로 떠오른 시리우스를 겨냥한다.

일부 고고학자는 괴베클리 테페가 우주와 관련이 있다고 주장한다. 이곳의 돌기둥은 무작위로 세워진 것이 아니다. 마치 하늘의 특정한 방향을 가리키듯 정렬되어 있다. 지금 우리가 이 돌기둥 사이에 서서 하늘을 바라보면 특별한 게 보이지 않을지 모른다. 그러나 잊지 말아야 한다. 이곳이 적어도 1만 2000년 전에 세워졌다는 사실을 말이다. 당시의 하늘을 보려면 과거로 거슬러 올라가야 한다.

지구의 자전축은 약 2만 6000년을 주기로 서서히 움직인다. 지구는 끝없이 회전하는 거대한 팽이와 같다. 그런데 아슬아슬한 팽이이기도 하다. 기울어진 팽이는 곧장 쓰러지지 않는다. 중력과 바닥의 마찰 때문에 힘을 잃어가면서도 넘어지지 않으려 몸부림친다. 이 과정에서 회전축이 천천히 돌아간다.

지구도 마찬가지다. 달과 태양 중력은 지구의 자전을 방해하며 지속해서 뒤틀림을 가한다. 그래서 자전축의 기울어진 방향이 회전하듯 움직인다. 이를 세차운동precession이라고 한다. 지구 자전축, 즉 지구의 북극이 가리키는 방향이 틀어지면 우리가 보는 밤하늘의 풍경도 달라진다. 먼 과거 사람이 보았던 하늘을 정확히 되살리려면 세차운동을 반드시 고려해야 한다. 이제 상상의 문을 열고 지금으로부터 약 1만 2000년 전, 튀르키예 동남부 고원으로 떠나보자. 그때의 하늘은 지금과 다르게 펼쳐졌을 것이다.

본래 이곳 하늘에서는 시리우스를 볼 수 없었다. 영원히 지평선 아래 숨은 별이었다. 하지만 1만 2000년 전 세차운동과 함께 지구의 자전축이 천천히 기울면서 시리우스가 살며시 모습을 드러냈다. 그 시기는 고고학자가 추정하는 괴베클리 테페의 건축 시기와 정확히

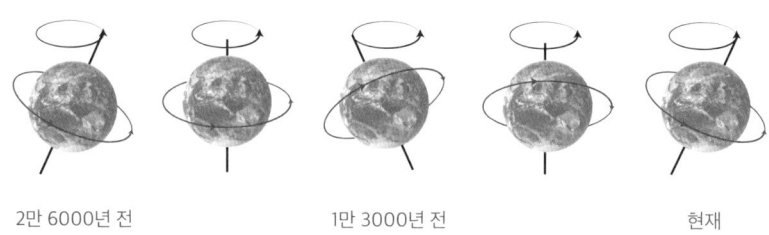

2만 6000년 전   1만 3000년 전   현재

◆ 지구는 휘청거리는 거대한 팽이와 같다. 쓰러지기 직전의 팽이처럼 지구의 자전축도 회전하듯 움직인다.

일치한다.

돌기둥은 정밀한 시계처럼 1만 2000년 전 처음 지평선 위로 떠오른 시리우스를 겨냥한다. 한 번도 본 적 없던 눈부시게 밝은 별이 처음 지평선 위에 떠오르던 순간. 이는 고대인에게 단순한 천문 현상이 아니었을 것이다. 신의 방문이었고, 하늘과 땅이 처음으로 이어지는 장엄한 계시였다.

시리우스는 혼자가 아니다

시리우스는 북반구 밤하늘에서 가장 밝게 빛나는 별 중 하나다. 그 찬란한 광채는 오랫동안 천문학자의 관심을 사로잡았다. 철학자로 잘 알려진 이마누엘 칸트도 예외는 아니었다. 1755년, 그는 시리우스가 우리은하의 중심일 것이라 추측했다. 이유는 단순했다. 시리우스가 가장 밝았기 때문이다. 그는 은하수의 모든 별이 이 눈부신 천체를 중심으로 돌고 있다고 믿었다. 하지만 칸트의 추측은 틀렸다. 우리은하의 중심에는 가장 밝은 별이 아닌, 빛조차 빠져나올 수 없는 거대한 블랙홀이 자리한다.

오랫동안 별은 하늘에 박힌 보석처럼 여겨졌다. 하늘이 회전하며 별이 지평선 위로 떠올랐다가 사라졌지만, 별 자체가 움직인다고 생각하지는 않았다. 그러나 16세기에 니콜라우스 코페르니쿠스가 천문학 모형으로 발표한 지동설과 17세기 초에 갈릴레오 갈릴레이가 망원경으로 목성의 위성을 관측하며 확신한 지동설은 인류의 오래된 믿음을 뒤흔들었다. 지구는 더 이상 우주의 중심이 아니었다. 태양 주위를 도는 행성 중 하나에 불과했다. 그리고 만약 지구가 움직인다면 그곳에서 바라보는 우주의 풍경도 바뀌어야 했다. 마치 전망대에서 같은 도시를 보더라도 서 있는 위치에 따라 풍경이 다르게 보이는 것처럼 말이다.

이 논리는 연주 시차stellar parallax에 대한 개념으로 이어졌다. 지구가 태양을 중심으로 공전한다면 계절에 따라 밤하늘 속 별의 위치도 조금씩 달라져야 한다. 그러나 18세기까지도 연주 시차는 관측되지 않았다. 당시의 투박한 망원경으로는 별이 보이는 미세한 위치 변화를 감지할 수 없었기 때문이다.

1838년이 되어서야 독일의 천문학자 프리드리히 베셀Friedrich Bessel이 연주 시차를 직접 관측했다. 그는 1킬로미터 떨어진 작은 동전을 분간할 정도로 민감한 망원경을 제작해 밤하늘에 뜬 별이 아주 미세하게 움직인다는 사실을 밝혀냈다. 백조자리 61번 별을 대상으로 한 첫 번째 관측은 별이 한 해 동안 0.31초각(″, arcsecond)만큼 위치를 바꾼다는 사실을 보여주었다. 초각은 1도를 3600등분한 아주 작은 각도다. 베셀이 확인한 0.31초각은 보름달을 6000개로 나눈 수준인 작은 각도차에 불과했다. 이처럼 미세한 움직임을 찾기 어려웠던 건 당연한 일이었다.

이제는 지구가 태양을 공전한다는 사실을 당연하게 여기지만, 이 개념이 정설로 자리 잡은 지는 불과 200년이 안 된다. 베셀은 단순히 지구의 움직임에 따라 별의 겉보기 위치가 변하는 시차뿐 아니라, 별 자체도 우주 공간을 떠돌며 위치를 바꾼다는 사실을 발견했다. 별은 더 이상 하늘에 박힌 고정된 보석이 아니었다. 별은 역마살을 타고 홀로 광대한 우주를 부유했다.

이러한 별 자체의 움직임을 고유운동proper motion이라고 한다. 베셀은 밤하늘에서 비교적 뚜렷한 고유운동을 보이는 별을 추적하며, 은하수 속 별들의 분포를 이해하려 했다. 그는 별 움직임을 하나하나 기록하며 우주의 지도를 그려나갔다.

여름밤 백조자리를 향했던 베셀의 망원경은 겨울이 되자 큰개자리를 향했다. 그가 바라본 주인공은 밤하늘에서 가장 눈부신 시리우스였다. 예상대로 시리우스도 밤하늘에 가만히 머물지 않았다. 천천히 그러나 확실하게 위치를 바꿨다. 그런데 움직임이 이상했다. 단순한 직선이 아니라 마치 춤을 추듯 꽈배기 모양과 같은 곡선을 그리며 요동쳤다.

베셀은 시리우스가 혼자가 아니라고 생각했다. 보이지 않는 또 다른 별과 중력으로 얽혀 그 영향으로 시리우스가 흔들린다고 결론 내렸다. 작은 강아지가 이리저리 뛰어다닐 때 줄을 쥔 사람이 함께 흔들리는 모습과 비슷했다. 당시는 뉴턴의 중력법칙이 이미 확립된 시기였다. 베셀은 이를 토대로 시리우스가 약 50년 주기로 보이지 않는 동반성companion star과 함께 공전한다고 주장했다.

베셀의 예측 이후 천문학자들은 오랫동안 시리우스 곁에 숨은 별을 찾아 헤맸다. 하지만 아무것도 발견되지 않았다. 시간이 흘러 베

◆ (위) 허블 우주망원경이 찍은 시리우스 A와 B. 시리우스는 혼자가 아니었다. 중앙의 하얗고 큰 별이 시리우스 A, 왼쪽 아래의 작은 별이 시리우스 B다.

◆ (아래) 시리우스 A와 시리우스 B의 상상도. 크고 흰 별이 시리우스 A, 그 오른쪽의 작고 파란 별이 동반성 시리우스 B다. 시리우스 B는 작지만 매우 뜨겁고 푸른 백색왜성이다.

셀이 세상을 떠나고 16년이 지난 1862년, 그의 예측은 마침내 현실이 되었다. 망원경 제작자 앨번 클라크Alvan Clark 부자는 당시 세계 최대 규모인 지름 47센티미터 굴절망원경을 시험하던 중 우연히 시리우스를 겨냥했다. 그리고 곁에서 희미하게 빛나는 또 다른 별을 발견했다. 처음에는 발견 의미조차 몰랐으나 하버드천문대의 추가 관측으로 이것이 바로 베셀이 예측한 동반성임이 드러났다.

시리우스는 혼자가 아니었다. 찬란한 빛을 내는 시리우스 A와 그 옆을 맴도는 작은 동반성 시리우스 B가 함께였다. 시리우스는 거대한 개 한 마리가 아니라, 곁을 따르는 작은 강아지와 함께 밤하늘을 거니는 한 쌍이다. 두 별은 크게 찌그러진 타원 궤도를 따라 서로의 주위를 맴돈다. 마침 클라크 부자가 망원경을 시리우스로 겨냥한 순간, 두 별은 가장 멀리 떨어진 상태였다. 덕분에 작고 희미한 시리우스 B가 눈부신 시리우스 A의 후광에서 벗어나 겨우 모습을 드러냈다. 만약 두 별이 가까이 붙어 있었더라면 시리우스 B는 여전히 우리 눈에 보이지 않았을지도 모른다. 말 그대로 하늘이 허락한 행운이었다.

시리우스 B는 뉴턴 역학이 거둔 또 하나의 승리였다. 망원경이 동반성의 존재를 확인하기 전에 베셀은 시리우스 A가 보이는 겉보기 움직임만을 보고 곁에 또 다른 별이 있으리라 예측했다. 그의 계산은 단순한 추측이 아니었다. 그는 뉴턴의 중력법칙을 바탕으로 보이지 않는 존재를 상상했고 주기마저 정확히 예측했다. 이후 수십 년간 이어진 관측은 베셀의 계산이 옳았다는 것을 입증했다. 뉴턴의 물리학은 단순히 눈에 보이는 세계를 설명하는 데 그치지 않았다. 보이지 않는 세계까지 예측하고 증명하는 도구였다.

극단적으로 다른 두 별의 무지개

시리우스 A는 밤하늘에서 가장 밝게 빛나는 별이다. 망원경 없이도 쉽게 볼 수 있는 거대한 빛의 등대다. 하지만 곁을 맴도는 시리우스 B, 이 작은 강아지는 훨씬 어둡다. 너무나 희미해 태양계에서 가장 바깥 행성인 해왕성처럼 맨눈으로는 도저히 찾을 수 없다. 두 별의 밝기 차이는 극단적이다. 시리우스 A는 시리우스 B에 비해 1만 배나 더 밝다. 그래서 천문학자들은 당연히 시리우스 B가 작은 별일 것으로 생각했다. 그러나 가정은 틀렸다. 겉모습은 작은 치와와 같으나 그 안에는 시베리아허스키의 묵직함이 숨어 있었다.

별의 질량은 그들의 춤에서 드러난다. 시리우스 A와 B는 서로를 끌어당기며 타원 궤도를 따라 움직인다. 가장 가까울 때와 멀어질 때의 거리는 무려 4배에 달한다. 지구에서 바라보면 이들의 궤도는 약 50도 기울어 실제보다 훨씬 길쭉한 타원으로 보인다. 시리우스 B는 시리우스 A 주위를 도는 위성이 아니다. 둘은 함께 질량 중심을 공유하며 서로의 주변을 맴돈다. 시소 위에서 두 사람이 균형을 맞추듯 무거운 쪽이 중심에 가깝고 가벼운 쪽은 멀리 밀려난다. 시리우스 A는 태양보다 2배 무거운 데 비해 시리우스 B는 태양과 비슷한 질량이다. 그런데 시리우스 B는 질량에 비해 너무나 희미하게 보인다. 이것은 천문학자들에게 하나의 미스터리였다.

20세기에 들어 천문학자들은 새로운 도구를 손에 쥐었다. 망원경으로 별빛을 모으는 것뿐만 아니라 프리즘 같은 장치로 빨강, 주황, 노랑, 초록, 파랑, 남색, 보라로 빛의 스펙트럼을 분해하기 시작했다. 이 기술을 분광관측spectroscopy이라 부른다. 이 기술을 통해 별빛이 가진 화학 성분을 파악하고 표면 온도를 측정하며 별의 내부 상태까지 추론하게 되었다. 별빛은 단순한 광채가 아니다. 그것은 별이 스스로 남긴 자서전이다.

시리우스 B는 어두웠지만 분광을 분석하자 놀라운 사실이 드러났다. 이 희미한 별은 믿을 수 없을 만큼 밀도가 높았다. 단순히 작은 별이 아니라, 엄청난 중력을 가진 극단적 존재였다. 겉모습은 흔한 별처럼 보였으나 실상은 우주의 법칙을 다시 써야 할 정도로 기묘한 세계였다.

1915년 미국 윌슨산천문대에서 천문학자 월터 애덤스Walter Adams가 시리우스 A와 B를 관측했다. 그는 뜻밖의 사실을 발견했다. 겉보기에 희미한 시리우스 B가 눈부신 시리우스 A보다 훨씬 뜨거웠다. 무려 3배나 높은 온도로 달아오른 별이었다. 흔히 밝을수록 온도가 높다고 여기기 쉽지만 시리우스 B는 이 단순한 상식을 깨뜨렸다. 그 비밀은 크기에 있었다.

이 정도 온도를 유지하며 희미하게 빛나려면 시리우스 B의 크기는 겨우 지구 정도의 크기여야만 해야 했다. 그렇다면 밀도는 상상

1. 미래를 가리키는 안내자, 시리우스

을 초월할 수밖에 없었다. 한 줌만 쥐어도 질량이 10톤에 달하는 극단적 천체여야 했다. 하지만 당시의 천문학자들은 이토록 높은 밀도를 지닌 별이 존재할 가능성을 상상조차 할 수 없었다.

이 난제는 1930년 인도를 떠나 영국으로 향하던 배 위에서 풀리기 시작했다. 난제를 풀어낸 주인공은 수브라마니안 찬드라세카르Subrahmanyan Chandrasekhar다. 그는 어린 시절부터 인도 출신 천재 수학자 스리니바사 라마누잔Srinivasa Ramanujan을 동경하며 물리학과 수학에 몰두했다. 가족이 반대했으나 학문을 향한 꿈을 꺾지 않았고, 결국 그의 천재성을 알아본 교수의 추천으로 케임브리지대학교에서 공부할 기회를 얻었다. 훗날 그를 노벨물리학상의 주인공으로 만든 위대한 발견은 영국에 도착하기도 전에 배 위에서 이루어졌다.

찬드라세카르는 무거운 별이 맞이할 최후를 상상했다. 별의 내부는 초고온의 불길이 들끓는 거대한 용광로와 같다. 수천만에서 수억 도에 달하는 온도 속에서 별은 끊임없이 에너지를 태운다. 심장부에서는 양성자들이 부딪치며 무거운 원소로 결합하는 핵융합반응이 일어난다. 이 과정은 적은 질량으로 엄청난 에너지를 방출하며 별이 오랜 세월 빛을 잃지 않도록 돕는다.

별은 엄청난 질량 덩어리다. 그만큼 자체 중력도 어마어마하다. 별의 중력은 자신을 붕괴시킬 만큼 강력하지만 평소에는 내부에서 타오르는 핵융합반응 덕분에 이를 견딘다. 뜨거운 내부 온도는 밖으로 팽창하려는 압력을 만들고, 중력과 팽창 압력이 아슬아슬하게 균형을 이루는 동안 별은 거대한 구체로 빛을 내며 연명한다. 하지만 영원한 존재는 없다. 별도 마침내 그 연료를 소진하는 순간을 맞이한다. 모든 핵융합이 멈추고 중심 불씨가 꺼지는 순간, 별의 운명은 새로운 국면을 맞는다. 별은 더는 중력을 이겨내지 못한다. 결국 순식간에 자신의 무게를 이기지 못하고 붕괴한다.

우주가 보여주는 가장 극적인 죽음

별의 붕괴는 단순한 변화가 아니다. 한때 거대했던 존재가 순식간에 손끝에 담지 못할 정도로 작아지는 순간이다. 거시적이었던 존재가 갑자기 미시 세계로 추락하는 순간, 불과 몇 분 전까지 뉴턴의 물리법칙으로 설명하던 별이 이제 양자역학법칙 없이는 이해할 수 없는 신비로운 존재로 바뀐다.

모든 원자는 주변을 도는 전자를 거느린다. 양자역학은 모든 전자가 차지할 자리, 즉 에너지 상태를 엄격히 규정한다. 전자 두 개가 같은 자리를 차지할 수 없다. 마치 극장에서 지정 좌석이 있는 것처럼 모든 전자에게는 자신만의 자리가 필요하다. 평소에는 별 내부의 밀도가 낮아 전자들이 여유롭게 자리를 잡으며 안정을 유지한다. 그러나 별이 붕괴하며 밀도가 급격히 높아지면 이야기가 달라진다. 좁은 공간에 너무 많은 전자가 몰려들고, 전자들은 빈자리를 차지하려 서로를 밀어내기 시작한다. 양보 없는 전자들의 치열한 자리다툼, 이 밀어내는 힘이 바로 축퇴 압력degeneracy pressure이다.

별 내부에서 타오르던 핵융합 불씨는 사그라졌으나 전자가 만드는 축퇴 압력 덕분에 별은 다시 한번 붕괴하려는 중력과 맞선다. 영국으로 향하던 배에서 찬드라세카르는 당시 잘 알려진 양자역학 이론을 바탕으로 별의 축퇴 압력이 얼마나 강한 중력까지 버틸지를 계산했다. 그는 별의 질량이 태양의 1.4배를 넘지 않는다면 내부 축퇴 압력이 붕괴를 막아 형태를 유지하리라 추정했다. 초고밀도 찌꺼기 덩어리만 남은 채 천천히 식으며 빛을 잃어갈 것으로 보았다. 그때의 별은 이제 핵융합반응을 일으키지 않는다. 뜨겁게 타오르던 별의 남은 열기만이 잔잔한 불씨처럼 빛을 내며 서서히 어둠 속으로 사라질 뿐이다. 이 마지막 단계를 맞이한 별을 '하얀 난쟁이'라는 뜻에서 백색왜성white dwarf이라고 부른다.

하지만 별의 질량이 태양의 1.4배를 넘을 만큼 무겁다면 축퇴 압력조차 붕괴를 막지 못한다. 결국 별은 무한히 하나의 점으로 수축하며 블랙홀로 변한다. 찬드라세카르는 별이 마지막으로 저항하며 붕괴를 막는 그 경계를 발견했다. 찬드라세카르 한계Chandrasekhar limit라 불리는 이 기준은 별이 어떤 최후를 맞이할지 결정짓는 운명의 문턱이다.

시리우스 B는 거대한 별이 자기 질량에 짓눌려 극도로 높은 밀도로 압축된 천체, 백색왜성이었다. 시리우스 B의 표면 온도는 무려 2만 5000도에 이르렀으나 크기가 너무 작아서 전체 밝기는 시리우스 A보다 훨씬 어둡게 보였다.

시리우스 항성계의 전체 나이는 대략 2억 년으로 추정한다. 그중 시리우스 B는 약 1억 2000만 년 전부터 백색왜성 단계에 들어서며 식었고, 지금은 시리우스 A가 내뿜는 후광 속에 숨어 있다. 시리우스 B는 천문학과 양자역학이 맞닿는 경이로운 현장이다. 거대한 우주를 설명하는 천문학이 원자의 세계를 지배하는 양자역학과 손을 맞잡는 순간이기도 하다.

외계인을 만났던 아프리카 부족

시리우스와 관련해 또 다른 재밌는 이야기가 전해진다. 시리우스 A와 B는 짝을 이룬 쌍성이라고 알려져 있다. 그러나 일부 천문학자는 또 다른 어두운 별, 시리우스 C가 존재할 가능성을 제기한다. 더욱 흥미로운 건 이 가설이 뜻밖에도 아프리카 부족의 전설과 연결된다는 사실이다.

서아프리카 말리 산악 지역에 사는 도곤족은 오랜 세월 밤하늘을 바라보며 자신들만의 이야기를 쌓았다. 많은 고대 문명이 그러했듯 도곤족에게도 별에 얽힌 신비로운 이야기가 전해진다. 그들은 시리우스를 '시기 톨로'라고 부르며, 이 별이 하나가 아니라 여러 별로 이루어진 세계라고 믿었다. 여러 별 중 하나는 시기 톨로 곁에 숨은 작은 별 '포 톨로'다. '포'는 도곤족 언어로 밀처럼 작고 단단한 씨앗을 의미하는데, 이는 높은 밀도로 압축된 백색왜성, 즉 시리우스 B를 떠올리게 한다. 더욱 놀라운 건 도곤족의 신화에서 시기 톨로와 포 톨로가 약 50년을 주기로 공전한다고 전해온 점이다. 이는 오늘날의 천문학자가 계산한 공전 주기와 정확히 일치한다.

도곤족의 신화에 따르면 시리우스에는 '놈모'라는 신적인 존재가 살고 있다. 이들은 물과 깊은 연관이 있으며, 아주 오래전 시리우스에서 내려와 지구에 생명과 지혜를 전수했다고 전해진다. 전설 속 시리우스는 인류 문명의 기원이자 생명의 씨앗을 지구에 뿌린 신성한 별이다.

이 신비로운 전승은 1930년대에 프랑스의 인류학자 제르맹 디텔렌Germaine Dieterlen과 마르셀 그리올Marcel Griaule의 연구로 세상에 알려졌다. 시리우스가 쌍성이라는 정보는 망원경 없이 맨눈으로는 절대 알 수 없다. 그럼에도 도곤족은 이미 이 별의 존재를 알았다. 이는 많은 인류학자와 천문학자, 상상력이 풍부한 SF 작가들의 호기심을 자극했다. 과연 이 지식은 도곤족에게 어떻게 전해졌을까? 단순한 우연일까, 아니면 오래전 하늘과 맞닿은 신비로운 문명의 흔적일까?

오래전 시리우스에 살던 존재가 지구를 방문했다는 도곤족 신화는 한 편의 과학 소설처럼 들린다. 게다가 그들이 시리우스의 천문학적 특징을 정확히 알았다는 사실은 이 신비로운 이야기에 신빙성을 더해 준다. 그러나 칼 세이건Carl Sagan을 비롯한 많은 천문학자는 이 주장을 회의적으로 봤다. 세이건은 도곤족의 신화에서 훨씬 가까운 태양계 행성, 특히 맨눈으로는 보이지 않는 천왕성과 해왕성을 전혀 언급하지 않는 점을 이해하기 어렵다고 지적했다. 천왕성과 해왕성을 파악하지 못한 채로 시리우스가 여러 별로 이루어졌다는 사실을 알기 어렵다는 것이다. 세이건은 도곤족이 18세기 이후 유럽인과 교류하며 당시 천문학 지식을 접했을 가능성이 크다고 보았다. 즉 시리우스에 관한 도곤족의 지식은 고대 외계인에게 전수받은 게 아니라, 18세기 유럽 선원에게 들었을 가능성이 높다고 했다.

시리우스는 이집트 문명뿐 아니라 고대 그리스, 메소포타미아 등 다양한 고대 문명에서도 신성한 존재였다. 하늘을 올려다보면 누구나 쉽게 발견할 만큼 밝은 이 별은 그 빛으로 수많은 신화와 전설을 탄생시켰다. 도곤족이 시리우스를 특별한 별로 여긴 것도 어쩌면 자연스러운 일이다.

도곤족의 전설에 따르면 시리우스 A와 B 곁에는 또 다른 별이 존재한다고 한다. 시리우스가 단순히 쌍성이 아니라 삼중성계triple star system라는 도곤족의 전설이 주목받으며 천문학계에서도 시리우스 C가 존재할 가능성을 진지하게 논의했다. 프랑스의 저명한 천문학자이자 SF 작가였던 카미유 플라마리옹Camille Flammarion도 시리우스 C가 숨어 있으며, 그것이 시리우스 B의 미세한 움직임을 일으킨다고 추측했다.

시리우스 B는 시리우스 A의 움직임에서 나타난 미세한 요동으로 예측되었다. 마찬가지로 1950년대 들어 더 정밀한 망원경이 등장하자 시리우스 B조차 또 다른 흔들림을 보인다는 의심이 제기되었다. 1995년 프랑스의 천문학자 다니엘 베네스트Daniel Benest는 적외선 관측으로 시리우스 A와 B 곁에서 또 하나의 천체를 발견했다고 주장했다. 그는 이것이 도곤족 전설에 등장하는 시리우스 C이며 백색왜성보다 차갑고 희미한 적색왜성red dwarf이라 그동안 발견되지 않았다고 설명했다.

그러나 시리우스 C의 존재는 아직 공식적으로 인정받지 못했다. 당시 베네스트가 포착한 작은 얼룩은 시리우스 A, B와 중력으로 얽힌 별이 아니라 우연히 시리우스 방향에서 겹쳐 보인 배경 별일 가능성이 크다. 서아프리카 도곤족의 신화 속에서 전해오는 시리우스 항성계의 세 번째 별, 시리우스 C는 과학적으로 입증되지 못한 가설일 뿐이다. 아마 그 진실은 오래전 UFOUnidentified Flying Object를 타고 지구를 방문했다는 놈모만이 알 것이다.

시리우스는 인류를 꿈꾸게 했다. 망원경도 없는 부족에게 우주에서 온 존재와 연결되었다는 상상을 심어주었고, 고대인에게는 나일강의 범람 시기를 알려주며 그해 풍작을 향한 희망을 심었다. 시 헤이븐에 갇힌 트루먼에게는 숨겨진 진실을 밝히는 길잡이였고, 수억 년 뒤 백색왜성이 될 다른 별의 운명을 보여주는 창이다. 시리우스는 단순한 빛이 아니다. 시간을 가로지르며 인류와 함께해 온 과거와 미래를 잇는 우주의 등대다. 시리우스는 과거에도, 현재에도, 그리고 미래에도 우리를 꿈꾸게 한다.

2. 흔들리는 밤하늘의 나침반, 북극성

우주에 절대적인 기준은 없다

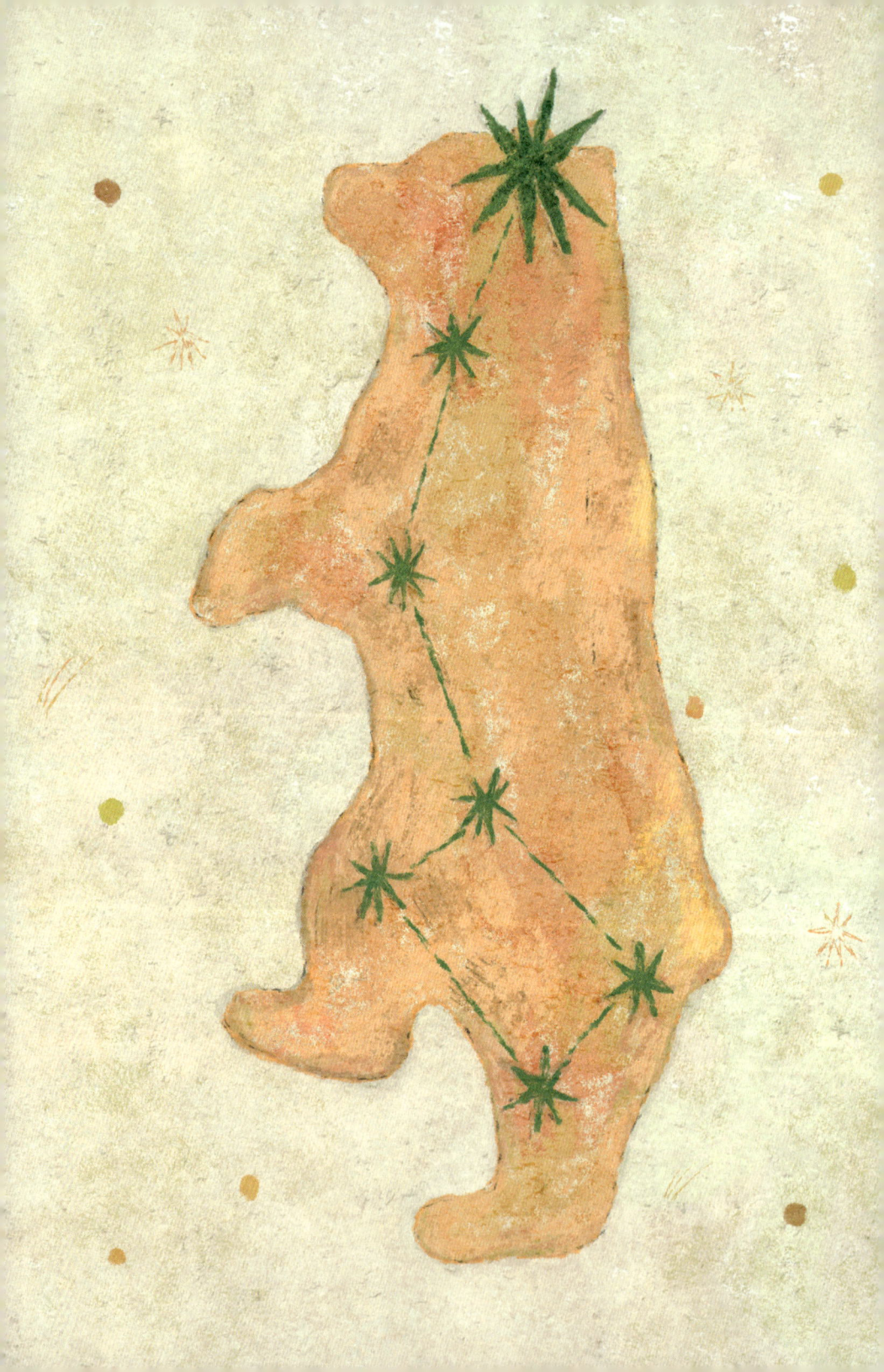

1860년대 미국 사회의 가장 큰 화두는 노예제도였다. 북부와 남부는 이 문제를 두고 격렬하게 전쟁을 벌였다. 마침내 전황이 북부에 유리하게 흐르자 에이브러햄 링컨 대통령은 1863년 1월 1일 노예 해방을 선언했다. 그러나 자유의 선포에도 남부는 계속 반발했고 흑인에 대한 탄압은 쉽게 멈추지 않았다.

당시 미국에 살던 흑인에게 캐나다는 약속의 땅이었다. 미국이 노예해방을 선언하기 30년 전인 1833년에 캐나다는 이미 노예제도를 폐지했다. 이에 수많은 흑인이 자유를 찾아 미국 북쪽 국경을 넘어 캐나다로 떠났다. 19세기 미국에서 자유를 향한 엑소더스Exodus, 즉 구약성서에서 모세와 이스라엘 민족이 감행한 이집트 탈출 사건이 펼쳐졌다.

그러나 탈출의 길은 험난했다. 1850년 미국 남부에서는 기존 노예법을 강화하며 탈출을 감행한 노예를 붙잡는 자에게 보상금을 지급하는 도망친 노예법fugitive slave laws까지 개정했다. 돈에 눈먼 추격자가 흑인을 쫓았고, 심지어 본래 자유를 누리던 흑인 시민까지 위협했다. 1857년에는 남북전쟁의 기폭제가 된 미국 대법원 판결도 있었다. 미국에서 흑인은 법적으로 존중받을 권리가 없는 존재라는 판결이었다. 그래서 흑인들의 탈출은 점점 더 은밀하고 조심스러워졌다.

절망적인 상황 속 미국 전역의 양심적인 이들은 흑인의 탈출을 돕고자 비밀 조직을 구축했다. 그중 가장 유명한 조직이 바로 언더그라운드 레일로드Underground Railroad다. 번역하면 '지하철도'인데 실제 철도가 아닌, 조직적으로 운영된 흑인의 탈출 경로였다. 조직원들은 흑인 탈출자를 '화물'로, 안전한 집결지를 '기차역'으로 부르며 비밀리에 움직였다. 이들의 험난한 여정은 북부 연합군이 남북전쟁에서 승리할 때까지 이어졌다.

이 비밀 조직을 이끈 가장 유명한 인물이 해리엇 터브먼Harriet Tubman이다. 메릴랜드에서 노예로 태어난 그녀는 자유를 찾은 뒤 다시 남부로 내려가 열아홉 차례나 탈출을 돕고 300명이 넘는 흑인을 캐나다로 이끌었다. 흑인 사이에서 그녀는 '모세'라 불렸다. 2016년에 버락 오바마 정부가 20달러 지폐의 새 모델로 터브먼을 고려했을 만큼 그녀는 미국 역사에서 자유와 해방의 상징으로 남아 있다.

터브먼과 함께한 탈출자들이 마주해야 했던 가장 큰 난관은 이들이 지리를 전혀 모른다는 것이었다. 노예는 글을 읽고 쓰는 일이 금지되어 있었고, 당연히 지도도 볼 줄 몰랐다. 내비게이션 따위 없던

◆ 버락 오바마 정부 시절 구상한 해리엇 터브먼의 초상을 담은 지폐 시안. 터브먼은 흑인 노예의 탈출을 도운 대표적인 인물이다. 지도를 볼 줄 몰랐던 노예들은 북극성을 따라 북쪽으로 이동했다. 북극성은 이들에게 희망의 나침반이었다.

시대에 지도 없이 캐나다 국경까지 걸어가는 일은 거의 불가능했다. 하지만 밤하늘에는 그들에게 길을 알려주는 확실한 이정표가 있었다. 바로 북극성이다.

흑인 노예들은 "표주박을 따라가라"라는 노랫말을 흥얼거렸다. 겉보기에는 단순한 민요 같으나 사실 탈출 경로를 알려주는 암호문이었다. 노래에서 표주박은 북두칠성을 의미했다. 큰곰자리의 일부인 북두칠성에서 국자 모양의 손잡이 끝을 따라가면 작은곰자리가 보이고, 작은곰자리의 끝에서 북극성을 만날 수 있었다. 밤하늘을 바라보며 노래를 부르던 흑인 노예들은 북극성이 가리키는 길을 따라 멈추지 않고 북쪽으로 나아갔다. 그들에게 밤하늘은 단순히 경이로운 풍경이 아니었다. 자유로 가는 지도이자 희망의 나침반이었다. 어둠 속에서도 꺼지지 않는 빛, 그 빛을 따라 걸어간 이들은 마침내 캐나다 땅을 밟고 자유를 찾았다.

밤하늘에 걸린 영원한 사랑

북극성의 위치는 변하지 않는다. 언제나 같은 자리에서 빛난다. 그리고 이 별은 마치 영원한 사랑을 상징하는 다이아몬드처럼 반짝인다. 세계적인 보석 브랜드 드비어스는 제2차 세계대전이 끝날 무렵, "다이아몬드는 영원하다"라는 마케팅 문구를 선보였다. 시간이 흘러도 변치 않는 보석에 사랑의 의미를 부여한 전략은 성공적이었다. 이후 다이아몬드 반지는 젊은 연인이 사랑을 약속하는 상징이 되었다.

운이 좋다면 하늘에서도 아주 거대하고 찬란한 다이아몬드 반지를 만날 수 있다. 다만 그것을 보려면 정확한 시간과 장소에서 기다려야 한다. 태양이 달 뒤로 완전히 숨는 개기일식의 순간, 하늘은 인간에게 가장 극적인 선물을 건넨다. 태양과 달은 절묘한 조화를 이룬다. 태양은 달보다 400배 크지만 동시에 400배 더 멀리 떨어져 있다. 이 놀라운 우연으로 지구의 하늘에서는 두 천체가 거의 같은 크기로 보인다. 이러한 기하학적 정렬 덕분에 우리는 주기적으로 개기일식을 본다.

마치 퍼즐 조각이 완벽히 맞춰질 때 느끼는 안도감처럼, 달이 태양을 완전히 가리는 순간은 경이롭다. 고온이 되면 기체가 플러스와 마이너스 전기를 띤 입자로 분리된다. 이런 상태인 기체를 플라스마plasma라고 한다. 태양의 표면 너머에는 뜨겁게 타오르는 플라스마가 퍼져 있으나 평소에는 태양의 강렬한 빛에 가려 볼 수 없다. 그러나 태양이 달에 가려지는 개기일식의 순간, 태양의 외곽 대기인 코로나corona가 어두운 하늘 위에서 환상적인 광휘를 뿜어낸다. 그 장면은 마치 태양이 숨을 죽이고, 우주의 장엄함이 드러나는 순간과도 같다.

가장 극적인 순간은 따로 있다. 태양이 완전히 달 뒤로 숨기 직전, 아직 완벽하게 가려지지 않은 태양의 한 부분에서 마지막 빛줄기가 터져 나온다. 이때 달의 둥근 실루엣을 따라 태양의 빛이 퍼져 나가며 마치 다이아몬드가 장식된 반지처럼 보인다. 이 찰나의 순간을 다이아몬드 반지 효과diamond ring effect라 부른다. 태양과 달이 완벽한 각도로 겹쳐질 때만 볼 수 있는, 자연이 선사하는 가장 진귀한 장면이다.

비교적 넓은 지역에서 관측하는 월식과 달리, 개기일식은 매우 드물다. 개기일식이 일어나는 날이라도 태양이 달에 완벽하게 가려지는 광경을 볼 수 있는 곳은 지구상에서도 극히 일부 지역에 불과하다. 하지만 실망할 필요는 없다. 개기일식이 선사하는 다이아몬드 반지에 비하면 덜 극적일지 모르나, 매일 밤 우리 머리 위에는 또 다른 다이아몬드 반지가 떠오른다.

영원한 사랑을 약속하는 다이아몬드 반지처럼, '영원의 별'이라 불리는 북극성도 다이아몬드 반지의 모습을 띠고 있다. 북극성 주변에는 약 열 개의 흐릿한 별이 동그란 반지를 이루듯 배치되어 있다. 그중 가장 크고 보석처럼 빛나는 별이 바로 북극성이다. 이런 조화로운 배열 덕분에 몇몇 보석 브랜드는 자신들의 다이아몬드 반지에 북극성을 뜻하는 폴라리스Polaris라는 이름을 붙이기도 했다.

만약 밤하늘 아래에서 로맨틱한 프러포즈를 계획한다면 연인과 함께 북극성을 바라보는 건 어떨까? 서로의 손가락에 북극성을 품은 밤하늘 다이아몬드 반지를 선물해 보자. 이는 단순한 반지를 넘어 오랫동안 변치 않는 사랑을 약속하는 우주의 언약이 된다. 물론 상대방이 어떤 반응을 보일지 장담할 수 없지만, 적어도 하늘은 그 순간을 영원히 기억할 것이다.

어긋난 북쪽의 별

북극성은 수천 년 동안 길을 잃은 연인과 방랑자의 길잡이가 되었다. 지구의 자전축이 거의 정확하게 가리키는 별이 북극성이기 때문이다. 지구는 자전축을 기준으로 하루에 한 바퀴씩 자전한다. 그축을 연장했을 때 도달하는 하늘의 한 점이 바로 천구의 북극이다. 북극성은 현재 북극 근처 밤하늘에서 가장 밝게 빛나는 별이다.

하지만 '가장 밝다'는 표현은 다소 과장된 수식일지 모른다. 사실 북극성은 그다지 밝은 별이 아니다. 맨눈으로 볼 수 있으나 도심의 밝은 조명 아래에서는 쉽게 흐릿해진다. 유명세에 비해 실제로는 생각보다 어둡다. 물론 도시에서는 굳이 북극성을 찾지 않아도 방향을 잃을 걱정은 없다. 반짝이는 네온사인과 도로 표지판이 이미 충분한 길잡이가 되어주기 때문이다.

카메라를 삼각대에 고정하고 북극성을 향해 렌즈 노출 시간을 길게 설정해 열어두면 흥미로운 장면을 포착할 수 있다. 한참을 기다려 촬영한 사진을 보면, 북극성을 중심으로 다른 모든 별이 길고 둥근 궤적을 남긴다. 마치 하늘이 거대한 나침반이 되어 회전하는 듯한 장면이다. 그러나 사진을 자세히 들여다보면 북극성조차 완전히 멈춰 있지 않다는 사실을 발견할 수 있다. 북극성도 미세하지만 천천히 움직인다. 북극성이 천구의 북극과 완전히 일치하지 않고 살짝 벗어나 있기 때문이다.

북극성을 '북쪽을 가리키는 별'이라 부르는 이유는 단순하다. 우리가 바라보는 지금의 밤하늘에서 식별 가능한 별 중에 북극과 가장 가까운 별이기 때문이다. 그러나 하늘은 영원히 고정되어 있지 않다. 세차운동을 하는 지구의 자전축은 아주 느리지만 끊임없이 흔들린다. 그리고 그 움직임과 함께 언젠가 북극성은 길잡이 역할을 다른 별에게 넘겨주게 될 것이다.

북극성이 '북극성'이라는 이름을 얻은 일은 비교적 최근의 일이다. 북극성이라는 자리는 고정되지 않는다. 오랜 시간이 흐르는 동안 하늘에서 북극을 가리키는 별은 계속해서 바뀌었다. 현재 북극성은 천구의 북극에 점점 더 가까워지고 있다. 2100년 3월 24일에는 마침내 북극성이 천구의 북극에 거의 완벽하게 일치하게 된다. 그러나 그 순간도 오래가지 않는다. 다음 날부터 천구의 북극은 다시 이동하기 시작하고 새로운 북극성을 향해 움직인다.

결국 북극성은 특정한 별 하나를 지칭하는 이름이 아니다. 시대에 따라 천구의 북극에 가장 가까운 별에게 번갈아 부여하는 칭호에 가깝다. 현재 우리가 북극성이라고 부르는 이 별이 공식적으로 명칭을 얻은 일도 불과 얼마 전이다. 국제천문연맹International Astronomical Union이 북쪽의 기준이 되는 별로 지금의 북극성을 정한 시점은 2016년이었다. 하지만 언젠가 지금의 북극성 폴라리스도 북극성의 자리에서 내려올 것이다. 그러면 새로운 별이 길잡이 역할을 맡는다. 하늘은 언제나 변하고, 그 속에서 우리는 영원을 꿈꾼다.

인류 문명은 적어도 5000년 전부터 역사를 기록했다. 5000년이라는 세월은 지구 세차운동 주기의 5분의 1에 해당한다. 세차운동으로 인해 밤하늘이 변한 효과를 고려해야 할 만큼 인류는 긴 역사를 써 내려왔다. 과거 인류는 지금의 북극성이 아닌, 전혀 다른 별이 천구의 북극을 꿰차고 있던 시기의 밤하늘을 바라보았다.

지금으로부터 약 5000년 전인 기원전 3000년 경, 고대 이집트인이 올려다본 밤하늘에서는 용자리 투반Thuban이 북극성의 역할을 하고 있었다. 이집트인은 북극성을 파라오의 영혼이 사후세계에서 영생을 누릴 안식처로 여겼다. 이집트 제4왕조를 다스리던 파라오 쿠푸의 무덤으로 알려진 기자 대피라미드에는 당시 밤하늘을 추억할 흔적이 남아 있다. 기원전 2500년 무렵에 세워진 이 거대한 석조 건축물 내부에는 방과 방을 연결하는 길고 좁은 통로가 뚫려 있다. 북쪽과 남쪽으로 길게 이어진 이 좁은 통로는 하늘을 향한다. 이 갱도는 다른 피라미드에서는 발견되지 않는 기자 대피라미드만의 독특한 구조다. 사람이 통과할 수 없을 정도로 좁은 이 통로는 단순한 이동로가 아니었다. 고고학자들은 이 기다란 통로를 스타 샤프트star shaft라 부른다. '별의 통로'라는 이름처럼 특정 별을 겨냥한 듯한 방향으로 뚫려 있다. 지금 밤하늘에서는 통로의 끝에 특별한 별이 보이지 않지만, 고대 이집트인 시선으로 돌아가면 이야기가 달라진다. 기자 대피라미드 스타 샤프트 중 하나는 그들이 바라본 밤하늘에서 변함없이 북극을 지킨 용자리 투반을 향하고 있다.

흥미롭게도 피라미드 내부에는 파라오의 방과 함께 왕비의 방이 존재한다. 그리고 왕비의 방에서 뻗어나간 스타 샤프트는 또 다른 별을 향한다. 그 별은 작은곰자리에 떠 있는 코카브Kochab다. 천구의 북극은 투반에서 점차 이동해 코카브에 가까워졌다. 새로운 북극성에 맞춰 또 다른 통로를 뚫은 것으로 보인다.

스타 샤프트가 정확히 어떤 용도로 만들어졌는지는 아직 밝혀지지 않았다. 단순한 환기구일 수도 있고, 밤하늘의 별을 겨냥한 종교적 구조물일 수도 있다. 일부 고고학자는 고대 이집트인이 북극성을 파라오가 영원한 안식에 이르는 천상의 길잡이로 여겼으리라 추정한다. 그들의 추측대로 고대인들은 파라오가 하늘에 무사히 올라가길 기원하며 당시 북극성을 향해 기자 대피라미드의 길고 좁은 통로를 뚫었을지 모른다.

북극성 대신, 남쪽의 십자가

우리는 북반구에 살고 있기 때문에 밤하늘에서 방향을 잡으려 할 때 자연스럽게 북극성을 먼저 떠올린다. 그러나 적도를 넘어 남반구로 가면 하늘에서 북극성을 볼 수 없다. 지구는 둥글다. 그리고 자전축은 북쪽뿐만 아니라 남쪽으로도 이어진다. 남반구에서도 별은 천구의 남극을 중심으로 회전하며, 북반구와 마찬가지로 하늘에 질서를 세운다.

그렇다면 북극성에 대응하는 남극성도 존재할까? 아쉽게도 지금의 밤하늘에서 북극성처럼 맨눈으로 쉽게 찾을 수 있는 선명한 남극성을 발견하기는 어렵다. 그래서 남반구에서는 북극성 대신 남십자자리를 지표 삼아 방향을 찾는 경우가 많다. 남십자자리는 천구의 남극에서 다소 벗어나 있지만, 별들이 십자가 모양을 이루고 있어 비교적 쉽게 식별된다. 이 독특한 형태 덕분에 남십자자리는 남반구에서 북극성만큼이나 중요한 존재로 꼽힌다.

남십자자리는 호주와 뉴질랜드를 비롯한 남반구의 여러 국가에서 문화적으로도 깊은 의미를 지닌다. 북반구의 여러 나라에서 북두칠성과 북극성에 특별한 의미를 부여하는 것과 마찬가지다. 그래서 남반구 국가의 국기에는 남십자자리가 자주 등장한다.

얼핏 보면 호주와 뉴질랜드의 국기는 매우 비슷하다. 두 국기 모두 왼쪽 구석에는 영국 국기인 유니언 잭Union Jack이 있고, 그 오른쪽에 남십자자리를 그렸다. 그러나 자세히 보면 차이가 있다. 호주의 국기에는 남십자자리 별 다섯 개를 모두 포함했으나 뉴질랜드 국기에는 네 개만 담았다. 호주는 남십자자리에서 가장 어두운 다섯 번째 별인 기난Ginan까지 포함해 뉴질랜드 국기와의 차별화를 시도했다. 지금도 두 나라 사이에서는 국기 디자인을 둘러싼 논쟁이 이어진다.

남반구의 밤하늘도 세차운동의 영향을 받는다. 천구의 남극 위치역시 시간이 흐르며 변한다. 북반구에서 가장 밝은 별 시리우스는미래의 밤하늘에서 전혀 다른 역할을 맡게 된다. 세차운동의 영향뿐아니라 시리우스가 자체적으로 고유운동을 하며 우주 공간을 가로질러 이동하기 때문이다.

지금으로부터 약 6만 년 후, 시리우스는 북반구에서 더는 보이지않게 된다. 대신 천구의 남극 근처에 위치하며 인류 역사상 가장 밝은 남극성이 될 것이다. 6만 년 후의 밤하늘에서도 시리우스는 눈부신 빛을 잃지 않는다. 그날이 오면 인류는 유례없이 가장 찬란하고빛나는 남극성을 갖게 된다.

바다를 넘어
우주의 지도 제작자를 위한 길잡이

북극성은 바다를 누비던 중세 항해사에게만 유용한 길잡이 별이아니다. 그것은 우주의 지도를 그리는 천문학자에게도 중요한 나침

◆ 호주 국기(좌)와 뉴질랜드 국기(우). 호주의 국기에는 남십자자리 별 다섯 개가 모두 포함되어 있지만 뉴질랜드의 국기에는 별이 네 개만 그려져 있다.

반이 된다. 19세기 말 천문학자들은 북극성 주변 북쪽 하늘의 별을 관측하며 밤하늘의 지도를 그렸다. 당시까지만 해도 별의 밝기를 정확히 비교하고 측정하는 체계는 정립되지 않았다. 그래서 잘 알려진 별을 기준으로 삼아 주변 별의 상대적인 밝기를 비교하는 방식을 사용했다. 특히 북극성은 밤하늘에서 거의 변함없이 같은 자리를 지키고 지평선 아래로 사라지지 않아 기준으로 삼기에 유용했다. 계절과 관계없이 항상 보이는 이 별 덕분에 천문학자들은 사계절 내내 별의 밝기를 측정하고 지도를 그릴 수 있었다.

20세기 초에 하버드대학교천문대의 천문대장 에드워드 피커링Edward Pickering은 북극성을 중심으로 4000개가 넘는 별의 지도를 제작했다. 하지만 과정에 문제가 있었다. 북극성을 기준으로 삼는 일은 완벽한 선택이 아니었다. 당시에는 널리 알려지지 않았으나 북극성은 밝기가 주기적으로 변하는 변광성variable star이었기 때문이다. 일부 천문학자는 북극성의 밝기가 미묘하게 요동친다고 의심했으나 당시까지 그 사실은 검증되지 않았다.

그러던 중 덴마크의 천문학자 아이나르 헤르츠스프룽Ejnar Hertz-sprung은 1911년에 북극성이 약 나흘 주기로 밝기가 변하는 변광성이라는 사실을 밝혀냈다. 이는 여러 천문학자에게 큰 고민을 안겨주었다. 기준으로 삼았던 북극성 밝기가 일정하지 않다면 다른 별의 밝기 역시 부정확할 수밖에 없었기 때문이다. 우주의 좌표를 그리는 기준점이 흔들리고 있었다.

변광성에 관한 연구는 놀라운 발견으로 이어졌다. 하버드천문대에서 피커링과 함께 연구하던 천문학자 헨리에타 레빗Henrietta Leavitt은 남반구 밤하늘을 담은 사진 속에서 중요한 단서를 발견했다. 그녀는 우리은하와 이웃한 소마젤란은하에서 무려 1700개의 변광성을 찾아냈고, 이들 사이에서 경이로운 법칙을 발견했다. 긴 주기로 천천히 밝기가 변하는 변광성은 더 밝게 빛났고, 반대로 빠르게 밝기가 변하는 변광성은 더 어두웠다. 변광성 밝기의 변화 주기와 본래 밝기 사이에는 명확한 비례관계가 존재했다.

레빗이 발견한 이 관계는 우주의 거리를 측정하는 데 혁명을 일으켰다. 우리는 너무 멀리 떨어진 별까지의 거리를 직접 잴 수 없다. 하지만 변광성이 지닌 이 비례관계 덕분에 천문학자는 별까지 거리를 계산해 낼 수 있는 강력한 도구를 얻었다. 그것은 단순한 법칙이 아니라 우주를 읽어내는 새로운 언어였다. 이 언어를 통해 우리는 별 사이의 거리와 우주의 크기를 측정하며 하늘을 더욱 정교하게 이해하게 되었다.

밤하늘에서 별 하나를 바라본다고 상상해 보자. 우리가 보는 별의 밝기는 단지 겉보기 밝기일 뿐이다. 그 별이 본래 강렬한 빛을 내기에 밝게 보이는지, 아니면 실제로는 어둡지만 우리와 가까워 밝게 보이는지 분간하지 못한다. 그러나 그 별이 주기적으로 밝아졌다 어두워지는 변광성이라면 이야기는 달라진다. 밝기가 변한다는 사실은 별의 실제 밝기와 무관하게 겉보기 밝기만으로도 쉽게 알 수 있다. 또한 그 변화의 주기 역시 비교적 간단한 관측만으로 파악할 수 있다.

레빗이 발견한 법칙을 활용하면 변광성의 밝기 변화를 관측하는 것만으로 그 별의 본래 밝기를 유추할 수 있다. 별의 거리를 알지 못해도 변광 주기로 별이 실제로 얼마나 밝아야 하는지 계산할 수 있기 때문이다. 이렇게 얻은 실제 밝기를 밤하늘에서 보이는 겉보기 밝기와 비교하면 그 별까지의 거리도 계산할 수 있다. 이는 마치 도로 위에서 자동차의 전조등 밝기를 보고 거리를 가늠하는 것과 비슷하다. 별의 실제 밝기를 안다면 그 빛이 얼마나 희미해졌는지를 계산해 우주 공간에서의 거리를 측정할 수 있다.

변광성 중에 부드럽게 물결치듯 밝기가 요동치는 특정한 유형을 세페이드 변광성Cepheid variable이라 부른다. 이런 유형의 변광성이 처음 목격된 별자리가 세페우스자리이기 때문에 세페이드 변광성이라 부르게 되었다. 북극성은 우리와 가장 가까운 세페이드 변광성으로 다른 먼 세페이드 변광성보다 훨씬 정밀하게 연구되었다. 북극성을 정확히 이해하는 일은 우주의 더 먼 곳에 있는 세페이드 변광성을 연구하는 데 필수다. 북극성은 단순히 북쪽을 가리키는 별이 아니다. 태양계를 넘어 수백, 수천 광년을 측정하는 우주의 첫 번째 기준점이다.

레빗이 발견한 세페이드 변광성의 법칙을 통해 천문학자 에드윈 허블Edwin Hubble은 안드로메다은하가 우리은하 바깥에 위치한 거대한 별들의 집단이라는 사실을 밝혀냈다. 그는 안드로메다은하를 관측한 사진에서 약 31일 주기로 밝기가 변하는 세페이드 변광성을 발견했고, 이를 이용해 거리를 계산했다. 허블이 처음 측정한 안드로메다은하까지의 거리는 약 90만 광년으로, 당시 알려졌던 우리은하 크기인 약 30만 광년을 훨씬 넘어서는 값이었다.

허블은 이를 통해 안드로메다가 우리은하의 경계를 넘어서는 독립적인 은하라는 사실을 입증했다. 이후 정밀한 측정으로 안드로메다 은하까지의 거리가 약 250만 광년이라는 사실이 밝혀졌다. 세페이드 변광성이 있었기에 우리는 우주가 단일 은하로 이루어지지 않고 무수한 은하로 가득 차 있음을 이해하게 되었다. 이는 현대 천문학이 우주의 광대한 스케일을 진정으로 인식하게 된 결정적 순간이었다.

별 세 개가 모여 있는 북극성

변광성은 별의 빠르고 역동적인 진화 과정을 볼 수 있는 현장이

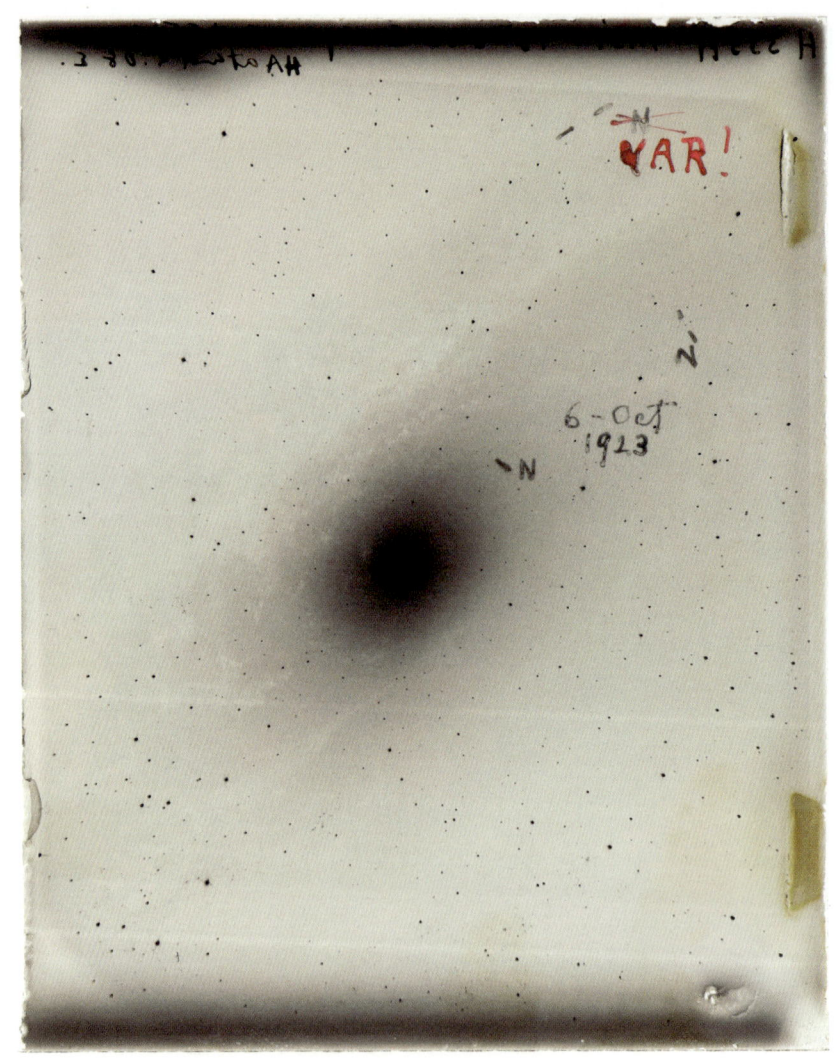

◆ 1923년 10월 6일 밤, 에드윈 허블이 안드로메다은하를 촬영한 유리 건판. 사진 오른쪽 위에 알파벳 N을 썼다가 빨간 펜으로 지우고 'VAR!'이라고 고쳐 썼다. 그 자리에 찍힌 별이 안드로메다은하에서 포착한 변광성이다. 처음 허블은 그 별이 갑자기 밝아지는 신성nova이라 생각해 알파벳 N을 썼지만, 이후 밝기가 규칙적으로 변하는 변광성임을 깨닫고 변광성을 뜻하는 약자 VAR을 썼다. 별을 통해 거리를 잴 수 있다고 직감한 허블은 설레는 마음으로 느낌표까지 덧붙였다.

라는 점에서 중요하다. 보통 별의 진화는 수십억 년에 걸쳐 아주 느리게 진행된다. 한 사람의 일생에서 별의 뚜렷한 변화를 목격하기는 거의 불가능하다. 그러나 세페이드 변광성은 다르다. 겨우 며칠, 몇 주밖에 안 되는 짧은 주기로 밝기가 요동친다. 게다가 지난 수백 년간 쌓아온 방대한 관측 기록 덕분에 세기에 걸친 변화 유형까지 파악할 수 있다.

세페이드 변광성은 수축과 팽창을 반복하며 별의 바깥 물질을 우주 공간에 토해내고 질량을 줄여간다. 이를 통해 별이 늙어가는 과정을 인간의 눈으로 직접 지켜볼 수 있다. 우주의 지도를 정밀하게, 그리고 별의 변화를 즉각 확인한다는 측면에서 북극성을 비롯한 세페이드 변광성은 천문학적으로 매우 귀중한 존재다.

북극성은 여러모로 까다로운 별이다. 흔히 북극성을 별 하나라 생각하지만 사실 그렇지 않다. 현재 우리 밤하늘에서 천구의 북극에 가장 가까운 북극성은 별 세 개가 모인 삼중성이다. 가장 밝은 폴라리스 Aa는 태양의 5배 정도의 질량을 가졌다. 크기 또한 태양의 35배를 넘는 초거성이다. 전체 밝기는 태양의 1200배에 달한다. 우리가 맨눈으로 보는 북극성 빛이 바로 이 별의 광채다.

바로 옆에는 또 다른 별 폴라리스 Ab가 태양에서 천왕성 정도 거리에 떨어져 약 29년 주기로 맴돈다. 그리고 폴라리스 Aa와 Ab가 이루는 짝을 훨씬 멀리서 지켜보는 별이 하나 더 있는데 이 별이 바로 폴라리스 B다. 일부 천문학자는 더 멀리에 또 다른 폴라리스 C나 D가 숨어 있을지 모른다고 이야기하지만, 아직 중력을 주고받는 별

폴라리스 B

폴라리스 Ab

폴라리스 Aa

◆ 삼중성으로 이뤄진 북극성 상상도. 북극성은 폴라리스 Aa와 폴라리스 Ab, 그리고 그 둘에게서 멀리 떨어진 채 곁을 맴도는 폴라리스 B로 이루어져 있다.

을 추가로 발견하지는 못했다.

북극성 전체 밝기의 변화를 주도하는 폴라리스 Aa는 일반 세페이드 변광성과 사뭇 다르다. 1963년까지 폴라리스 Aa의 밝기는 0.1등급 정도의 작은 진폭으로 변했으나 1966년에 들어서며 변광폭이 0.05등급 수준으로 더욱 줄었다. 그러다 2008년 이후 다시 빠르게 증가하여 현재까지 그 흐름을 유지한다.

밝기뿐 아니라 주기에도 미묘한 변화가 감지된다. 반세기 동안의 관측 기록을 살펴보면 폴라리스 Aa의 변광 주기는 해마다 4~5초씩 길어지고 있다. 흥미로운 점은 밝기의 변동폭이 가장 작았던 1963~1965년 사이에는 변광 주기에 변화가 거의 없었다는 사실이다. 1965년 이후 변광 주기는 점차 늘어나기 시작했으나 최근 관측에서는 다시 짧아지는 경향이 나타난다.

마치 규칙 없이 요동치는 것처럼 보이지만 천문학자들은 그 이유도 밝혀냈다. 가까이 자리한 동반성 폴라리스 Ab가 영향을 미친 것이다. 폴라리스 Ab가 세페이드 변광성인 폴라리스 Aa에 가까워질 때마다 변광 주기는 급격히 짧아진다. 두 별이 서로 중력을 주고받으며 폴라리스 Aa의 외곽 대기가 끌려가기 때문이다. 그 결과 별의 밝기 변화는 더욱 변덕스러워진다.

이러한 북극성의 불안정한 특성은 난제를 안겨준다. 북극성은 지구에서 가장 가까운 세페이드 변광성이기에 더 먼 변광성 밝기를 표준화하는 이상적인 기준점이어야 한다. 하지만 북극성은 삼중성계다. 별이 두 개일 때까지는 중력의 상호작용을 비교적 간단한 수식으로 설명하지만, 별이 세 개 이상이면 상황은 급격히 복잡해진다. 이른바 삼체문제three-body problem가 등장하는 순간이다.

중력을 주고받는 별이 두 개뿐일 때는 각 별이 어떻게 움직일지를 아주 쉽게 계산해 낼 수 있다. 하지만 별이 세 개 이상 늘어나면 서로 중력을 주고받는 방식이 복잡해져 각 별의 움직임을 계산하기 어렵다. 삼체문제에는 명료한 수학적 해가 애초에 존재하지 않는다. 단순한 계산으로는 해결할 수 없으며, 슈퍼컴퓨터를 이용한 시뮬레이션을 통해서만 그 움직임을 예측할 수 있다.

북극성을 이루는 세 별은 끊임없이 서로 중력을 주고받으며 복잡한 춤을 춘다. 그 영향으로 폴라리스 Aa의 변광 주기와 밝기의 변화폭은 일정하지 않다. 북극성은 여전히 우리에게 많은 것을 가르쳐 주지만, 이를 완전히 이해하기까지는 아직 시간이 필요할지 모른다.

뒤집힌 별들의 터울

여전히 지구와 북극성과의 거리를 정확히 측정하기가 어렵다. 이 사실은 북극성 연구를 더욱 까다롭게 한다. 인류의 길잡이가 되어준 이 별의 정확한 거리를 알지 못한다는 말은 다소 당혹스럽게 들릴 것이다. 1989년 우리은하 속 별의 지도를 그리려 발사한 히파르코스 망원경은 폴라리스 Aa까지의 거리를 약 430광년으로 추정했다. 그러나 이후 허블 우주망원경은 북극성이 훨씬 먼 520광년 거리에 있다고 관측했다.

이 결과에도 불확실성이 따른다. 허블 우주망원경조차 북극성의 세 개의 별 중 가장 밝은 폴라리스 Aa를 직접 관측하기 어려웠기 때문이다. 별이 너무 밝아서 망원경의 민감한 센서로는 정확한 측정이 힘들다. 대신 허블 우주망원경은 폴라리스 Aa 곁에서 희미하게 빛나는 폴라리스 B를 관측해 삼중성계의 거리를 유추했다.

별까지의 거리를 정확히 아는 일은 천문학에서 가장 중요하다. 천문학의 수많은 미스터리가 결국 거리를 정확히 알지 못해 발생한다고 말할 수 있다. 특히 북극성 같은 다중성계에서는 거리 측정이 더욱 중요하다. 별들 사이의 실제 거리를 알아야 그들이 그리는 궤도의 크기를 계산할 수 있으며, 얼마나 강한 중력으로 서로를 붙잡고 있는지도 파악할 수 있다. 나아가 별의 질량과 나이를 정확히 측정하는 데에도 필수다.

그렇다면 최근 허블 우주망원경이 새롭게 측정한 폴라리스 B의 거리를 적용하면 어떨까? 이를 이용해 북극성을 이루는 별들의 질량과 나이를 계산하면 또 다른 문제가 등장한다. 폴라리스 B는 꽤 나이가 많다. 태양이 살아온 일생 절반에 해당하는 20억 년 정도다. 반면 가장 밝은 세페이드 변광성 폴라리스 Aa는 훨씬 젊다. 겨우 5000만 년밖에 되지 않았다. 서로 중력으로 얽혀 춤을 추는 두 별의 나이 차이는 무려 19억 5000만 년에 달한다.

보통 쌍성이나 삼중성을 이루는 별은 하나의 가스 구름에서 함께 태어난 동갑내기인 경우가 많다. 그러나 북극성을 구성하는 세 별은 그 상식을 뒤엎는다. 터울이 너무 크다. 이는 흔한 쌍성계나 삼중성계에서는 좀처럼 찾기 어려운 경우다.

이런 극단적인 나이차는 북극성의 기원에 비밀이 숨어 있음을 암시한다. 오래전 다양한 나이를 가진 별이 섞인 작은 성단이 있었다. 시간이 흐르며 은하와 다른 성단의 상호작용으로 그 성단은 해체된다. 별들은 점점 멀어지고 복잡한 궤도를 따라 흩어진다. 그러던 어느 순간, 전혀 다른 궤도를 떠돌던 두 별이 가까워진다. 한쪽은 이제 막 젊은 광채를 발하기 시작한 폴라리스 Aa, 다른 한쪽은 수십억 년을 살아온 폴라리스 B다. 두 별은 처음부터 함께 태어난 운명적 짝이 아니라 우연한 만남 끝에 얽혔다. 북극성은 처음부터 고요히 빛나던 불빛이 아니었다. 거대한 우주의 물결 속에서 다시 엮인 뜻밖의 재회였다.

우리는 한때 우주가 고요하고 변함없는 곳이라 믿었다. 별은 영원히 그 자리에 머물고 시간의 흐름과 무관하게 우주의 천장에 고정된 채 반짝인다고만 생각했다. 그러나 착각이었다. 우주는 끊임없이 변화하는 공간이다. 모든 별은 영원하지 않다. 언젠가 북극성도 빛을 잃고 사라질 것이다. 지금 이 순간에도 별들은 아주 천천히 움직이며 밤하늘에서 자리를 바꾼다.

북극성도 마찬가지다. 우리가 북극성을 특별하게 여기는 이유는 우리가 단지 지구에 살고 있기 때문이다. 지구를 벗어나 다른 행성에서 밤하늘을 바라보는 존재에게 북극성은 그저 수많은 별 중 하나일 뿐이다. 그러나 지금 우리가 올려다보는 하늘에서 북극성은 여전히 길잡이가 되어 빛난다. 우리가 존재하는 이 시간과 공간 속에서 북극성은 여전히 우리를 이끄는 빛이다.

3. 낯선 세계로 이끄는 길잡이, 카노푸스

별은 단절된 세계를 연결한다

고려시대를 뒤흔든 유명한 사건이 있다. 고려의 수도는 본래 개경, 지금의 개성이었다. 그러나 1135년 고려 중기에 한 승려가 돌연 수도를 서경, 오늘날의 평양으로 옮겨야 한다고 주장하며 반란을 일으켰다. 그의 이름은 묘청이다. 그는 단순한 불교 승려가 아니었다. 여러 역사학자는 그를 도교, 풍수지리, 민간 무속 신앙을 아우르며 온갖 종교적 요소를 동원한 인물로 평가한다. 오늘날의 시각에서 보자면 그는 신비로운 능력을 앞세워 여러 사람을 현혹하고 시대를 흔들었던 인물, 어쩌면 요승이나 사이비 교주에 가까운 존재였을지도 모른다.

당시 고려를 둘러싼 동아시아의 정세는 혼란스러웠다. 여진족이 세운 금나라가 요나라와 송나라를 차례로 무너뜨리고 새롭게 패권을 쥐었으며, 고려 내부에서는 귀족의 횡포가 극에 달해 백성의 삶이 피폐해졌다. 이러한 혼란 속에서 묘청은 새 왕조를 세우겠다는 야심을 품었다. 그는 고려가 쇠퇴하는 이유가 수도를 잘못된 땅, 개경에 두었기 때문이라 주장하며 하루빨리 서경으로 천도해야 한다고 선동했다.

쿠데타를 일으키기에 앞서 묘청은 먼저 고려의 제17대 왕 인종에게 접근했다. 인종은 우유부단하고 타인의 말에 쉽게 휘둘리는 성격으로 전해진다. 지방의 무명 승려에 불과했던 묘청은 이러한 인종의 성향을 이용해 왕의 신뢰를 얻었고, 마침내 왕실 고문 자리에까지 올랐다. 그의 목표는 명확했다. 인종을 설득해 서경 천도를 추진하는 것이었다. 이를 위해 묘청은 온갖 계략과 사기극을 동원했다.

1129년에 서경 천도를 대비한 새로운 궁궐인 대화궁이 완공되었다. 묘청은 한밤중에 인종과 함께 대화궁을 둘러보며 산봉우리 너머 떠 있는 별 하나를 가리켰다. 그는 그것이 성스러운 남극성이며 하늘의 기운이 서경을 향하고 있다는 신비로운 징조라고 주장했다. 그러나 묘청이 가리킨 남극성의 정체는 사실 하늘의 별이 아니었다. 그것은 그가 미리 산봉우리에 걸어둔 장대 위의 등불이었다. 그는 사람들의 믿음을 조작했고, 자신이 바라는 세상을 거짓으로라도 만들려고 했다.

묘청이 조작했던 남극성의 실제 별은 오늘날 카노푸스Canopus로 알려져 있다. 카노푸스는 밤하늘에서 시리우스 다음으로 가장 밝게 빛나는 별로 맨눈으로도 쉽게 보인다. 하지만 우리나라에서는 보기 어렵다. 하늘의 남쪽 끝자락에 있어서 제주도 정도까지 내려가야 지

◆ 2003년 3월 국제우주정거장에 파견된 여섯 번째 탐사대가 찍은 카노푸스 사진. 카노푸스는 밤하늘에서 시리우스 다음으로 가장 밝게 빛나는 별이다.

평선 위로 떠오르는 모습을 겨우 볼 수 있기 때문이다. 이처럼 남쪽 끝에서만 보인다는 이유로 카노푸스를 남극성이라고 불렀다.

　예로부터 우리나라에서는 카노푸스를 무병장수와 평화의 상징으로 여겼다. 세상이 어지러울 때는 남극성이 보이지 않다가, 태평성대가 찾아오면 다시 떠오른다고 믿었다. 이 별은 '남극노인성'이라는 이름으로도 불렸다. 제주도에서는 이 별을 직접 보면 오래 살 수 있다고 여기는 이들도 많았다. 조선 중기에 토정 이지함은 이 별을 보기 위해 세 번이나 한라산 정상에 올랐다고 전해진다. 유교적

이념에 충실했던 성리학자들조차 이 별의 신비로운 기운에 마음을 빼앗길 정도였다.

그러나 12세기 고려의 밤하늘에서는 카노푸스를 볼 수 없었다. 세차운동으로 인해 지구의 자전축이 움직인다고 해도 개성과 평양에서 남극성이 지평선 위로 떠오르는 일은 없었다. 그렇다고 왕을 모시고 제주도까지 내려갈 수도 없었던 묘청은 대신 산 정상에 등불을 걸어 만든 가짜 별로 왕을 농락했다.

묘청의 기만은 여기서 끝나지 않았다. 그는 인종과 함께 대동강을 지날 때 미리 강물 속에 기름진 가래떡을 숨겨놓았다. 시간이 지나면서 하얀 덩어리들이 수면 위로 떠오르자, 묘청은 그것을 '용의 침'이라고 주장하며 대동강이 흐르는 서경이야말로 하늘이 선택한 수도라고 선포했다. 그러나 그의 계략은 곧 탄로 났다. 반란을 일으킨 지 20일도 채 되지 않아 그는 김부식이 이끄는 개경 관군에게 패배했고 결국 처형당했다.

묘청의 반란은 실패로 끝났지만 고려 역사에 커다란 변화를 불러왔다. 그를 진압하는 과정에서 개경 무신의 권력이 점점 강해졌고, 귀족의 횡포에 분노하던 무신들은 마침내 직접 권력을 잡기 위해 움직이기 시작했다. 결국 고려 후기에 이르러 군부 정권의 시대를 알리는 무신정변이 일어났다. 묘청이 걸어둔 가짜 남극성의 불빛은 이처럼 더 큰 혼란의 불씨로 번져갔다.

쪼개져 버린 은하수 위의 난파선

동아시아에서 카노푸스가 무병장수를 기원하는 성스러운 별로 여겨졌다면, 서양 문화권에서는 조금 다른 의미로 받아들여졌다. 전통적으로 카노푸스는 배와 항해의 별이었다. 카노푸스가 속한 별자리는 용골자리다. 용골은 배의 중심을 이루는 가장 중요한 구조로, 척추처럼 선체를 지탱한다. 배의 다른 부분은 손상되더라도 수리할 수 있지만, 용골이 부서지면 배 전체를 새로 만들어야 할 정도다. 이 때문에 용골은 항해에서 가장 중요한 요소로 여겨졌고 카노푸스 또한 바닷길을 안내하는 또 다른 나침반이 되었다.

카노푸스가 속한 용골자리는 원래 더 거대한 별자리의 일부였다. 배의 용골 옆에는 뱃머리와 돛도 함께 자리했다. 과거에 이 별자리는 하나로 묶여 거대한 배를 형상화했다. 밤하늘에 이 거대한 배가 뜨게 된 기원이 정확히 언제인지 알 수 없지만, 기원전 1000년경 고대 이집트에서 시작했다고 추정된다. 고대 그리스의 철학자 플루타르코스는 부활과 죽음, 생명의 신 오시리스가 타고 다니는 배가 이곳에 떠 있다고 설명했다. 그들에게 하늘의 배는 단순한 상징이 아니라 삶과 죽음의 경계를 오가는 신성한 존재였다.

세월이 흐르며 밤하늘의 배는 새 주인을 맞이했다. 알렉산드리아 출신의 고대 그리스 천문학자 클라우디오스 프톨레마이오스는 밤하늘의 별을 기록하고 지도를 그린 천문학 서적 『알마게스트Almagest』를 썼다. 총 48개의 별자리를 기록한 이 책에서 그는 밤하늘에서 가

◆ 천문학자 요하네스 히벨리우스가 1690년 발표한 『폴란드 소비에스키 왕에게 헌정한 성도Firmamentum Sobiescianum sive Uranographia』에 그려진 아르고자리. 아르고자리는 고대 그리스 천문학자 클라우디오스 프톨레마이오스가 정한 48개 별자리 중 하나였다.

장 밝게 빛나는 시리우스가 있는 큰개자리와 은하수 중심 부근에서 가장 찬란하게 빛나는 여러 별들을 연결해 한 척의 배를 그려 넣었다. 그가 그린 지도 속의 배는 단순한 상징이 아니었다. 노와 돛, 방패와 받침대, 그리고 화려한 뱃머리 장식까지 갖춘 그럴싸한 선박에 가까운 모습이었다.

프톨레마이오스는 이 배를 그리스 신화에 등장하는 아르고호와 연결 지었다. 신화 속 영웅 이아손은 숙부에게 빼앗긴 왕위를 되찾기 위해 모험을 떠나야 했다. 그러나 숙부는 이아손을 위험에 빠뜨리기 위해 교묘한 속임수를 썼다. 왕위를 되찾고 싶다면 멀리 흑해의 콜키스섬에 있는 전설의 황금 양털 가죽을 가져와야 한다고 거짓말을 했다. 콜키스섬에서 살아 돌아온 이는 아무도 없었다. 그것은 이아손을 사실상 죽음으로 내모는 계략이었다.

그러나 이아손은 포기하지 않았다. 그는 헤라클레스와 오르페우스 등 당대의 영웅들과 함께 배를 타고 위험천만한 원정에 나섰다. 갖은 고난을 겪은 끝에 그는 황금 양털 가죽을 손에 넣는 데 성공했다. 원정이 끝난 후 이아손의 배 아르고호는 바다의 신 포세이돈에게 바쳐졌고, 그 공로를 기리기 위해 밤하늘의 별자리로 새겨졌다. 이제 아르고호는 바람도 거친 파도도 없는 우주의 대양에서 영원한 항해를 이어갈 수 있게 되었다.

그런데 밤하늘에 떠 있는 이아손의 배는 그 크기가 너무도 거대하다. 밤하늘 전체 면적의 4퍼센트를 차지할 정도로 압도적인 크기다. 별자리 하나가 하늘의 상당 부분을 차지하고 있다 보니, 별에 이름을 붙이거나 밤하늘의 지도를 그릴 때 여러 가지 불편함이 따랐다. 1763년에 프랑스 천문학자 니콜라 드 라카유Nicolas de Lacaille는 남반구의 밤하늘을 연구하며 1만 개가 넘는 별을 목록으로 정리했다. 그는 아르고자리 하나에만 160개가 넘는 별이 포함된다는 점을 지적하며 이 별자리가 지나치게 크다고 불평했다.

결국 드 라카유는 처음으로 아르고호를 조각내는 방안을 제안했다. 배의 구조를 기준으로 배 가운데를 용골, 배 뒷부분을 선미 갑판, 그리고 배 위에 펼쳐진 돛으로 구분했다. 흥미롭게도 신화 속 아르고호는 거센 풍랑을 만나 배의 앞부분이 부서졌다고 전해진다. 이와 마찬가지로 별자리에서도 아르고호의 뱃머리는 사라지고 용골과 선미, 돛만 남게 되었다. 이후 1844년에 영국의 천문학자 존 허셜John Herschel은 드 라카유의 제안을 공식적으로 받아들였고, 아르고호는 완전히 조각난 난파선으로 변해버렸다.

한때 아르고호에 다른 이름을 붙이려는 시도도 있었다. 1627년 독일의 변호사이자 아마추어 천문학자였던 율리우스 실러Julius Schiller 는 기존의 별자리 체계에 강한 불만을 품었다. 매우 독실한 가톨릭 신자였던 그는 밤하늘에 이집트, 그리스, 아랍 문화권에서 만들어진 별자리만 존재한다는 점을 못마땅하게 여겼고, 가톨릭의 정신을 담은 새로운 별자리가 필요하다고 생각했다.

그는 아르고호를 성경 속 '노아의 방주' 별자리로 바꾸자고 제안했다. 그가 상상한 노아의 방주는 창문 너머로 희망을 상징하는 비둘기가 날아오는 모습이었다. 그러나 오직 종교적 이유로 오랜 관습을 바꾸려 한 그의 제안은 널리 받아들여지지 못했고 결국 잊혔다.

1922년에 국제천문연맹은 시대와 문화권에 따라 중구난방으로 만들어진 별자리 체계를 하나로 통합했다. 그 결과 88개의 별자리만이 공식적으로 인정되었다. 오늘날 우리가 알고 있는 별자리는 단순한 점의 연결이 아니라, 밤하늘의 특정한 면적을 차지하도록 규정되어 있다. 모든 별자리의 경계는 가로세로의 일직선으로 그어져 있는데, 이는 마치 제국주의 시대 유럽 열강들이 제멋대로 나눈 아프리카 국가들의 국경선을 연상케 한다.

프톨레마이오스가 『알마게스트』에서 처음 기록했던 48개의 별

◆ 율리우스 실러가 1627년 출간한 『기독교인의 별의 천국Coelum Stellatum Christianum』에 실린 노아의 방주 별자리 그림. 독실한 가톨릭 신자였던 그는 가톨릭 정신을 담은 새로운 별자리가 필요하다고 생각했다. 그러나 종교적 이유로 오랜 관습을 바꾸려 한 그의 제안은 받아들여지지 못했다.

자리 중 현대 천문학에서 유일하게 사라진 별자리가 바로 아르고자리다. 이제 밤하늘을 항해하던 그 거대한 배는 오직 신화 속 이야기로만 남아 있다.

별빛이 인도한 정복자와 탐험가

아르고자리의 전설 속에서 이아손과 여러 영웅을 목적지로 인도했던 배는 밤하늘에 별로 새겨졌다. 그중에서도 카노푸스는 배의 키

와도 같은 역할을 했다. 빛은 밤하늘을 넘어 지구의 바다에 닿았고, 길을 잃은 선원에게도 지치지 않는 길잡이가 되었다. 배를 상징하는 별자리의 가장 밝은 별이 실제로 바다를 누볐던 이들의 삶 속으로 스며들어 그들의 나침반이 되었다. 수평선 너머 어둠이 깊어질수록 선원들은 고개를 들어 카노푸스를 찾았다. 카노푸스의 빛은 파도를 넘어 선원을 비추었고, 바다의 길은 하늘에 있다고 속삭였다. 카노푸스는 단순한 한 점의 별빛이 아니었다. 그것은 고대의 신화가 현실에 새겨놓은 약속이었고, 바다를 사랑하는 모든 이들에게 하늘이 보낸 따뜻한 등대였다.

오늘날의 스페인이 속한 이베리아반도는 711년부터 1492년까지 800년에 가까운 세월 동안 무슬림의 지배를 받았다. 스페인 남부 안달루시아의 코르도바에서 태어나 12세기에 활동했던 아랍 천문학자 이븐 루시드Ibn Rushd는 아리스토텔레스의 중요한 가르침을 입증하고자 했다. 아리스토텔레스는 기원전 330년경 달이 지구의 그림자에 가려질 때 드러나는 둥근 실루엣을 보고 지구가 완벽한 구체임을 깨달았다. 그는 구체적인 증거를 제시하며 지구가 광활한 우주 속에서 작은 구슬처럼 떠 있는 세계라는 사실을 처음으로 밝혀냈다.

루시드는 아리스토텔레스의 말이 사실이라면 서 있는 위치에 따라 밤하늘의 풍경이 달라져야 한다고 생각했다. 이를 직접 확인하기 위해 그는 1153년 지브롤터해협을 건너 스페인 바로 아래 남쪽 모로코의 마라케시로 향했다. 그곳에서 그는 자신의 고향에서는 결코 볼 수 없었던 카노푸스가 점차 수평선 위로 떠오르는 장면을 목격했다.

카노푸스는 단순한 별이 아니라, 지구가 둥글다는 또 하나의 확실한 증거였다. 밤하늘의 한 점이었던 카노푸스가 루시드에게는 지구의 곡면을 증명하는 하나의 표식이 되었다.

15세기 무렵 유럽의 대항해시대가 시작되자 스페인 바로 옆의 포르투갈을 선두로 수많은 정복자와 탐험가가 모로코를 지나 남반구로 향하기 시작했다. 유럽의 선원은 지중해와 대서양 같은 북반구의 바다에 익숙했고, 밤하늘의 북극성을 길잡이 삼아 항로를 정했다. 하지만 적도를 넘어가면 상황이 달라졌다. 북극성은 점점 낮아지다가 결국 수평선 아래로 가라앉아 버렸다. 길을 잃을 위기에 처한 선원에게는 다른 길잡이가 필요했다. 그때 남반구의 밤하늘에서 그들이 발견한 별이 바로 카노푸스였다. 낯선 하늘 아래에서 카노푸스는 새로운 희망의 별이 되었다.

1497년에 포르투갈을 떠난 바스쿠 다 가마Vasco da Gama는 갖은 고난 끝에 아프리카 남단의 희망봉을 지나 인도로 향하는 신항로를 개척했다. 희망봉을 발견하기까지 그를 인도한 별 역시 카노푸스였다. 북극성이 사라진 바다에서도 하늘은 여전히 길을 보여주고 있었다.

새로운 세계로 향하는 항해가 이어지면서 선원들은 남반구의 밤하늘에도 새롭게 지도를 그리기 시작했다. 북반구의 밤하늘은 오랜 세월 동안 이집트, 그리스, 아랍, 아프리카 등 다양한 문화권에서 전해져 온 신화, 전설 속 영웅, 신들로 빼곡히 채워져 있었다. 하늘 곳곳을 점유한 별자리 사이에는 새로운 이름이 들어설 틈이 없었다. 밤하늘은 마치 시대를 거쳐 쌓아 올린 인류의 기억과 같았다.

그러나 남반구의 밤하늘은 아직 텅 비어 있었다. 마치 새롭게 펼쳐진 캔버스처럼 누구든 자신의 흔적을 남길 수 있는 공간이었다. 탐험가와 천문학자는 앞다투어 새 별자리를 만들었다. 특히 유럽 열강이 과학 기술의 발전에 도취된 대항해시대였기에, 다양한 과학적 도구가 별자리로 새겨졌다.

여러 조각으로 뜯겨 나간 아르고자리 주변에는 나침반, 공기펌프, 망원경과 현미경 등 다양한 과학적 도구를 상징하는 별자리가 추가되었다. 신화 속 주인공들이 자리한 북반구의 밤하늘과는 분위기가 사뭇 다르다. 북반구의 별자리에는 신과 종교에 대한 경외감이 묻어 있지만 남반구의 밤하늘에는 에덴동산을 벗어나 신으로부터 독립을 꿈꿨던 르네상스의 정신이 고스란히 배어 있다.

남반구의 별자리 지도에서 발견할 수 있는 또 다른 흥미로운 특징이 있다. 북반구의 별자리에 비해 남반구의 별자리는 유난히 작고 아담하다. 이는 많은 천문학자가 앞다투어 자신만의 별자리를 만들기 위해 경쟁했기 때문이다. 아직 이름이 붙지 않은 별들을 억지로 연결해 새로운 별자리로 추가하려다 보니 눈에 잘 띄지 않는 어두운 별까지 모아 만든 별자리가 많아졌다. 마치 아프리카와 아시아 대륙을 두고 먼저 깃발을 꽂으려 경쟁했던 대항해시대 유럽 열강의 야욕이 남반구 밤하늘에서도 그대로 재현된 듯하다.

남태평양 한가운데 고립된 이스터섬에 모아이 석상을 세웠던 원주민도 카노푸스를 중요한 별로 생각했던 것으로 보인다. 이스터섬에서 발견된 낚시 도구와 돌고래 뼈를 비롯한 다양한 고고학적 증거는 약 1000년 전 폴리네시아의 망가레바섬에서 온 사람들이 우연히 이곳에 정착했을 가능성을 보여준다.

이스터섬에는 '롱고롱고'라 불리는 상형문자가 남아 있다. 현대적인 의미의 문자라기보다는 일종의 시각 기호처럼 상징에 가까운 형태다. 고고학자들은 그 속에서 망가레바섬의 지도자 호투 마투아Hotu Matu'a의 이름을 해독했는데 일부 연구자는 태양과 달, 화성, 금성, 그리고 카노푸스와 같은 천체에 관한 기록이 포함되어 있다고 주장하기도 한다.

우주를 항해할 때도
별빛을 따라간다

바다에서 부는 바람이 돛을 미는 힘으로 나아갔던 인류의 배는 이제 바람이 불지 않는 우주 공간을 향해 나아간다. 1977년 8월 20일과 9월 5일, 연달아 두 대의 탐사선이 지구를 떠났다. 탐사선의 이름은 '항해자'를 뜻하는 보이저Voyager였다. 보이저 1호와 2호는 이전까지 제대로 된 근접 사진 한 장 찍지 못했던 태양계 외곽의 목성과 토성, 그리고 천왕성과 해왕성까지 스쳐 지나가며 빠르게 속도를 올렸다. 지구를 떠난 지 30년이 넘은 2012년과 2018년에 보이저 1호와 2호는 각각 태양계 안팎의 경계를 넘어섰다. 이제 두 대의 보이저에는 태양빛보다 태양계 바깥 은하계의 빛이 더 많이 비친다.

보이저는 태양계를 벗어나 인터스텔라interstellar, 즉 별과 별 사이 성간 우주 공간에서 여정을 이어가고 있다. 이제 지구에서 보이저까지 거리는 빛의 속도로 날아가도 22시간 반이 넘게 걸린다. 거리가 너무 멀어서 지구와 신호를 주고받는 데만 왕복으로 45시간이 걸리는 셈이다. 흥미로운 사실은 이렇게 머나먼 우주로 떠난 보이저가 수 세기 전 항해사들이 의지했던 카노푸스를 여전히 길잡이로 삼았다는 점이다. 한때 바다를 건너는 돛단배가 바라봤던 그 빛은 이제 우주의 심연 속에서 탐사선의 방향을 밝혀준다. 카노푸스는 시간과 공간을 넘어 인간과 우주를 이어주는 변치 않는 등대가 되어 빛나고 있다.

지구 바깥을 항해할 때 모든 별은 공평해진다. 그리고 이에 따라 새로운 문제가 발생한다. 우리가 지구에 있을 때는 항상 천구의 북극에서 제자리를 지키는 북극성처럼 특별한 별을 정할 수 있다. 지구는 자신의 자전축을 중심으로 자전하기에 지구에서 봤을 때 지구의 북쪽 자전축 끝에 있는 북극성은 다른 별과 달리 크게 자리를 바꾸지 않기 때문이다. 덕분에 지구에서 바라본 밤하늘에서는 북극성이 아주 특별한 지위를 갖는다. 하지만 이 권위는 지구를 벗어나는 순간 사라진다. 지구 바깥에서 북극성은 그저 어둡게 보이는 하찮은 별 중 하나일 뿐이다. 북극성에만 기대서 길을 찾는다면 오히려 우주에서는 길을 잃는다.

우주에서 별의 쓸모를 결정하는 특징은 단 하나, 별의 밝기다. 우주에서는 별이 더 밝게 보일수록 유용하다. 그래서 1960년대 초창기의 우주 탐사선이 방향을 잡고 자세를 제어할 때 가장 많이 활용했던 별이 바로 태양이다. 지구에서 가장 가까운 별이기 때문에 태양은 지구를 갓 벗어난 탐사선의 눈에 압도적으로 밝다. 덕분에 태양은 1960년대 만들어진 탐사선의 투박한 센서로도 아주 쉽게 찾을 수 있다. 가장 밝은 빛이 비치는 방향만 찾으면 되기 때문이다. 이 시기의 많은 초기 탐사선은 태양의 조명이 비치는 쪽으로 태양 에너지판을 돌린 채 전력을 충전했고 지구 주변 가까운 우주를 여행하면서 태양을 기준으로 자세를 잡았다.

오래전 별자리를 보고 방향을 찾아야 했던 항해사에게 태양이 떠오르는 낮은 잠시 눈을 감고 길을 헤매야 하는 끔찍한 시간이었을 것이다. 그들은 태양이 저문 밤을 더 반겼다. 항해사에게 찬밥 신세였던 태양이 오히려 우주를 항해하는 탐사선에 중요한 나침반이 되었다는 점은 흥미롭다. 그런데 태양 하나만을 탐사선의 길잡이로 삼는 방식에는 근본적인 한계가 있다. 우주는 사방이 뻥 뚫린 광대한 공간이기 때문이다. 탐사선이 자신의 방향과 자세를 정밀하게 조정하려면 x축, y축, z축 세 개의 축에서 모두 균형을 맞춰야 한다. 그러나 단 하나의 기준점, 즉 태양만을 활용한다면 한 축에서는 방향을 정할 수 있을지 몰라도 나머지 두 축에서는 기준을 잡기가 어렵다. 예를 들어 태양을 x축 방향으로 맞추더라도, y축과 z축의 회전 상태를 명확히 파악할 수 없다. 마치 나침반 없이 한 점만 바라보며 항해하는 배와 같다.

특히 태양은 화성 궤도를 넘어서면 더욱 쓸모를 잃는다. 태양의 빛은 거리가 멀어질수록 빠르게 희미해진다. 지구 근처에서는 강렬한 광원이지만, 태양계 외곽으로 나아갈수록 그 밝기는 극적으로 감소하며 탐사선의 시야에서도 점점 존재감을 잃는다. 게다가 태양 주위를 도는 행성이 탐사선의 시야를 가리면서 태양이 갑자기 사라지는 순간이 발생하기도 한다. 태양만 의지하다가는 탐사선이 한순간 어둠 속에서 방향을 잃을 수도 있는 것이다.

1965년에 매리너 4호가 화성 근처를 지나가며 첫 번째 심우주 탐사를 수행했을 때 천문학자들은 이러한 문제를 해결하기 위해 태양이 아닌 또 다른 기준점을 찾았다. 그것이 바로 카노푸스였다. 카노푸스는 지구에서 약 310광년 떨어진 거리에 있는 초거성이다. 태양보다 무려 1만 배나 밝게 빛나며 밤하늘에서 맨눈으로 볼 수 있는 두 번째로 밝은 별이다. 밝기만 따져보면 지구에서 가장 밝게 보이는 시리우스보다도 500배 이상 강한 빛을 내뿜는다. 그럼에도 시리우스가 더 밝게 보이는 이유는 단순하다. 시리우스는 지구와 겨우 8.7광년 떨어져 있기 때문이다.

이것이 바로 천문학자들이 태양계를 벗어나는 탐사선의 길잡이 별로 가장 밝은 시리우스가 아닌, 두 번째로 밝은 카노푸스를 선택한 이유다. 가까운 거리에 있는 별은 지구의 공전으로 인해 겉보기 위치가 미세하게 흔들리는 시차 현상을 보인다. 하지만 우주를 항해하는 탐사선의 기준점이 되려면 가능한 한 별의 위치가 변하지 않고 안정적이어야 한다. 이 조건을 충족하는 것이 카노푸스였다.

카노푸스가 우주의 나침반이 될 수 있었던 또 다른 이유는 밝기

3. 낯선 세계로 이끄는 길잡이, 카노푸스

의 안정성이다. 지금 이 별은 태양 질량의 8배 정도지만, 처음 탄생했을 때는 태양의 10배에 가까운 질량을 지녔다. 질량이 큰 별은 빠르게 수명을 소진하며 격변한다. 실제로 카노푸스도 수소 핵융합이 끝나고 헬륨을 태우는 단계로 접어들면서 한때 불안정한 시기를 보냈다.

그러나 지금은 헬륨 핵융합이 안정적으로 진행되는 단계에 접어들어 큰 변광 없이 일정한 밝기를 유지하고 있다. 물론 카노푸스도 자신의 물질을 외부로 방출하며 점진적으로 질량을 잃는다. 하지만 별이 워낙 크고 강력하기 때문에 이러한 질량 손실은 탐사선의 기준점 역할을 수행하는 데 아무런 영향을 주지 않는다. 결국 카노푸스는 태양계 밖으로 나아간 탐사선에 가장 이상적인 길잡이가 되었다. 밝고 먼 거리에 있어 위치가 거의 변하지 않으며, 장기적으로도 안정성을 유지하고 있기 때문이다.

〈스타워즈〉만큼이나 많은 SF 팬의 사랑을 받는 〈스타트렉〉시리즈는 23세기 무렵의 미래를 배경으로 한다. 작품 속에서 우주선 USS 엔터프라이즈의 조타수 히카루 술루의 모니터를 자세히 보면 은하수 위로 빛나는 카노푸스가 선명하게 표시되어 있다. 태양계를 벗어나 초광속 항법으로 은하계를 가로지르는 시대가 도래하더라도 카노푸스는 여전히 여행자의 길을 비춘다. 그리고 어쩌면 현실에서도 그렇게 될 것이다.

우주의 여행자는
여전히 별에 신세를 진다

오늘날 우주를 여행하는 모든 탐사선에는 별을 기준으로 위치를 파악하는 스타 트래커star tracker가 탑재되어 있다. 이 장치는 우주의 길잡이가 되는 특정한 별을 찾아내 탐사선의 자세를 조정하는 역할을 한다. 탐사선은 작은 카메라로 자신이 바라보는 하늘의 한 조각을 촬영하고, 그 사진 속 별의 배치를 미리 저장된 별의 좌표 데이터와 비교한다. 이 과정에서 탐사선은 자신의 방향을 조금씩 수정하며 마치 '다른 그림 찾기'를 하듯 올바른 자세를 찾을 때까지 방향을 조정한다.

1969년 인류가 처음으로 달에 발을 내디딘 아폴로 11호 미션에서도 우주인들은 별을 활용했다. 그들이 손에 쥔 것은 첨단 전자기기가 아니라 15세기 대항해시대의 선원이 쓰던 육분의였다. 선박 위에서 선원들은 수평선 위에 있는 천체의 고도를 측정해 현재의 위치를 알기 위해 육분의를 사용했다. 디지털과 아날로그가 기묘하게 공존했던 시대에 치열한 우주 경쟁이 이어지며 불완전한 기술을 보완하기 위해 고전적인 도구가 다시 등장한 순간이었다.

우주로 떠난 이들이 사용한 육분의에는 두 개의 작은 망원경이 달려 있었다. 하나는 일반적인 시야로 별을 탐색하는 렌즈이고 다른 하나는 28배율로 별을 더욱 정밀하게 조준하는 망원경이다. 우주인들은 먼저 목표 별이 있는 하늘의 방향을 맨눈으로 확인한 뒤 고

◆ 1968년 아폴로 8호 미션을 떠난 우주인 제임스 러블James Lovell이 육분의로 길잡이 별을 조준하며 방향을 잡고 있다.

배율 렌즈를 이용해 별을 정확히 맞추고 각도를 측정했다. 물론 우주선에는 자동으로 방향을 제어하는 관성 항법 장치가 있었다. 하지만 계산 과정에서 생긴 작은 오차가 점차 누적되었기 때문에 일정한 간격으로 별을 직접 측정해 보정할 필요가 있었다. 우주인들은 육분의를 이용해 측정한 별의 각도를 아폴로의 유도 컴퓨터에 입력했고, 컴퓨터는 우주선의 자세를 어떻게 조정해야 하는지를 빠르게 계산했다.

아폴로 11호의 성공 이후 1년 만에 이어진 아폴로 13호에서는 육분의가 더욱 결정적인 역할을 했다. 아폴로 13호는 달로 향하던 도중 산소 탱크가 폭발하는 사고가 발생했다. 강력한 충격으로 인해

사령선은 회전하기 시작했고, 우주인들은 통제력을 잃은 채 표류할 위험에 처했다. 전력 부족으로 컴퓨터가 제대로 작동하지 않는 상황에서 그들이 의지할 수 있는 것은 오직 육분의뿐이었다.

그들은 비좁은 창문 너머로 겨우 보이는 별을 찾아야 했다. 하지만 폭발 때문에 우주 공간에 흩어진 수많은 얼음 결정 조각이 태양 빛을 반사하며 마치 별처럼 반짝였다. 진짜 별과 가짜 별이 뒤섞인 혼란 속에서 우주인들은 필사적으로 육분의를 사용해 올바른 방향을 찾으려 애썼다. 이 극적인 순간 별빛은 단순한 항법 도구가 아닌 생존을 위한 희망의 불빛이었다. 결국 그들은 성공적으로 자세를 조정했고 무사히 지구로 귀환할 수 있었다.

늘 그 자리에 있는 듯 보이는 하늘의 별이지만 어떻게 바라보느냐에 따라 그 의미는 완전히 달라진다. 어떤 이들에게는 단순한 점에 불과한 별이 탐험가에게는 길을 인도하는 이정표이며, 절체절명의 순간 생명을 지켜주는 희망의 불빛이 된다. 그리고 오늘날에도 우주를 향한 인간의 여정은 여전히 별에 신세를 지며 이어진다.

원래 카노푸스를 향했어야 하는 탐사선의 센서가 엉뚱한 별을 겨냥하는 바람에 문제가 발생한 적도 많았다. 보이저 1호에서도 비슷한 일이 있었다. 보이저 1호가 지구를 떠난 지도 어느덧 50년에 가까운 세월이 흘렀다. 탐사선에게도 결코 짧지 않은 시간이다. 탐사선이 태양계 외곽을 지나면 태양풍의 영향을 덜 받게 되고 대신 성간 공간의 거친 환경에 노출된다. 그곳은 강력한 고에너지 입자가 쏟아지는 세계다. 탐사선의 기기는 이러한 변화에 서서히 영향받으며,

◆ 태양계 바깥 가장 가까운 별 알파 센타우리의 모습.

때로는 예기치 못한 오작동을 일으킨다.

　지구를 떠난 지 2년이 지난 1979년 12월에 보이저 1호는 지구에서 약 6억 6000만 킬로미터 떨어져 목성을 지나 토성으로 향하는 중이었다. 그런데 갑자기 보이저 1호의 신호가 끊겼다. 원인은 스타 트래커의 오류였다. 원래 카노푸스를 향해야 했던 센서가 엉뚱한 별을 겨냥한 것이다. 보이저 1호가 포착한 별은 태양계에서 가장 가까운 항성계, 알파 센타우리Alpha Centauri였다. 알파 센타우리는 태양보다 약간 작은 두 개의 별이 서로를 공전하는 쌍성계다.

　보이저 1호는 단순한 기계에 불과했지만 마치 한순간 호기심에 이끌린 듯 알파 센타우리 방향으로 한눈을 팔았다. 그러나 그 순간 자신의 생사를 지구에 알릴 수 있는 유일한 소통 수단인 고출력 안테나도 잘못된 방향으로 틀어지고 말았다. 지구에 있던 엔지니어들은 혼란에 빠졌다. 태양계에서 아직 탈출하지도 못한 이른 시점에 신호가 끊긴 것이다. 한동안 원인을 알 수 없는 난감한 상황이 이어졌다.

아마도 목성의 강력한 중력을 활용해 가속하고 방향을 틀던 과정에서 보이저 1호의 센서가 잠시 길을 잃었던 것으로 보인다. 다행히 엔지니어들은 문제를 빠르게 파악했고, 보이저 1호가 카노푸스를 향하도록 자세를 조정하라는 명령을 보냈다. 탐사선은 다시 카노푸스와 태양, 두 개의 별을 기준으로 자세를 바로잡았다. 그리고 1980년 무사히 토성에 도착했다. 웅장한 고리와 토성의 위성 타이탄Titan까지 탐사한 후 보이저 1호는 성간 공간을 향해 나아갔다.

그로부터 다시 10년이 지난 1990년에 보이저 1호는 지구에서 60억 킬로미터 떨어진 지점에 도달했다. 이미 해왕성의 궤도를 넘어선 상태였다. 그곳에서 보이저 1호는 태양계를 마지막으로 돌아보았다. 희미한 햇빛 속에서 지구는 작은 점으로 빛나고 있었다. 먼 우주에서 바라본 우리의 세계는 광대한 어둠 속에 겨우 눈에 띄는 푸른 점에 불과했다.

보이저는 플루토늄이 붕괴하면서 발생하는 열을 전력으로 변환하는 열전 발전기로 작동한다. 태양계를 벗어난 후부터는 태양광 패널을 장착할 필요가 없었다. 대신 반감기 87.7년의 플루토늄이 연료로 사용되었다. 이론적으로는 매년 약 4와트씩 전력이 감소해야 하지만, 발전기 안에 있는 열전 변환 장치의 성능이 점차 저하되어 2000년대에 이르러서는 초기 전력의 67퍼센트 수준까지 떨어졌다.

보이저와 같은 심우주 탐사선의 희미한 신호를 포착하기 위해 미국항공우주국 나사NASA는 지구 북반구의 미국 캘리포니아 골드스톤과 스페인 마드리드, 그리고 남반구의 호주 캔버라에 각각 지름 70미터의 거대한 접시 안테나를 구축했다. 이를 딥 스페이스 네트워크Deep Space Network라고 한다. 이 거대한 안테나는 화성에 설치된 크리스마스트리의 작은 전구가 깜빡이는 신호까지도 감지할 수 있을 만큼 민감하다. 그러나 아무리 정교한 안테나라 할지라도 탐사선이 신호를 보내지 않는다면 무용지물이다.

보이저가 태양계 행성의 궤도를 지나 탈출을 앞두고 있을 때, 천문학자들은 가능한 한 오랫동안 탐사선을 유지하기 위해 전력 소비를 줄이기로 했다. 가장 먼저 희생된 것은 카메라였다. 탐사선에서 가장 많은 전력을 소모하는 장비였기 때문이다. 카메라의 전원을 끈 보이저는 눈을 감은 채 우주를 떠도는 것과 다름없었다. 아직 가동 중인 센서로 과학적 데이터를 수집할 수는 있었지만 우리가 우주를 직접 '볼' 수단은 사라지게 되었다. 이에 천문학자들은 카메라의 전원을 끄기 전에 마지막으로 특별한 사진을 남기기로 했다.

1990년에 보이저 1호는 오랫동안 등지고 있었던 태양계를 향해 카메라를 돌렸다. 그리고 태양을 중심으로 각자의 궤도를 도는 행성을 하나하나 포착했다. 태양은 너무 밝아서 카메라 센서가 손상될 위험이 있었기 때문에 촬영하지 않았다. 그래서 당시 태양과 가까웠던 수성과 화성도 사진에 담기지 못했다. 하지만 금성, 지구, 목성, 토성, 천왕성, 해왕성은 모두 사진에 기록되었다. 태양계는 너무도 광대했기에 모든 행성을 한 장의 사진에 담을 수는 없었다. 각 행성을 별도로 촬영한 후 여러 장의 이미지를 이어 붙여 태양계 가족 사진을 완성했다.

그렇게 보이저 1호는 사상 처음으로 60억 킬로미터 떨어진 거리에서 지구를 포착했다. 그 사진 속에서 지구는 단 하나의 픽셀 정도 크기의 작은 점에 불과했다. 너무나 낯선 모습이었다. 이를 본 칼 세이건은 지구를 '창백한 푸른 점'이라 불렀다. 보이저 1호의 스타 트래커가 굳이 겨냥할 필요조차 없을 만큼 작은 존재였다.

보이저의 탐사는 태양계를 벗어난 이후에도 이어졌다. 요즘 우리는 세대를 구분할 때, 'MZ세대' 같은 용어를 사용하지만, 천문학자는 또 다른 기준을 사용한다. 바로 1990년 2월 14일 보이저 1호가 60억 킬로미터 너머에서 지구의 사진을 찍은 날을 기점으로 인류를 '포스트 보이저 세대'와 그 이전 세대로 나눈다. 이후에 태어난 인류는 태어나면서부터 지구가 얼마나 작고 소중한 존재인지, 그리고 그 창백한 푸른 점 위에 써 내려간 인류의 역사가 얼마나 미미한지를 인식하며 성장할 수 있었다. 그리고 이 역사적인 사진이 기록되기까지 우주에는 보이저 1호가 길을 잃지 않도록 길잡이가 되어준 별, 카노푸스가 있었다.

◆ 1990년 2월 14일 보이저 1호가 촬영한 지구의 모습. 사진 속 흰 점이 지구다.

우리는 모두 별먼지가 된다

세이건은 우리가 우주와 어떻게 연결된 존재인지를 감성적인 통찰을 더해 들려주었다. 그는 우리의 몸을 구성하는 모든 원소가 오래전 사라진 초신성 폭발의 잔해에서 왔다는 사실을 이야기했다. 이 것은 문학적 비유가 아니다. 천문학적으로 확인된 과학적 사실이다. 우리가 존재하는 데 필요한 탄소, 산소, 질소를 비롯한 모든 원소는 모두 별의 중심에서 탄생했다.

빅뱅 직후 우주는 극도로 단순했다. 존재하는 원소라고는 수소와 헬륨뿐이었다. 그러나 이 단순한 원소가 모여 첫 번째 세대의 별들이 태어났고 핵융합을 통해 더 무거운 원소를 만들었다. 그 별들은 성장하며 중심에 다양한 원소를 축적했고 마지막 순간 장엄한 초신성 폭발과 함께 그 모든 것을 우주에 흩뿌렸다. 초신성이 남긴 잔해는 시간이 흐르며 또 다른 가스 구름과 뒤섞였다. 그리고 그 속에서 새로운 세대의 별과 행성이 태어났다. 우리의 태양계 역시 이런 과정을 통해 탄생했다.

태양은 우주 역사의 세 번째 세대에 해당하는 별이며, 이전 세대 별들의 흔적을 품고 있다. 지금으로부터 약 50억 년 전, 태양계가 형성되기 전의 공간에서 거대한 초신성이 폭발했고 그 잔해가 다시 모여 태양과 여러 행성이 탄생했다. 지구와 그 위의 생명체까지 우리는 모두 오래전 사라진 별의 후손이다. 세이건은 이 천문학적 사실을 바탕으로 인류가 우주의 일부분이라는 아름다운 이야기를 들려주었다.

세이건의 통찰은 단순한 사색에 머무르지 않았다. 그의 이야기에 영감을 받아 실제로 우주를 삶과 죽음의 일부로 받아들이려는 이들이 나타났다. 우주 산업이 빠르게 상업화되면서 이제는 작은 스타트업도 우주 개발에 도전하는 시대가 되었다. 그중에서 독특한 시도가 있다. 바로 세상을 떠난 이들의 유골을 우주로 보내는 '우주 장례'라는 새로운 형태의 산업이다.

이들은 세이건의 말을 실천에 옮겼다. 우리가 원래 별의 먼지로 이루어진 존재라면, 우리의 천문학적 기원인 우주에서 삶의 마지막을 맞이할 수 있지 않을까? 유골을 실은 캡슐을 지구 밖으로 보내 영원히 우주를 떠돌게 하거나, 캡슐이 대기권에서 열리며 유골이 인공적인 별똥별처럼 사라지게 하는 방식이 논의되고 있다.

실제로 2024년 1월에 지구가 아닌 우주에서의 첫 번째 장례가 시도되었다. 민간 우주 기업 아스트로보틱 테크놀로지가 개발한 달 착륙선 페네그린은 라틴어로 '죽음의 호수'라는 뜻의 라쿠스 모티스 지역에 착륙할 계획이었다. 이 착륙선에는 70여 명의 유골이 담긴 캡슐이 실려 있었다. 개인 신청자를 비롯해 SF 작가 아서 클라크Arthur Clarke의 머리카락, 〈스타트렉〉의 창시자 유진 로든베리Eugene Roddenberry의 유골, 그리고 아폴로 계획을 위한 역사적인 연설을 남긴 존 F. 케네디John F. Kennedy 대통령의 머리카락도 있었다.

계획하기로는 일부 캡슐은 달로 향하는 동안 우주 궤도에 흩뿌려지고, 일부는 달 표면에 착륙해 영원한 안식을 취할 예정이었다. 한편으로 이 계획은 논란을 불러왔다. '개인의 유해를 달에 보내는 것이 과연 윤리적으로 타당한가?' 하는 문제가 제기되었고, 달이 사적인 장례 공간으로 이용되는 것을 우려하는 목소리도 있었다.

그러나 여러 논란이 무색하게 페네그린의 임무는 실패로 끝났다. 착륙선은 발사 직후 연료가 누출되면서 추진력을 잃었고, 달까지 도달하지 못한 채 지구 대기권에서 추락하고 말았다. 결국 달에서 영원한 안식을 꿈꾸던 이들의 유해는 탐사선과 함께 지구 대기권에서 불타오르며 사라졌다. 그들은 예정된 목적지에 닿지는 못했지만 그 마지막 순간만큼은 우주의 일부로 빛났다.

고대 이집트인은 죽음을 단절이 아닌 삶의 연장으로 보았다. 그 래서 사후 세계에서 영혼이 영원히 살아가기 위해 육체가 온전히 보존되어야 한다고 믿었다. 육체가 사라지면 영혼도 사후 세계에서 방황하다 결국 소멸한다고 여겼기 때문이다. 이들은 인간의 생명력을 '카', 영혼을 '바'라 불렀고, '바'가 머물 곳을 지키기 위해 미라를 제작했다. 이것은 죽음과 부활을 모두 경험한 신, 오시리스에 대한 경외심의 표현이기도 했다.

이집트인들은 미라 제작에 각별한 노력을 기울였다. 미라 보존의 핵심은 부패를 최대한 늦추는 것이었기에 쉽게 썩는 장기를 따로 보관했다. 간은 임세티, 폐는 하피, 위는 두아무테프, 대장과 소장은 케베세누에프라는 신이 지킨다고 믿었다. 그래서 각 장기를 네 개의 항아리에 나누어 보관했는데, 이 항아리는 단순한 용기가 아니라 신성한 의미를 지닌 것이었다.

오늘날 우리는 뇌가 인간의 감정과 사고를 지배한다는 사실을 알고 있지만, 당시 이집트인은 그 역할을 심장이 한다고 생각했다. 따라서 심장은 몸속에서 붕대로 감싼 채 특별한 보호를 받아 시신 안에 그대로 남았지만, 뇌는 그 중요성이 간과되었다. 오히려 육체의 부패를 막기 위해 제거해야 할 불필요한 기관으로 여겼다. 그러나 시신을 훼손하지 않는 것이 중요했기에 머리를 직접 절개하는 대신 길고 가느다란 갈고리를 콧구멍으로 집어넣어 며칠에 걸쳐 천천히 뇌를 긁어냈다.

미라 제작 과정에서 장기를 따로 보관했던 항아리를 '카노푸스 항아리'라고 부른다. 하지만 이 이름은 이집트에서 사용된 것이 아니라 시간이 흘러 고대 그리스인에 의해 붙여진 이름이다. 그리스 신화에서 스파르타의 왕 메넬라오스의 함대를 이끌던 조타수 카노푸스의 전설과 혼동되면서 이러한 명칭이 생겨났다. 트로이전쟁 후 메넬라오스의 함대는 이집트에 도착했다. 이때 카노푸스는 이집트의 나일강 하류인 알렉산드리아 근방의 삼각주에서 독을 품은 뱀에 물려 세상을 떠났다. 그의 죽음을 기리기 위해 메넬라오스는 그 지역에 카노푸스라는 이름을 붙였다고 전해진다.

미라를 만들 때 장기를 항아리에 따로 보관하는 풍습은 이집트의 장례관습이다. 이집트인은 본래 죽음의 신 오시리스를 숭배하는 뜻에서 사람 머리 모양의 항아리를 만들었다. 그런데 카노푸스에 당도한 그리스인은 단순히 지명을 반영해 그 항아리가 자신들의 전설 속 카노푸스를 상징한다고 오해했다. 이집트 유물에 그리스인이 제멋대로 전설을 덮어씌운 셈이다. 이후 르네상스의 유럽 학자들이 그리스인 기록을 그대로 받아들이면서 지금까지 '카노푸스 항아리'라는 잘못된 표현이 굳어졌다.

카노푸스는 오랫동안 살아 있는 이들뿐만 아니라 죽은 자들의 길잡이 역할을 해온 별이었다. 오늘날 밤하늘에서 가장 밝은 별은 시리우스이지만, 과거에는 카노푸스가 그 자리를 차지하던 시절도 있었다. 이 거대한 별은 초속 20킬로미터의 속도로 점차 지구에서 멀

◆ 이집트에 당도한 고대 그리스인은 이집트인이 미라 제작 과정에서 장기를 따로 보관했던 항아리가 카노푸스의 전설과 연관되어 있다고 생각했고, 이 항아리는 '카노푸스 항아리'라는 이름으로 불리게 되었다.

어지고 있다. 지금은 약 310광년 떨어져 있지만, 300만 년 전에는 불과 120광년 거리까지 다가와 있었다. 그 시절 카노푸스는 시리우스보다 더 밝게 빛나는 별이었을 것이다.

카노푸스가 지구에 가장 가까웠던 시기는 약 317만 년 전으로 추정된다. 이는 오스트랄로피테쿠스가 아프리카의 대지에서 두 발로 일어서며 새로운 세상을 마주하던 때와 겹친다. 허리를 곧게 세운 그들은 밤하늘을 올려다볼 수 있는 존재가 되었다. 당시 밤하늘에서 가장 찬란하게 빛났던 카노푸스는 분명 그들의 눈을 사로잡았을 것이다.

　어쩌면 인류가 처음 올려다본 별 중 하나가 바로 카노푸스였을지도 모른다. 그래서 만약 인류의 진화가 조금만 더 빨랐다면 지금 우리가 시리우스를 기억하는 것처럼 카노푸스를 가장 신성한 별로 추억했을지 모른다. 인류의 기원을 지켜봤고, 과거에는 밤하늘의 왕이기도 했던 그 별은 오늘도 우리 곁에서 우주의 광대한 시간을 관통하며 빛을 보내고 있다.

4. 외계 문명을 향한 도약, 미라

지구를 벗어난 곳에 낙원은 없다

"이로써 인간이 낙원에서 쫓겨난 게 두 번째군⋯."

"아니지, 본즈. 이번엔 우리 스스로 걸어 나왔지 않은가. 어쩌면 우리는 평생 낙원에서 살 팔자가 아닌 거지."

— ⟨스타트렉⟩ 오리지널 TV 시리즈의 스물네 번째 에피소드인

「낙원의 이쪽」 중 USS 엔터프라이즈 수석 의료 장교 레너드 맥코이와

선장 제임스 커크의 대화 중에서

USS 엔터프라이즈 대원은 오미크론 세티 제3행성으로 향한다. 이곳은 오래전 농업 거주지로 지정되어 150명이 살던 행성이다. 행성에 쏟아지는 해로운 버톨드 광선 탓에 모두 사망했을 것이라 추측했으나, 조사차 행성에 방문한 대원은 뜻밖의 광경을 목격한다. 거주민은 모두 멀쩡하다 못해 오히려 이전보다 건강한 모습이었다. 병

을 앓던 이들도 말끔히 완치된 상태였다. 그런데 행성 어디에도 인간 외의 동물이나 심지어 곤충 한 마리 보이지 않자, 함장 커크는 직감적으로 수상함을 느낀다.

거주민을 살피던 중 부함장이자 과학 장교인 스팍은 아름다운 여인 레일라 카로미를 만난다. 사실 두 사람은 여섯 해 전에 지구에서 남다른 인연이 있었다. 과거 레일라는 스팍에게 애정을 표현했지만 무뚝뚝한 외계인 스팍은 감정이 없다며 그녀의 마음을 거절했다. 레일라는 미련 가득한 표정으로 스팍을 바라본다. 버톨드 광선이 쏟아지는 행성에서 어떻게 거주민이 멀쩡히 살아 있는지 의문을 품는 스팍에게, 레일라는 그 비밀을 알려주겠다며 그를 숲속으로 인도한다. 그곳에는 연신 포자를 뿜어내는 거대한 꽃들이 있었다. 포자 세례를 뒤집어쓴 스팍은 갑자기 새로운 감정에 눈을 뜨고 레일라와 단란한 데이트를 즐긴다.

알고 보니 꽃이 뿜어낸 포자에는 사람을 행복에 취하게 만드는 효과가 있었다. 거주민은 이곳이 우주 최고의 낙원이라 착각하며 몸과 마음의 고통에서 완전히 벗어났다고 믿었다. 포자 덕분에 버톨드 광선으로부터 목숨을 지켰으나, 정작 이 행성에 온 목적은 잊은 채 막연한 행복에 취해 나태하게 살아갔다.

대원이 행성을 조사하는 사이 꽃의 포자가 함선 환풍 장치를 타고 함선 내부에 가득 퍼졌고 대원 전원이 감염되고 만다. 행성의 위험성을 간파한 선장 커크는 거주민과 함께 탈출하자고 하지만 행복에 취한 대원은 순간이동 장치를 통해 행성에 내려가 버린다. 커크조차 포자에 취해버릴 위기에 처한 순간, 함선을 지켜야 한다는 강한 책임감이 분노로 변하며 포자의 효과가 순식간에 사라진다. 커크는 분노라는 부정적 감정이 포자의 환각을 깨우는 치료법임을 깨닫는다.

커크는 사랑이라는 감정에 홀린 스팍을 되돌리려 온갖 욕설을 퍼붓는다. 심지어 부모 욕까지 들먹인다. 네 아버지는 컴퓨터고, 네 어머니는 백과사전이라고 말이다. 의자를 집어던질 정도로 극한 분노에 휩싸인 스팍은 끝내 본래의 냉정하고 차가운 모습으로 되돌아온다. 커크는 스팍과 함께 행성 거주민에게 분노를 일으킬 아음속subsonic 송신기를 수리한다. 그리고 소리보다 약간 느린 아음속 전파로 사람들의 신경을 자극했고, 포자가 만든 가짜 행복에서 모두를 해방시켰다. 사랑을 잊고 다시 냉정해진 스팍을 보며 레일라는 격한 슬픔의 눈물을 흘린다. 이 부정적인 감정 덕분에 레일라도 가장 마지막으로 포자의 영향력에서 벗어난다.

이 이야기는 고대 그리스 시인 호메로스의 『오디세이아』에 등장하는 '연꽃을 먹는 사람들'을 연상시킨다. 여기서 포자를 퍼뜨리는 꽃의 역할은 연꽃이다. 신화 속 오디세우스는 여러 동료와 함께 펠로폰네소스 남쪽 끝을 항해하던 중 풍랑을 만나 미지의 섬에 도착한다. 그곳에는 꿀처럼 달콤한 연꽃이 가득했고 '연꽃을 먹는 사람'으로 불리는 원주민 '로토파고이'가 있었다. 연꽃은 너무나 맛있었고 연꽃을 먹으면 고향에 대한 걱정도, 집으로 돌아가고 싶은 마음도 모두 사라졌다.

모든 슬픔에서 벗어나 행복에 취하게 만드는 이 연꽃은 한동안 기적의 식물로 여겨졌다. 고대 그리스의 지리학자와 역사가는 이 기적의 식물이 실존하리라 기대하며 찾아 헤맸다. 리비아와 튀니지 해안 섬에 전설 속 연꽃과 이를 먹고 사는 새가 있다는 이야기도 전해지지만, 그것이 정확히 어떤 식물인지 혹은 허구의 상상일 뿐인지는 여전히 확실치 않다.

「낙원의 이쪽」 에피소드가 펼쳐지는 무대는 고래자리 오미크론이다. 이 별은 미라Mira라는 이름으로도 불린다. 이곳에 정말 슬픔을 잊고 행복에 취하게 하는 꽃이 피어 있을지는 알 수 없지만, 별의 이름 미라와 기적을 뜻하는 미라클Miracle의 어원이 같다는 점은 흥미롭다. 그리고 이 별은 정말 기적과 같은 별이다.

천상의 권위를 무너뜨리다

미라를 기적의 별이라 부르는 이유는 이 별이 사라졌다 다시 나타나기를 반복하기 때문이다. 이 별을 처음 주목한 사람은 16세기 독일 출신의 천문학자 다비트 파브리치우스David Fabricius다. 그는 독일 프리지아 지역의 작은 마을에서 목사로 지내며 천문학 연구에 매진했다. 한때 요하네스 케플러Johannes Kepler와 서신을 주고받기도 한 그는 갈릴레오와 별개로 홀로 태양 표면에서 거뭇한 흑점을 발견했으며, 이를 통해 태양 표면이 천천히 자전한다는 사실을 인류 최초로 밝혀낸 인물이다.

　어느 날 파브리치우스는 밤하늘에서 밝게 빛나는 한 행성의 움직임을 추적했다. 그가 목격한 행성은 실제로는 목성이었으나, 그는 수성으로 착각했다. 어쨌든 그는 '수성'의 위치 변화를 정확히 파악하고자 기준으로 삼을 별이 필요했고, 주변에서 맨눈으로 어렴풋이 보이는 3등급 별 하나를 골랐다. 그 별이 바로 미라였다. 1596년 8월 3일, 파브리치우스는 자신이 정한 이 기준 별을 기록에 남겼다. 그런데 미라는 뚜렷한 밝기 변화를 보였다. 한 달도 채 지나지 않은 8월 21일, 밝기가 4등급까지 빠르게 떨어지더니 10월이 되자 아예 시야에서 사라졌다. 파브리치우스는 이 현상이 새로운 별이 갑자기 등장했다가 사라지는 신성이라 생각했다.

　신성新星은 수명이 다한 무거운 별이 마지막 순간에 폭발하면서 갑자기 밝아지는 현상이다. 오랫동안 보이지 않던 별이 갑자기 밝아지면서 새롭게 등장한다고 해서 신성이라고 부른다. 최후의 순간 밝게 폭발하고 사라지는 신성도 보기 드문 현상이지만, 미라는 그 비범함을 넘어섰다. 일반적인 신성은 잠시 밝아졌다가 이내 빛을 잃고 어둠 속으로 사라진다. 하지만 미라는 달랐다. 어두워지면서 시야에서 사라졌던 미라는 1609년 2월 16일 다시 모습을 드러냈다. 미라는 신성이 아니었다. 맨눈으로 볼 수 있는 한계를 넘나들며 주기적으로 나타났다 사라지기를 반복하는 변광성이었다. 수성이라고 착각했던 목성을 기록하기 위한 비교 대상일 뿐이었지만, 오히려 그 별이 파브리치우스의 시선을 완전히 빼앗아 버렸다.

미라가 가장 밝아질 때는 고래자리에서 맨눈으로도 볼 수 있다. 하지만 가장 어두워지면 인간의 시력으로는 도저히 닿을 수 없는 어둠 속으로 숨어버린다. 망원경 없이 오직 육안에만 의지해 밤하늘을 바라봐야 했던 과거 사람들에게 미라는 말 그대로 '있다가 없어지는' 신비로운 존재였다. 미라는 인류가 처음 발견한 변광성으로 상징성이 크다. 17세기 폴란드 · 리투아니아 연방 그단스크의 시장이자 천문학자였던 요하네스 헤벨리우스Johannes Hevelius 역시 미라의 경이로움에 매료되어 1662년 라틴어로 '경이로움', '신비로움'을 뜻하는 미라라는 이름을 붙여주었다. 그렇게 미라는 기적의 별이 되었다.

17세기 프랑스의 천문학자 이스마엘 불리오Ismaël Boulliau는 미라를 꾸준히 관측하여 변광 주기를 약 333일로 유추했다. 이 값은 오늘날 현대 천문학이 관측한 미라의 변광 주기인 332일과 하루밖에 차이가 나지 않을 만큼 정교하다. 오늘날의 세밀한 관측에 따르면 미라의 변광 주기는 완벽히 일정하지 않으며 11개월 정도의 주기에서 미세하게 짧아지거나 길어지는 변화를 보인다.

미라의 변덕은 우주의 완전무결함에 의문을 품게 했다. 지구가 우주의 중심이라 믿었던 당시 천문학자들은 천상의 별들이 결코 오류가 없는 완벽한 존재이며, 항상 일정한 밝기로 빛난다고 생각했다. 하지만 미라는 시야에서 사라질 정도로 변덕스러웠다. 이러한 모습은 밤하늘 별빛조차 지상의 존재만큼 가변적일지 모른다는 의심을 낳았고, 천상에 부여했던 신성한 권위에도 금이 가기 시작했다.

미라의 밝기가 요동치는 이유는 별 자체가 일정한 주기로 수축과 팽창을 반복하기 때문이다. 별이 마치 심장처럼 맥동하는 것이다. 별의 심장박동은 별의 중력과 내부의 뜨거운 온도로 인한 압력 사이의 밀고 당기는 싸움의 결과다. 별 내부의 핵융합 연료가 타오르며 별은 내부에서 바깥으로 가스를 밀어내는 압력을 만든다. 이 압력은 별을 밖에서 안으로 짓누르려 하는 중력에 대항해 별의 외곽층을 잠시 부풀게 만든다. 별이 팽창하면서 다시 외곽층의 온도가 떨어지고 압력이 약해진다. 그리고 다시 중력이 우세해지면 별은 다시 수축한다. 별이 수축하면서 별의 내부로 열에너지가 집중되고 또다시 별의 내부가 가열되면서 별은 또 팽창한다. 이렇게 중력과 팽창 압력이 서로 힘겨루기를 반복하는 동안 별의 외곽층은 주기적으로 맥동한다. 미라는 100일 넘는 긴 주기로 천천히 밝기가 요동치는 맥동 변광성의 가장 대표적인 사례다. 그래서 이러한 별들을 미라형 변광성이라고 부른다.

홀연히 나타났다 며칠 뒤 소리 없이 사라지는 미라의 모습은 조선의 천문학자에게도 거대한 수수께끼였다. 동아시아의 천문학자들은 밤하늘에서 갑자기 나타나는 신성을 갑작스럽게 찾아온 손님이라는 뜻에서 객성客星이라 불렀다. 『선조실록』에는 흥미로운 기록이 등장한다. 1592년 10월 20일에서 1593년 2월 24일 사이, 약 4개월 동안 새로운 객성 하나가 나타났다 사라졌다고 한다. 이 객성은 조선의 밤하늘에서 '천창성'이라 불리는 별자리 부근에 나타났는데, 이는 서양의 고래자리에 해당한다. 이후 이 객성은 5개월 동안 자취를 감췄다가 1593년 7월 17일에 다시 모습을 드러냈고 1594년 1월

4일까지 약 6개월간 머물다 사라졌다.

　당시 조선의 천문학자들은 혼란에 빠졌다. 보통 객성은 말 그대로 '손님 별'이기에, 예고 없이 한 번 등장했다 사라지면 다시 나타나는 일이 없었기 때문이다. 그런데 천창성 부근에 나타난 손님은 계속 같은 자리에서 나타나고 사라지기를 반복했다. 이렇게 밤하늘에 자주 찾아오는 손님은 없었다. 너무나 기이한 현상에 조선시대 천문학과 지리학 연구기관인 관상감에서 일하던 모든 천문학자가 모여이 객성의 실체를 두고 집중 토론을 벌였다. 심지어 이미 은퇴한 선배 천문학자까지 가세해 치열한 공방을 펼쳤다. 긴 논쟁 끝에 조선의 천문학자들은 다음과 같은 결론을 내렸다.

> 임진년부터 천창성에서 두 차례에 걸쳐 15개월 동안 관측된 이름 없는 별이 있었다. 오랫동안 이 별을 객성이라고 불렀지만, 이건 객성이 아니라 고정된 항성으로 보인다.
>
> ──『선조실록』, 1594년 8월 2일

　오늘날 천문학자들은『선조실록』에 기록된 이 별이 고래자리의 미라일 가능성이 매우 높다고 본다. 이 추측이 맞는다면 조선의 천문학자들은 독일의 파브리치우스보다도 4년이나 앞서 미라를 변광성으로 인지한 셈이다. 임진왜란으로 국토가 쑥대밭이 된 극한의 혼란 속에서도 조선의 지성인들은 인류 역사상 처음으로 미라가 신성이 아닌 밝기가 요동치는 항성임을 꿰뚫어 보았다.

길게 이어지는 죽음의 갈고리

20세기 초까지 천문학자들은 초기의 투박한 컴퓨터 시뮬레이션을 바탕으로 미라형 변광성 대부분이 거의 완벽하게 둥근 모양을 유지하고 있을 거라 생각했다. 하지만 시간이 지나면서 75퍼센트가 넘는 미라형 변광성이 확연하게 찌그러진 비대칭한 모양을 하고 있다는 사실이 밝혀졌다. 미라형 변광성의 대표 사례인 미라도 그렇다. 이것은 미라가 진화의 막바지, 즉 죽음을 향해 빠르게 접근하는 단계를 지나고 있기 때문이다.

약 60억 년 전, 미라는 지금의 태양과 비슷한 수준의 질량을 품고 태어났다. 우리 태양보다 조금 더 나이가 많은 미라는 일찍이 태양보다 먼저 내부의 핵융합 연료가 고갈되었다. 그때 당시 미라는 이미 한 차례, 핵융합을 멈춘 별의 내부가 붕괴하면서 그 외곽 대기층이 빠르게 날아가는 폭발적인 단계를 경험했다. 이때 별의 외곽을 덮고 있던 헬륨 껍질층에서 연쇄적인 폭발이 발생하는데 이를 헬륨 섬광helium flash이라고 한다. 별의 외곽을 덮고 있던 껍질층이 이때 한 차례 벗겨져 날아갔다. 현재는 내부에 남아 있는 탄소 핵과 그 주변을 에워싼 수소 그리고 헬륨 껍질층이 번갈아 가면서 타오르고 있을 것이다.

이 과정에서 미라는 외곽이 매우 크게 부풀어 올랐다. 질량은 태양과 비슷하지만, 크기는 태양의 300~700배까지 부풀었다. 만약 미라를 태양계 한가운데에 옮겨놓는다면, 미라의 크기는 화성 궤도를

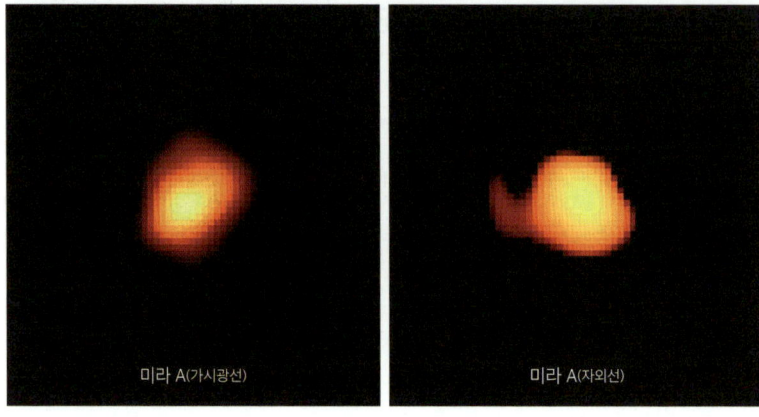

미라 A(가시광선)　　　　미라 A(자외선)

◆ 미라 A를 가시광선으로 보면 럭비공처럼 살짝 찌그러진 타원 모양이지만, 자외선으로 관측하면 선명한 갈고리를 그린다. 불안정한 별 표면이 요동치면서 물질이 방출된 흔적이다.

훨씬 넘어서 목성 궤도의 3분의 2 수준까지 채울 정도다. 별이 가장 크게 부풀면 표면 온도가 3000도 수준으로 떨어지면서 별은 붉은 적색거성에 가까운 모습으로 보인다. 이렇게 적색거성에 근접한 모습으로 변해가며 서서히 죽음을 향해 다가가는 진화 단계를 점근 거성 가지asymptotic giant branch라고 한다.

　미라를 비롯한 점근 거성 가지 단계의 별은 공통적으로 질량을 막대하게 분출한다. 미라의 크기는 별 표면의 물질을 자신의 중력으로 다 붙잡아 가둬두지 못할 정도로 크다. 그래서 매년 태양 질량의 10만 분의 1 정도에 해당하는 질량을 항성풍으로 불어내면서 잃어버리고 있다.

　이러한 손실은 결국 오랜 세월에 걸쳐 별 전체의 질량을 감소시킨다. 미라에서는 별의 내부와 표면을 뒤섞어 주는 큰 대류가 벌어지고 있기 때문에 미라가 토해낸 항성풍 속에는 별이 오랫동안 핵융합을 통해 중심에 쌓아두었던 탄소와 산소 같은 다양한 원소가 포함되어 있다. 이 성분은 훗날 새로운 별과 행성, 나아가 생명체를 만드는 새로운 씨앗이 될 것이다.

미라는 앞으로 수백만 년 안에 아직 조금 남아 있는 마지막 연료까지 모두 태우고 사라질 것이다. 그리고 그 순간 외곽 대기층을 마치 탈피하듯 바깥으로 벗어던지고 별의 중심을 둥글게 에워싼 가스 잔해를 남기게 될 것이다. 이때 만들어지는 둥근 가스 잔해를 멀리서 보면 마치 태양계 행성을 보듯 둥근 얼룩의 모습으로 보이는데 이런 종류의 천체를 행성상 성운planetary nebula이라고 한다. 그 중심에는 원래 별의 중심에서 높은 밀도로 뭉쳐 있던 탄소와 산소로 이루어진 작은 핵이 남게 된다. 더는 핵융합을 하지 않기 때문에 새로운 에너지를 만들지는 못하지만, 외곽층을 벗어던지고 난 직후 죽기 직전까지 품고 있던 뜨거운 온기가 서서히 식어가면서 한참 뜨겁게 빛나는 백색왜성으로 모습을 드러낸다. 우리 태양도 앞으로 50억 년의 시간이 더 지나고 나면 이와 비슷한 운명을 맞이할 것이다.

미라는 혼자가 아닌, 별 두 개가 짝을 이루고 있는 쌍성이다. 미라의 본체라 할 수 있는 미라 A는 붉게 빛난다. 그 곁에 훨씬 작은 미라 B가 함께 중력으로 붙잡혀 있는데, 두 별의 질량과 진화 단계를 고려했을 때 미라 B는 훨씬 일찍이 진화가 모두 끝나고 지금은 온도가 크게 식어버린 백색왜성으로 추정한다. 미라를 이루는 두 별은 서로

70AU Astronomical Unit (지구와 태양 사이의 평균 거리) 정도의 거리를 두고 떨어져 있다. 70AU는 태양과 명왕성 사이 거리의 2배를 넘는 꽤나 먼 거리지만, 미라가 지구로부터 420광년에 달하는 먼 거리를 두고 떨어져 있기 때문에 지구의 하늘에서 두 별은 거의 한 점으로 붙어 있는 것처럼 보인다.

허블 우주망원경이 우주에 올라가고 나서야 두 별을 분간해서 사진에 담을 수 있었다. 그런데 허블 우주망원경으로 찍은 사진을 보면 미라 A는 표면이 울퉁불퉁하고 한쪽으로 길게 찌그러진 럭비공 모양을 하고 있다. 이는 우선 점근 거성 가지 단계를 걷고 있는 미라 A의 표면이 급격한 수축과 팽창을 반복하면서 맥동하고 있기 때문이다. 별의 안팎을 뒤섞는 격렬한 대류로 인해 벌어지는 과격한 질량 손실의 흔적이다. 미라 A와 중력을 주고받는 동반성 미라 B의 영향도 있다. 지나치게 거대하게 부푼 미라 A는 자신의 표면 물질을 끌어당기는 중력이 약하다. 그래서 오히려 동반성에 자신의 표면 물질을 빼앗기고 물질이 끌려가는 동반성 쪽으로 별이 길게 찌그러진 모습으로 관측된다. 현재 미라 A에서 끌려 나온 물질이 갈고리 모양으로 동반성 미라 B 쪽으로 끌려가는 모습도 볼 수 있다.

찬드라 우주망원경을 통해 엑스선으로 관측한 미라의 모습은 미라 A와 미라 B가 이어진 모습을 선명하게 보여준다. 미라 A의 표면 물질이 미라 B 쪽으로 이제 막 끌려가기 시작하고 있는 초기 단계로 보인다. 이미 핵융합이 모두 끝나고 죽어가는 백색왜성인 미라 B에서도 가끔 밝기가 격렬한 엑스선의 변화가 포착되는데 이는 미라 A

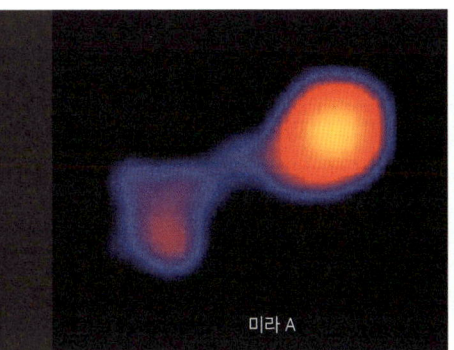

미라 A

미라 B

◆ 미라의 엑스선 관측 사진(좌)과 상상도(우). 지나치게 거대하게 부푼 미라 A는 자신의 표면 물질을 끌어당기는 중력이 약하다. 그래서 오히려 동반성에 자신의 표면 물질을 빼앗기고 물질이 끌려가는 동반성 쪽으로 별이 길게 찌그러진 모습으로 관측된다.

에서 유입된 물질이 미라 B 주변을 빠르게 맴돌면서 납작한 원반을 이루는 강착 원반accretion disk의 형태로 쌓이고 있기 때문이다.

미라는 긴 주기로 느리지만 급격한 크기 변화를 겪으며 밝기가 변하는 맥동 변광성의 전형인 동시에, 진화 속도가 다른 두 별이 쌍성을 이루며 이미 진화를 마친 백색왜성을 향해 물질이 유입되면서 공생하는 쌍성의 전형을 보여준다.

3만 년을 흘러간 별의 꼬리

미라를 더욱 특별한 별로 만드는 현상이 있다. 미라가 뒤에 남기는 기다란 꼬리다. 2007년 천문학자들은 자외선 우주망원경인 은하

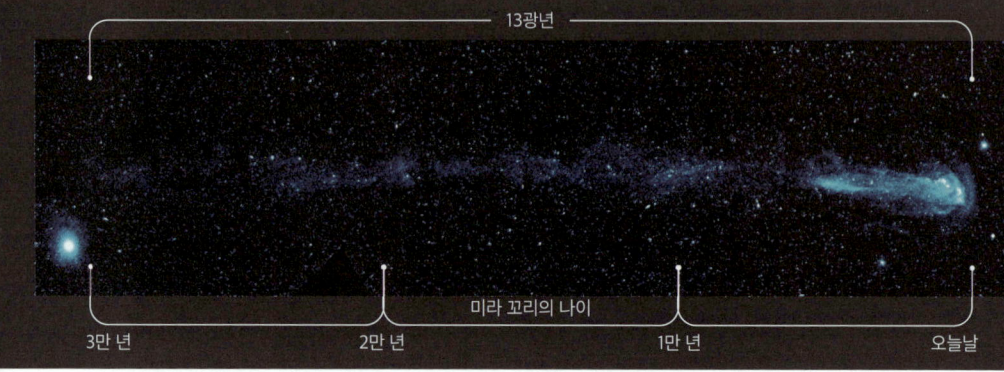

미라 꼬리의 나이

3만 년   2만 년   1만 년   오늘날

◆ GALEX로 관측한 미라와 꼬리. 지난 3만 년 동안 미라가 방출한 물질의 질량은 지구 크기의 행성 3000개 또는 목성 크기의 행성 9개를 만들 수 있을 정도로 많다.

진화 탐사선Galaxy Evolution Explorer GALEX를 통해 바라본 미라는 예상치 못한 놀라운 구조를 띠고 있었다. 미라의 뒤로 선명한 꼬리가 이어진 것이다. 별이 아니라 혜성처럼 마치 우주라는 깜깜한 심해를 헤엄치는 거대한 발광 문어가 촉수를 길게 늘어뜨리며 헤엄치는 것처럼 보인다.

미라는 꼬리가 아주 긴 별이다. 길게 늘어진 희미한 꼬리의 자취는 무려 13광년이나 된다. 이는 태양에서 명왕성까지 평균 거리의 약 2만 배에 달하는 규모다. 혜성을 뜻하는 코멧Comet의 어원이 '꼬리를 그린다'라는 뜻인데, 꼬리를 갖고 있는 모든 것을 혜성이라고 부를 수 있다면 미라는 우주에서 발견한 가장 거대한 혜성 중 하나라고 봐야 할지도 모른다.

미라가 그리는 꼬리는 미라가 남긴 비행운이다. 구름 사이를 빠

     4. 외계 문명을 향한 도약, 미라

르게 가르고 날아가는 비행기가 인공적인 구름 궤적을 남기듯이 미라도 우리은하 공간을 빠르게 헤엄치며 그 뒤에 흔적을 남기고 있다. 미라는 우리은하에서 가장 빠른 속도로 우주를 떠도는 점근 거성 가지 별이다. 현재 미라는 초속 130킬로미터의 속도로 움직인다. 시속으로 환산하면 시속 47만 킬로미터에 달한다. 외곽 대기를 벗어던지면서 앞으로 나아가는 동안 미라가 흘린 자신의 살점이 13광년의 기다란 흔적으로 이어졌다.

미라가 나아가고 있는 앞쪽을 보면 자외선 빛이 활 모양으로 둥글게 휘어진 충격파를 따라 새어 나오는 것을 볼 수 있다. 공기를 가르고 빠르게 날아가는 총알이 앞에 충격파를 만드는 것과 비슷하다. 미라는 말 그대로 우주를 가로지르는 총알과 같은 별, 진정한 '슈팅 스타'라 할 수 있다.

우주 공간은 얼핏 보면 아무것도 없는 텅 빈 세계처럼 보이지만 그렇지 않다. 별과 별 사이 넓은 공간에도 성간 물질이 채워져 있다. 물론 그 밀도는 한 변의 길이가 1센티미터인 정육면체 안에 수소 분자 하나 들어 있을 정도로 매우 희박하다. 미라는 이 옅은 밀도로 채워진 성간 물질의 바닷속을 헤엄친다. 미라가 계속 나아갈수록 앞쪽의 성간 물질이 빠르게 압축되고 뜨겁게 달궈진다. 우주 공간을 헤엄치는 동시에 미라 스스로도 난폭하게 맥동한다. 그러면서 미라는 표면 바깥으로 스스로의 살점을 토해낸다. 주변에 있는 뜨겁게 달궈진 성간 물질이 미라에서 방출된 물질과 부딪치게 되고, 이 과정에서 강렬한 자외선이 새어 나올 수 있다. GALEX로 관측한 사진 속에서 미라가 나아가는 방향 앞에 선명하게 보이는 충격파는 이렇게 그려졌다. 이후 시간이 지나 미라가 자신의 외곽 대기 전부를 토해내고 나면, 미라 앞에 그려진 충격파는 미라가 죽고 남긴 행성상 성운이 될 것이다.

미라가 움직이는 속도를 생각해 보면, 현재 13광년 길이의 꼬리가 그려지기까지 약 3만 년의 시간이 걸렸다. GALEX가 관측한 사진 속 미라에서 가장 먼 꼬리 끝까지 시선을 천천히 돌리면, 우리는 순식간에 3만 년의 시간을 여행하게 된다. 미라에서 가장 먼 꼬리 끝부분이 그려지기 시작할 때 지구에서는 네안데르탈인이 자취를 감추고, 그 틈을 비집고 비로소 오늘날의 현생 인류인 호모 사피엔스가 주도권을 잡기 시작했다. 미라의 꼬리가 중간 지점까지 그려졌을 때 지구에서는 이제 막 쪼개진 돌멩이를 도구로 사용하는 방법을 터득한 인류가 구석기 시대로 접어들었다.

미라의 꼬리를 딱 3등분하면 더 흥미롭다. 정확히 3만 년, 2만 년, 1만 년 전에 꼬리가 그려진 위치에서 유독 꼬리가 더 선명하고 밝은 자외선 빛을 내고 있다. 이것은 미라가 약 1만 년 주기로 아주 느리지만 일정하게 맥동하는 또 다른 패턴의 열 맥동을 겪고 있기 때문이다. 11개월 간격으로 두근거리는 심장박동보다 훨씬 거대한 규모로 미라는 1만 년에 한 번씩 자신의 살점을 우주 공간에 대거 흩뿌리는 것으로 보인다. 미라가 외곽 대기를 불어내는 항성풍에 1만 년이라는 아주 기나긴 주기성이 있다는 것을 암시한다.

이러한 특징은 실제로 많은 행성상 성운에서 볼 수 있는 여러 겹의 고리 형태가 어떻게 그려진 것인지를 이해하는 중요한 단서가 된다. 고리 성운을 비롯해 밤하늘에서 볼 수 있는 행성상 성운은 대부분 안에서 바깥까지 다양한 크기의 둥근 가스 잔해가 동심원의 형태로 겹쳐 있는 모습이다. 잔해 한가운데 살았던 별이 주기적으로 강력한 항성풍을 불어내면서 남긴 흔적일 것으로 추정된다. 미라는 그 아름다운 동심원 형태의 잔해가 그려지는 과정을 우리에게 적나라하게 보여준다. 만약 미라가 지구를 향해 정면으로 다가오고 있었다면, 우리는 미라에게서 1만 년에 한 번씩 요동친 기다란 꼬리가 아니라 미라를 에워싼 세 겹의 둥근 가스 잔해를 봤을 것이다.

미처 이뤄지지 못한 고래의 꿈

미라는 신화 속 고래자리의 목덜미에서 빛나고 있다. 잠시 미라에서 시선을 돌려 고래자리의 배꼽에 위치한 또 다른 별, 타우 세티Tau Ceti를 바라보자. 17세기의 천문학자들이 나타났다가 사라지는 미라에서 기적을 꿈꿨다면, 20세기의 천문학자들은 타우 세티에서 또 다른 기적을 꿈꿨다. 그리고 이들이 바랐던 기적은 더욱 비범했다. 한동안 천문학자들은 타우 세티에서 태양계 바깥 먼 우주 어딘가 살고 있을지 모르는 외계 문명의 신호가 지구에 닿는 기적을 기대했다.

1950년대 후반, 미국은 냉전에서 비롯된 치열한 과학 경쟁을 치

◆ 오즈마 프로젝트에 사용되었던 그린뱅크에 위치한 지름 26미터의 거대한 하워드 E. 타텔 전파
망원경. 1959년 2월 13일부터 본격적인 우주 관측을 시작했으며 비공식적으로 외계 문명의 신호
를 찾는 데 동원된 첫 전파망원경 중 하나다.

르며 우주에서 날아오는 전파를 잡을 새 전파망원경을 건설했다. 웨
스트버지니아주 그린뱅크의 넓은 들판 위에 지름이 무려 26미터에
달하는 거대한 접시 모양의 전파망원경이 세워졌다. 그린뱅크천문
대는 이후 현대 천문학의 새로운 성지이자, 전파 천문학의 중추가
되었다. 이곳에 당시 스물아홉 살의 젊고 야망이 있는 천문학자 프
랭크 드레이크Frank Drake가 도착했다. 그는 갓 완공된 거대한 그린뱅
크천문대의 위용을 보면서 이 정도 망원경이라면 정말 외계 문명에
서 새어 나오는 전파 신호를 포착할 수도 있겠다고 생각했다.

그래서 드레이크는 아무도 모르게 그 허무맹랑한 시도를 실천에

4. 외계 문명을 향한 도약, 미라

옮겼다. 다른 세상에 살고 있는 미지의 존재와 접촉을 꿈꿨던 그의 새로운 비밀 프로젝트는 『오즈의 마법사』에 등장하는 오즈마 공주에서 따와서 오즈마 프로젝트Project Ozma라고 불렸다. 드레이크가 가장 먼저 겨냥했던 별은 타우 세티였다. 이 별은 태양의 쌍둥이라 할 정도로 많은 부분에서 유사하다. 태양처럼 미지근한 주황빛으로 빛나고 있고, 나이도 태양과 비슷한 45억 년이다. 한참 시간이 지난 뒤에 밝혀진 사실이지만 타우 세티 주변에는 타우 세티와 적당한 거리를 두고 떨어져 있어서 액체 상태의 물이 존재할 수 있는 생명 거주 가능 영역Habitable Zone에 위치한 외계행성까지 발견되었다. 만약 이 행성에 생명이 뿌리를 내렸다면 45억 년 동안 지구만큼 복잡한 수준으로 충분히 진화한 생태계, 문명을 기대해볼 수 있다.

이후 드레이크는 칼 세이건과 함께 더욱 본격적인 외계 문명 탐색 프로젝트를 준비했다. 칼 세이건은 이 비밀스러운 회의에 천문학자도 물리학자도 아닌 생뚱맞은 전문가를 한 명 초대했다. 평생 돌고래와 인간 사이의 교감과 의사소통을 연구했던 존 릴리John Lilly였다. 릴리는 나사의 지원을 받아 돌고래의 언어를 연구하는 돌핀 하우스를 운영한 연구 책임자이기도 했다. 외계 문명과 소통을 하려면 일단 같은 지구 안에서 사는 서로 다른 포유류끼리도 의사소통이 되어야 한다는 판단이었다. 그래서 칼 세이건은 오즈마 프로젝트의 후속 작업을 위해 종간 언어를 개발하는 데 조언을 구하기 위해 릴리를 초대했다.

일부 돌고래는 최대 50개까지 올바른 맥락에서 영어 단어를 익힐 수 있다고 보고되었지만, 정작 돌고래의 언어를 이해한 인간은 단 한 명도 없다는 점은 아주 흥미롭다.

— 칼 세이건

드레이크, 세이건, 그리고 릴리가 함께한 회의에 모여 있던 과학자들은 이 비밀스러운 모임을 '돌고래 기사단'이라고 부르며 기념했다. 드레이크는 이 후속 프로젝트에 아주 야심 찬 이름을 지었다. 그는 외계 문명의 신호를 탐색하는 것을 넘어서 아예 그들과 직접 신호를 주고받는 의사소통을 하겠다는 꿈을 품었다. 그래서 외계 지적 생명체와의 소통Communication with Extraterrestrial Intelligence을 줄여서 CETI라고 이름을 지었다. 사실 이건 언어유희이기도 했다. 약자로 썼을 때 CETI는 오즈마 프로젝트가 처음으로 겨냥했던 고래자리를 뜻하는 단어Ceti와 철자가 같았기 때문이다. 돌고래 기사단의 비밀스러운 작당 모의에서 시작된 프로젝트에 걸맞은 이름이었다.

하지만 외계 문명에 신호를 보내고, 또 답장을 기다리겠다는 기대는 아무래도 비현실적이었다. 빛의 속도로 가도 수십에서 수백 년이 걸리는 먼 별에 보낸 메시지의 답장을 하염없이 기다릴 수 없었다. 그래서 드레이크는 살며시 프로젝트의 목표를 낮추었고 단순히 외계 문명에서 의도치 않게 새어 나오고 있을지 모르는 전파 신호를 포착하겠다는 정도로 타협했다. 프로젝트 이름에서 '소통'을 뜻하는 Communication의 C를 '탐색'을 뜻하는 Search의 S로 대체했다. 그

4. 외계 문명을 향한 도약, 미라

◆ 푸에르토리코 산 정상에 설치되어 있었던 지름 305미터에 달하는 거대한 아레시보 전파망원경의 모습. 1963년 완공되어 오랫동안 지구 최대 망원경의 자리를 지켰던 아레시보 전파망원경은 지난 2020년 12월 1일, 60여 년의 세월을 버티지 못하고 붕괴했고 현재는 해체되었다. 혹자는 '오래전 우리가 보낸 메시지에 대한 외계인의 거친 응답'이라고 농담한다.

◆ 나사의 돌핀 하우스에서 살아생전 연구원과 즐거운 시간을 보내는 피터의 모습.

렇게 CETI는 SETI가 되었다. 다행히 발음은 비슷했다. SETI는 별다른 성과 없이 막을 내렸다. 여전히 우린 그 누구에서도 답장을 받은 적 없다.

안타깝게도 드레이크와 칼 세이건 뿐 아니라 릴리가 꿈꿨던 고래의 꿈도 파국으로 끝나고 말았다. 릴리는 LSD와 같은 마약이 인간의 두뇌 활동에 긍정적인 변화를 줄 수 있다는 위험한 생각에 빠져 있었다. 그리고 자신이 관리하던 돌고래에게 강제로 LSD를 투약하기도 했다. 돌고래 피터도 그 운명을 피할 수 없었다. 하지만 피터의 학습 능력에는 별다른 변화가 없었다. 이런 잔혹한 환경 속에서 피터는 극심한 스트레스를 받았다. 얼마 지나지 않아 나사의 지원이 끊겼고 돌핀 하우스는 문을 닫았다.

전해지는 이야기에 따르면 일찍이 피터는 스스로 수면 위로 올라와 숨이 멎을 때까지 버티며 스스로 목숨을 끊었다고 한다. USS 엔터프라이즈의 스팍과 대원은 미라의 수상한 식물이 내뿜는 포자의 환각으로부터 무사히 도망갈 수 있었지만, 지구의 피터는 LSD가 만들어낸 거짓 행복과 혼란에서 끝내 벗어나지 못했다.

3만 년 넘게 우리은하 공간을 자유롭게 헤엄치며 긴 꼬리를 남기고 있는 미라의 모습을 보며 피터도 우주와 같은 드넓은 바다를 마음껏 누빌 자유를 꿈꾸지 않았을까 하는 안타까운 마음이 든다. 우리는 여전히 기적의 별, 미라의 빛을 뒤쫓고 있지만 전파망원경에 외계 문명의 신호가 포착되는 기적도, 실험실에 갇혀 있던 돌고래의 고통스러운 목소리를 알아듣게 되는 기적도 아직 찾아오지 않았다.

별의 끝은 또 다른 시작이다

'비틀쥬스, 비틀쥬스, 비틀쥬스….' 이는 팀 버튼Tim Burton 감독을 일약 스타로 만든 대표작 〈비틀쥬스〉에 등장하는 마법의 주문이다. 이 영화는 퇴마사가 등장하는 뻔한 오컬트 영화의 문법을 과감하게 비틀었다. 영화를 이끄는 진짜 주인공은 비틀쥬스다. 그는 인간 때문에 골머리를 앓는 유령을 돕는, 이른바 '인간 퇴마사'다. 이승과 저승의 경계에 머무는 그를 소환하고 싶다면, 이름을 세 번 외치면 된다.

비틀쥬스라는 이름은 겨울밤 오리온자리에서 가장 밝게 빛나는 붉은 별 베텔게우스Betelgeuse에서 유래했다. 이 별은 밤하늘을 가르는 거대한 사냥꾼 오리온의 왼쪽 겨드랑이에 자리한다. 흥미롭게도 이 명칭은 아주 오래전 발생한 오류에서 비롯되었다. 고대 아랍인은 이 별을 '거인의 겨드랑이'라는 뜻의 '야드 알자우자'라고 불렀다. 이 명칭이 중세 유럽으로 전해지는 과정에서 알파벳 Y가 B로 잘못 표기되는 바람에 '바드 알자우자'로 탈바꿈했다. 시간이 흐르며 이름은 조금씩 형태를 바꾸어 오늘날 베텔게우스로 자리 잡았다. 애초에 철자를 틀리지 않았다면 우리는 이 별을 '야텔게우스'나 '예텔게우스'처럼 전혀 다른 이름으로 불렀을지도 모른다.

첫 단추를 잘못 끼워서일까. 베텔게우스는 영어권에서도 여전히 발음을 두고 논쟁이 뜨겁다. 어떤 이는 '베텔기우스'라고 읽고, 어떤 이는 '베텔제우스'라고 발음한다. 심지어 '비틀쥬스'라고 부르기도 한다. 이 이름은 마치 딱정벌레 주스beetle juice처럼 들리는데, 바로 이 언어유희에서 영화 〈비틀쥬스〉의 제목이 탄생했다.

그렇다면 팀 버튼 감독은 수많은 별 중에서 왜 하필 베텔게우스를 저승에 사는 인간 퇴마사 이름으로 지었을까? 감독이 직접 이유를 밝힌 적은 없지만, 이 선택은 우연이 아닐지도 모른다. 베텔게우스 역시 삶과 죽음이 교차하는 경계에 놓인 별이기 때문이다. 영화 속 비틀쥬스처럼 베텔게우스 또한 변덕스럽고 격렬하다. 언젠가 이 별이 초신성 폭발을 일으키는 날, 하늘에 또 하나의 장대한 전설을 새길 것이다. 베텔게우스가 폭발하기를 기다리며 마법의 주문을 외워본다. 베텔게우스, 베텔게우스, 베텔게우스….

찬란한 최후를 준비하며

2019년 겨울 밤하늘은 조용하지만 유난히 술렁였다. 베텔게우스

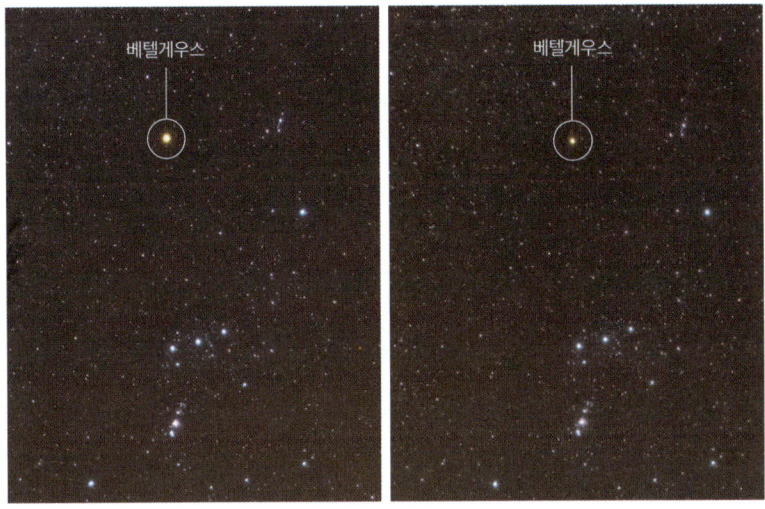

◆ 2019년(좌)과 2020년(우)에 촬영한 오리온자리의 모습. 1년 사이 오리온자리의 왼쪽에 주황색으로 빛나는 베텔게우스의 밝기가 확연하게 어두워졌다.

가 확연하게 어두워졌기 때문이다. 이 붉은 거성은 맨눈으로 알아챌 만큼 갑작스레 빛을 잃어갔다. 밝기가 평균보다 무려 36퍼센트나 감소했다. 매일 밤하늘을 올려다보던 천문학자와 천체 사진가는 기대에 들떴다. 드디어 그 순간이 다가온 것일까?

베텔게우스는 머지않아 초신성 폭발을 앞둔 별이다. 우리가 아는 별 중 가장 가까운 거리에서 장대한 최후를 준비하는 천체이기도 하다. 만약 지구에서 베텔게우스가 일으키는 초신성 폭발을 목격한다면 그 빛은 밤하늘에 뜬 반달만큼 밝아질 것이다. 보름달보다 약 9배 어둡지만, 빛이 한 점으로 집중되기 때문에 실제로는 금성보다 더 눈부시게 빛날 수 있다. 망원경 없이 누구나 맨눈으로 감상할 찬란한 우주 쇼가 펼쳐질 것이다.

베텔게우스가 급격하게 어두워지자 많은 이는 별이 붕괴하며 마지막 단계에 접어들었다고 믿었다. 매일 밤 사람들은 숨을 죽인 채 하늘을 올려다보았다. 그러나 베텔게우스는 다시 예전 밝기를 되찾았다. 여러 천문학자가 분석한 결과 이는 폭발의 전조가 아니라 표면에서 거대한 가스와 먼지가 방출된 현상이었다. 붉은 초거성은 당장은 최후를 맞이할 준비를 마치지 않은 듯하다. 그러나 베텔게우스가 맞이할 운명은 이미 정해져 있다. 지금이 아니더라도, 언젠가 반드시 그 빛나는 최후를 맞이할 것이다. 우리가 살아 숨 쉬는 동안 그 광경을 볼 수 있을지 알 수 없지만, 분명한 점은 베텔게우스가 지금도 천천히, 그러나 확실하게 그날을 향해 나아간다는 사실이다.

베텔게우스는 태양보다 지름이 800배나 부풀어 오른 거대한 적색 초거성이다. 내부의 핵융합 연료가 거의 고갈되어 별이 겪는 생애 중에서 가장 불안정한 시기를 지난다. 이 과정에서 베텔게우스는 주기적으로 수축과 팽창을 반복하며 밝기를 크게 바꾼다. 가장 작아질 때는 지름이 화성 궤도만큼 줄어들고, 가장 커질 때는 목성 궤도에 이를 만큼 팽창한다. 별의 크기가 최대 4배까지 변화하는 셈이다.

오래전부터 천문학자들은 베텔게우스의 변덕스러운 밝기 변화를 알고 있었다. 19세기 영국의 천문학자 존 허셜은 오리온자리에서 빛나는 베텔게우스를 지속해서 관측하며, 1836~1840년 사이에 이 별이 눈에 띄게 밝기를 바꾼다는 사실을 발견했다. 별은 언제나 변함없이 같은 밝기로 빛난다는 오랜 고정관념을 뒤흔든 충격적인 발

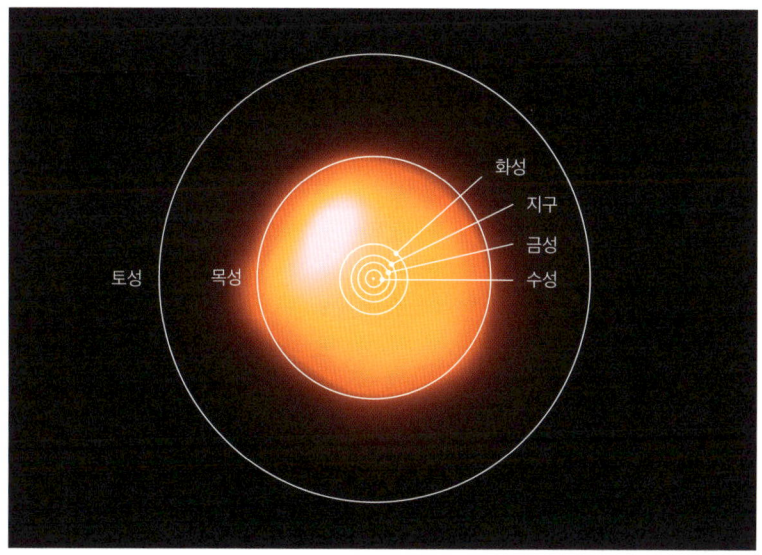

◆ ALMA 전파망원경으로 관측한 베텔게우스의 사진에 태양계 행성들의 궤도 크기를 비교한 사진. 베텔게우스를 우리 태양계 중심에 둔다면, 거대하게 부푼 베텔게우스 표면이 목성 궤도까지 아우른다. 난폭한 베텔게우스가 분출한 물질은 해왕성까지 닿을 수 있다.

견이었다.

언뜻 보기에 베텔게우스의 밝기 변화는 무질서하고 예측 불가능해 보인다. 하지만 천문학자는 그 안에서 몇 가지 서로 다른 주기가 겹친 패턴을 찾아냈다. 베텔게우스는 425일을 주기로 밝기를 바꾸는 긴 패턴을 지니며, 이와 더불어 100~180일에 이르는 중간 주기, 그리고 5.9일의 짧은 주기가 함께 섞여 있다. 이처럼 여러 주기가 중첩되어 나타나기 때문에 베텔게우스를 단순한 변광성이 아닌 준규칙 변광성semiregular variable star으로 분류한다.

이러한 특성을 안다면 2019년 겨울 베텔게우스가 급격히 어두워진 현상을 좀 더 차분하게 바라볼 수 있다. 물론 당시 나타난 어두움은 1979년 이후 관측 기록 중 가장 극적인 변화였다. 하지만 19세기부터 이어진 관측 기록을 살펴보면 베텔게우스의 밝기는 본래 복잡하고 변덕스러웠다. 단순히 별이 어두워졌다는 사실 하나만으로 초신성 폭발이 임박했다고 예측하기는 무리다. 마치 무질서하게 요동치는 주식 시장의 그래프를 보고 단순한 패턴만으로 미래를 점치려는 시도와 비슷하다.

2019년 겨울에는 425일 주기 최저점과 5.9일 주기 최저점이 우연히 겹치면서 베텔게우스가 유난히 더 어두워 보였을 뿐이다. 게다가 초신성 폭발 직전에 별이 반드시 급격하게 밝기를 바꾼다는 보장도 없다. 이는 마치 수면 위로 떠오른 물고기 떼를 보고 곧 지진이 날 거라며 호들갑을 떠는 격이다. 인과관계가 확실하지 않은 현상을 억지로 연결하는 오류를 범하는 셈이다.

우리는 베텔게우스가 머지않아 초신성 폭발을 일으키기를 기대하며 하늘을 올려다본다. 하지만 이 거대한 별은 우리가 품은 기대와 상관없이 여전히 변덕스럽게 춤춘다. 밤하늘에서 역사상 가장 장대한 불꽃놀이를 펼칠 날이 언젠가 오겠지만, 그 순간이 오늘일지 아니면 수천 년 후일지는 아직 아무도 알지 못한다.

죽음을 앞당기는 또 다른 존재

베텔게우스가 이토록 변덕스러운 까닭은 곁에서 베텔게우스를 뒤흔드는 숨은 존재 때문일지 모른다. 수십 년간 쌓인 방대한 관측 데이터를 분석하며 천문학자들은 거대한 별이 드러내는 복잡한 밝기 변화에서 새로운 단서를 포착했다. 예상치 못한 또 다른 패턴, 무려 약 6년에 달하는 2100일 주기로 천천히 밝기를 바꾸는 흐름이 숨어 있었다.

천문학자들은 베텔게우스 곁에 숨은 동반성이 이토록 긴 주기로 변화를 일으킨다고 추정한다. 동반성과 베텔게우스가 주기적으로 서로를 가릴 때 밝기가 변한다. 베텔게우스는 워낙 불안정하여 별 대기가 아득히 먼 곳까지 퍼져 나간다. 베텔게우스를 태양계 중심에 둔다고 가정하면 별 표면은 목성 궤도에 다다르지만 더 넓게 퍼진 대기는 해왕성 궤도까지 닿는다. 이처럼 베텔게우스가 밖으로 뿜어낸 물질은 낮은 밀도를 유지한 채 멀리 퍼져 있다.

만약 베텔게우스 곁에 동반성이 숨어 있다면, 베텔게우스의 대기는 동반성 궤도까지 가닿는다. 동반성은 베텔게우스가 퍼뜨린 구름 속을 비집고 맴돈다. 따라서 동반성이 베텔게우스 앞을 가리며 지날 때 별빛이 어두워지기는커녕 오히려 밝아지기도 한다. 동반성이 베텔게우스 앞을 가리던 먼지 구름을 말끔하게 치워주기 때문이다.

17세기부터 쌓인 방대한 관측 데이터를 살펴보면 2100일 주기로 느리게 요동치는 베텔게우스 밝기 변화는 안정적으로 이어졌다. 이는 별 표면에서 갑자기 벌어지는 폭발 현상이 아니라, 안정된 주기로 곁을 맴도는 동반성이 존재한다는 사실을 뒷받침하는 증거다. 이 주기를 바탕으로 숨은 동반성이 지닌 질량과 속도를 추정할 수 있다. 천문학자들은 최소 태양 질량의 0.5~1배 크기에 이르는 동반성이 베텔게우스에서 태양-지구 거리보다 8배가량 떨어져 맴돈다고 분석한다. 하지만 이러한 가능성에도 베텔게우스 동반성은 그동안 큰 관심을 끌지 못했다. 베텔게우스처럼 눈부시고 난폭한 별에 바짝 붙은 동반성이라면 애초에 관측하려는 시도조차 무의미하다고 여겼기 때문이다.

그런데 최근 천문학계는 놀라운 사실을 발견했다. 하와이에 있는 제미니 노스 망원경은 바짝 붙은 두 천체를 분간하는 초고분해능super-resolution 관측 장비를 탑재하고 있다. 하와이말로 '여우'를 뜻하는 알로페케Alopeke라는 장비다. 알로페케는 여우처럼 별을 노려보며 곁에 숨은 동반성을 찾아냈다. 이 장비는 다른 망원경과 달리 빛을 오래 담지 않는다. 대신 고작 14밀리초 이내인 짧은 순간에만 빛을 포착한다. 덕분에 베텔게우스가 뿜어내는 강렬한 빛에 눈이 부시지 않는다. 망원경 광학 장치가 지닌 한계까지 성능을 끌어올려 10초각 이내의 작은 각도까지 분간한다. 이는 현존하는 단일 망원경이 구현하는 최고 수준의 분해능이다.

알로페케로 들여다본 베텔게우스의 사진에서 그동안 존재를 의심했던 동반성 추정 얼룩이 2025년 7월 모습을 드러냈다. 사진 속 노랗게 빛나는 베텔게우스 바로 옆에 작고 흐릿한 파란 얼룩이 찍혀

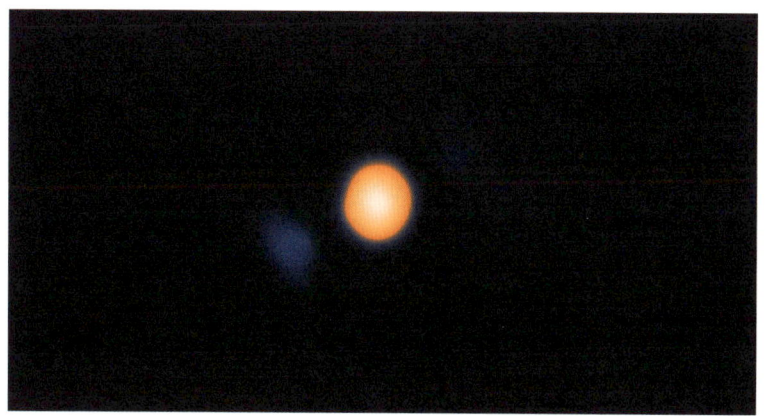

◆ 알로페케로 들여다본 베텔게우스의 사진에서 그동안 의심했던 동반성 추정 얼룩이 드러났다. 사진 속 노랗게 빛나는 베텔게우스 바로 옆에 작고 흐릿한 파란 얼룩이 찍혀 있다. 동반성이 있으리라 짐작한 바로 그 자리다.

있다. 동반성이 있으리라 짐작한 바로 그 자리다. 이 동반성 후보는 질량이 태양보다 1.6배 크고, 베텔게우스로부터 태양-지구 거리보다 고작 4배 거리를 두고 맴돈다. 이는 태양과 목성 사이보다 더 가까운 거리다. 원래 기대한 위치보다 동반성이 베텔게우스에 훨씬 더 바짝 붙어 있는 셈이다.

이 동반성 후보는 재미있는 별칭을 얻었다. 베텔게우스가 거인의 손과 팔을 뜻하므로, 이번에 발견한 후보에게 아랍어로 팔찌를 뜻하는 '시와라'라는 이름을 지어주었다. 거인이 팔에 찬 팔찌가 된 셈이다. 시와라는 태양처럼 수소핵융합을 거치는 주계열성 단계에 아직 이르지 못한, 아주 어리고 푸른 별로 보인다. 이미 핵융합을 거의 끝마치고 죽음을 기다리며 붉게 빛나는 베텔게우스와 뚜렷하게 대비

된다. 2100일 주기로 느리게 나타나는 밝기 변화가 주로 푸른 빛 필터로 관측할 때 더 잘 드러났다는 사실 역시 시와라가 지닌 특징과 일치한다.

머지않아 베텔게우스가 터진다면 시와라는 그 최후의 순간을 가장 가까이서 지켜볼 것이다. 시와라 스스로도 베텔게우스가 맞이하는 죽음에 휩쓸릴지 모른다. 시와라가 존재한다는 사실은 베텔게우스가 왜 그 죽음을 향해 달려가며 유난히 복잡하고 난폭하게 요동쳤는지 설명한다. 베텔게우스는 홀로 죽어가는 별이 아니었다. 한쪽 팔에 푸른 팔찌를 숨긴 쌍성이었다.

그렇다면 베텔게우스 곁에 작은 동반성이 아니라, 아예 생명이 숨 쉬는 외계행성이 존재할 가능성은 없을까? 베텔게우스 곁을 맴도는 외계행성이 발견된 적은 없다. 설령 외계행성이 존재하더라도 베텔게우스 주변은 생명이 탄생하기에 그리 좋은 환경이 아닐 가능성이 높다. 베텔게우스는 거대한 적색 초거성으로 끊임없이 물질과 에너지를 사방으로 뿜어낸다. 이토록 격렬한 활동이 이어지는 환경에서는 행성이 존재하더라도 대기와 바다가 이미 바짝 말라 증발했을 가능성이 크다.

이처럼 혹독한 환경임에도 수많은 SF 작품은 베텔게우스 주변을 배경 삼아 외계행성을 상상했다. 영화 〈혹성 탈출〉의 원작 소설을 쓴 피에르 불Pierre Boulle 역시 이 별을 무대로 선택했다. 2500년이라는 그리 머지않은 미래를 그리는 소설 속에서 앙텔 교수는 베텔게우스를 향해 탐험대를 꾸린다. 신문기자 윌리스 메루도 이 탐험대에 동참한다. 그러나 탐험대는 예기치 못한 사고로 베텔게우스 주변을 도는 외계행성 소로르에 불시착한다. 이곳은 인간이 아니라 유인원이 지배하는 세계였다. 동료를 잃고 홀로 살아남은 메루가 자신이 지적 생명체임을 증명하고자 필사적으로 분투하며 우리가 익히 아는 이야기의 막이 오른다.

수많은 SF 팬이 사랑하는 더글러스 애덤스Douglas Adams가 남긴 블랙코미디 SF 명작『은하수를 여행하는 히치하이커를 위한 안내서』에서도 베텔게우스는 중요한 배경으로 등장한다. 소설의 주인공 아서 덴트는 평범한 영국인이다. 어느 날 갑자기 고속도로를 건설하겠다며 자기 집을 철거하겠다는 통보를 받는다. 이때 절친한 친구 포드 프리펙트가 갑작스레 나타나 그를 설득한다. 사실 포드 프리펙트는 단순한 지구인이 아니었다. 그는 베텔게우스 제5행성에서 온 외계인이었다. 원래는 지구에 단 일주일만 머무를 예정이었지만, 예상치 못한 사건에 휘말려 15년이나 이곳에 발이 묶여 있었다. 포드는 지구가 곧 위험에 처하리라는 사실을 알았다. 외계 문명이 우주 고속도로를 건설하는 과정에서 지구가 방해된다며 순식간에 지구를 파괴해 버린다. 아서는 하루아침에 집과 지구를 모두 잃었다. 다행히도 포드는 아서를 데리고 가까스로 탈출한다. 이들이 보곤족 우주선에 몰래 숨어들며 기상천외한 여정이 막을 올린다. 작품 속 포드 프리펙트가 드러내는 냉소적이면서도 대담한 태도는 어쩌면 베텔게우스처럼 무시무시한 별 곁에서 살아남은 종족이 지닌 본능적인 성향일지도 모른다.

별의 얼굴을 들여다보다

베텔게우스는 단순한 점이 아니라, 작은 원반 형태로 관측할 수 있는 거의 유일한 별이라는 점에서도 특별하다. 밤하늘에 빛나는 대부분의 별은 아무리 강력한 망원경으로 들여다보아도 여전히 점으로만 보인다. 심지어 지구를 떠나 우주로 향한 제임스 웹 우주망원경으로 관측해도 마찬가지다. 별 자체가 지닌 크기에 비해 거리가 너무 멀기 때문이다. 이 사실을 모르는 사람은 가끔 천문대에서 망원경으로 별을 관측한 뒤 실망하곤 한다. 표면이 불타오르듯 이글거리는 거대한 천체를 기대하지만, 실제로 눈에 보이는 모습은 여전히 작은 점에 불과하기 때문이다.

우리가 표면을 직접 관측할 수 있는 별은 오직 태양뿐이다. 베텔게우스만이 예외다. 워낙 거대한 별인 데다 비교적 가까운 거리에 자리하여 표면을 관측할 수 있다. 베텔게우스의 지름은 태양의 700배에 달하며 지구에서 약 700광년 떨어져 있다. 단순하게 계산하면 베텔게우스가 지닌 겉보기 크기는 태양이 1광년 떨어져 있을 때와 비슷하다. 이는 밤하늘에 뜬 보름달보다 약 2만 배 작은 크기지만, 충분히 큰 망원경을 활용한다면 그 모습을 포착하기 불가능하지 않다.

베텔게우스를 점이 아닌 원반의 형태로 바라보려는 노력은 무려 100년 전인 1920년으로 거슬러 올라간다. 이 도전에 처음 나선 인물은 미국의 물리학자 앨버트 마이컬슨Albert Michelson이었다. 그는 빛의 속도를 측정하고 빛이 항상 일정한 속도로 움직인다는 사실을 실험적으로 입증하여 노벨물리학상을 받은 인물로 잘 알려져 있다. 마이컬슨은 1920년에 갓 완공된 로스앤젤레스 윌슨산천문대의 지름 2.54미터 망원경을 이용해 베텔게우스를 관측했다. 사실 그의 관심은 천문학 연구보다는 망원경의 광학 성능을 개선하는 데 쏠려 있지만, 우연히 그는 베텔게우스를 단순한 점이 아닌 흐릿한 원반 형태로 관측한 최초의 인물이 되었다. 흐릿하지만 분명한, 인류가 처음으로 마주한 별의 얼굴이었다.

1990년에 접어들며 베텔게우스의 초상화는 점점 더 선명해졌다. 천문학자들은 지름 4.2미터의 윌리엄 허셜 망원경을 활용해 이 거대한 별을 점이 아닌 원반의 형태로 포착하려 시도했다. 그러나 별을 면적을 지닌 모습으로 관측하려면 기존의 방식과는 다른 특별한 기법이 필요했다. 그래서 천문학자들은 망원경 렌즈에 독특한 장치를 추가했다. 바로 곳곳에 작은 구멍이 뚫린 가림막이었다.

한밤중 가로등 너머를 보기 위해 본능적으로 손바닥을 들어 불빛을 가리듯, 망원경 시야에서 관찰하고자 하는 별이 자리한 지점에 작은 가림막을 두면 된다. 그러면 별 주변에 번지던 잔광이 크게 줄어들고, 그 아래 숨어 있던 희미한 구조가 모습을 드러낸다. 개기일식 때 달이 태양 원반을 가려 대낮의 하늘이 밤처럼 어두워지며 주변 별빛이 눈에 들어오는 원리와 같다. 이 방법은 태양 코로나를 연구할 때 자주 쓰이기 시작했다. 인공 가림막으로 태양의 밝은 원반을 가려주면, 그 바깥으로 펼쳐진 뜨겁고 희미한 태양 코로나가 선명하게 모습을 드러낸다. 그래서 이러한 장치를 코로나그래 프coronagraph라고 부른다.

이 가림막을 통과해 들어오는 빛은 여러 갈래로 나뉘어 각기 다른 경로를 지난다. 서로 다른 경로를 따라 날아온 빛은 망원경 검출기에서 간섭을 일으키며 높은 해상도의 이미지를 만들어낸다. 이는 전파망원경 여러 대를 조합해 해상도를 극대화하는 간섭계 원리와 동일하다. 간단한 장치 하나만으로 망원경의 성능을 극적으로 끌어올린 셈이다. 이 기술은 마스킹 간섭계masking interferometry라고 불리며, 최근 우주로 쏘아 올린 제임스 웹 우주망원경에도 적용되었다.

이 기법 덕분에 1990년대에는 600~700나노미터nm(10억분의 1미터) 파장을 지닌 가시광선으로 베텔게우스가 뿜내는 둥근 모습을 어렴풋이 담아냈다. 그런데 사진 속 모습은 예상과 사뭇 달랐다. 베텔게우스는 중심이 가장 밝고 외곽으로 갈수록 점진적으로 어두워지는 대칭적인 구형이 아니었다. 오히려 전체 밝기 중 15퍼센트가 중심에서 한쪽으로 약간 치우친 비대칭 형태를 띠었다. 베텔게우스의 얼굴은 완벽한 원이 아니라 울퉁불퉁한 형상이었다.

태양을 가까이 들여다보면 그 표면이 끊임없이 들끓는다. 내부에서 뜨거운 에너지가 표면으로 솟구치는 영역은 더욱 밝고 뜨겁게 빛난다. 반대로 에너지가 식어 가라앉는 곳은 상대적으로 어두워진다. 별 전체가 내부와 외부를 뒤섞으며 대류하는 과정에서 마치 작은 쌀알이 모여 있는 듯한 거대한 표면 구조를 형성한다. 하지만 죽음을 앞둔 베텔게우스가 일으키는 대류 현상은 훨씬 극적이다. 내부 물질

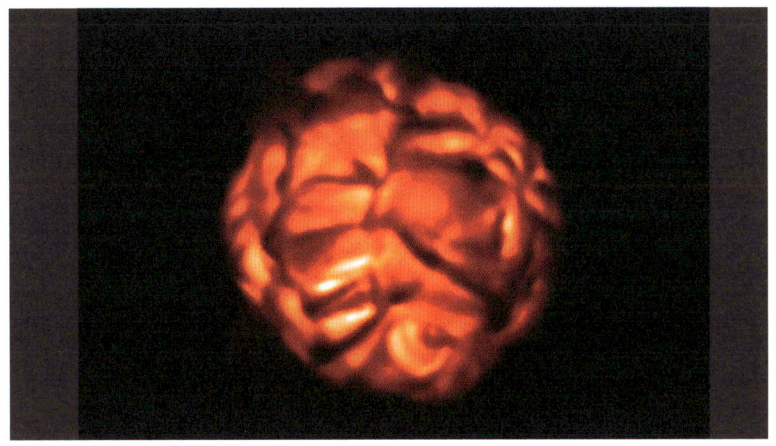

◆ 시뮬레이션으로 구현한 베텔게우스의 표면. 죽음을 앞둔 베텔게우스가 일으키는 대류 현상은 훨씬 극적이다. 그 격렬한 움직임이 결국 베텔게우스의 얼굴을 일그러뜨렸다.

이 거의 폭발하듯 표면으로 솟구치며 별 안팎이 뒤엉켜 거대한 소용돌이를 만든다. 그 격렬한 움직임이 결국 베텔게우스의 얼굴을 일그러뜨렸다.

1995년 3월에 허블 우주망원경은 베텔게우스의 초상화를 더욱 선명하게 그려냈다. 이번에는 가시광선이 아니라 더 짧은 파장과 높은 에너지를 지닌 자외선을 이용했다. 덕분에 별이 지닌 가장 바깥 대기층을 넘어 그 아래층까지 들여다보았다. 허블 우주망원경이 포착한 베텔게우스의 겉보기 크기는 약 260밀리초각에 불과했지만, 엄청난 거리를 고려하면 실제 크기는 무려 85억 킬로미터에 달했다.

새로운 베텔게우스의 초상화에서 특히 눈길을 끄는 대목은 별의 한쪽이 유난히 밝게 빛난다는 사실이었다. 별 전체 크기 중 10퍼센트에 해당하는 넓은 영역이 전체 밝기의 20퍼센트에 달하는 엄청난 에너지를 집중적으로 뿜어냈다. 태양 표면에서도 밝은 반점이 나타나긴 했지만 베텔게우스처럼 별 전체에 견줄 만큼 거대한 에너지가 한곳에 몰린 현상은 전례가 없었다. 이는 죽음을 앞둔 초거성이 내부에서 격렬하게 몸부림친다는 증거일지 모른다.

2012~2014년 사이 칠레에 자리한 거대 망원경으로도 베텔게우스의 한쪽이 유독 밝게 빛나는 비대칭 형상을 확인했다. 놀랍게도 베텔게우스 표면에 나타난 거대한 밝은 반점은 주변보다 약 1000도 더 뜨거웠다. 관측이 이어진 2년 동안 밝은 반점은 서서히 위치를 바꿨다. 태양 표면에서도 뜨거운 대류 현상이 벌어지지만, 그 규모는 기껏해야 1000킬로미터 정도에 불과하다. 그러나 베텔게우스에서 발견한 이 거대한 쌀알의 크기는 무려 2억 킬로미터에 달한다. 화성 궤도와 맞먹는 거대한 소용돌이가 별 표면을 뒤덮은 셈이다.

2015년 11월에는 칠레 아타카마사막에 놓인 47개의 거대한 전파 안테나가 한꺼번에 베텔게우스를 향했다. 아타카마 대형 밀리미터 전파간섭계The Atacama Large Millimeter Array, 일명 ALMA라 불리는 전파 망원경은 베텔게우스 대기 크기를 태양 지름 대비 1400배로 추정했다. 이는 태양을 중심으로 목성과 토성 궤도 사이를 채울 만큼 어마어마한 크기다. 게다가 내부에서 솟구치는 격렬한 대류 탓에 베텔게우스는 단순한 별이라기보다는 마치 거대한 불길이 들끓는 우주의 태풍처럼 보인다.

당시 진행한 관측은 또 다른 흥미로운 사실을 밝혀냈다. 베텔게우스 표면에서 약간 떨어진 곳, 별 중심에서 반지름 대비 1.3배 거리에 해당하는 영역이 지닌 온도는 약 2700도였다. 그러나 놀랍게도 더 먼 곳, 반지름 대비 2배 떨어진 지점에서는 오히려 온도가 상승해 3600도에 달했다. 보통 별의 대기는 표면에서 멀어질수록 온도가 점진적으로 낮아진다. 하지만 베텔게우스는 예상과 다르게 온도가 상승했다가 다시 떨어진다. 별 반지름 대비 6배 거리까지 벗어나면 온도는 다시 1400도로 내려간다. 마치 요동치는 불꽃처럼 온도가 상승과 하강을 반복하는 기이한 현상은 베텔게우스의 표면과 대기층이 복잡하게 얽힌 자기장 속에서 춤추기 때문이다. 강력한 자기장이 별의 물질을 끌어올리고 뒤흔들며 표면 너머 먼 대기층까지 거대한 요동 속에 빠트린다.

2019년 겨울 베텔게우스가 갑자기 어두워졌을 때 끓어오르는 거대한 적색 초거성 베텔게우스는 태양보다 훨씬 격렬하게 물질을 사방으로 흩뿌렸다. 태양이 일으키는 코로나 질량 방출coronal mass ejection보다 훨씬 거대한 규모로 뿜어내는 현상이다. 당시 베텔게우스는 태양이 평소 방출하는 수준보다 무려 4조 배나 많은 물질을 한꺼번에 우주로 토해냈다. 이는 달이 지닌 질량 대비 몇 배에 달하는 물질이 순식간에 별에서 떨어져 나간 셈이다. 천문학자들은 이를 별의 질량 손실stellar mass loss이라고 부른다.

이렇게 방출된 물질은 차가운 우주 공간에서 빠르게 식어 짙은 먼지 구름을 형성했다. 이 먼지 구름은 우연히 지구에서 바라보는 베텔게우스 앞을 가로막았다. 우리 눈에는 마치 베텔게우스 자체가

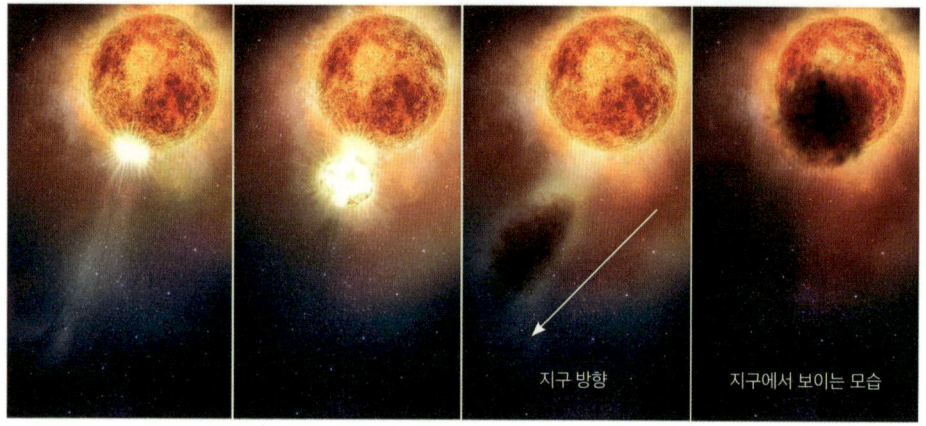

지구 방향   지구에서 보이는 모습

◆ 베텔게우스 표면에서 격렬한 질량 방출이 벌어졌다. 그 물질이 우주 공간에서 빠르게 먼지 구름이 되었고 지구에서 바라보는 방향 앞을 가리면서 별이 갑자기 어두워지는 것처럼 보였다.

어두워진 듯 보였으나, 실상은 별 자체가 변한 게 아니라 별빛이 먼지에 잠시 가렸을 뿐이다. 그러다 2020년 4월 이 먼지 구름이 흩어지며 베텔게우스는 다시 본래의 찬란한 모습으로 돌아왔다. 별은 여전히 뜨겁게 타오르며 언젠가 찾아올 마지막 순간을 준비 중이다.

최후의 순간이 언제 올지
알 수 없다

만약 베텔게우스가 품은 핵융합 연료의 양을 정확히 안다면 우리는 장엄한 초신성 폭발이 언제 펼쳐질지 예측할 수 있다. 그러나 별

5. 최후의 불씨, 베텔게우스

을 반으로 갈라 그 속을 직접 들여다볼 수는 없다. 그럼에도 여러 천문학자는 다양한 물리 모델을 바탕으로 베텔게우스가 맞이할 운명을 계산하고, 그 최후를 가늠해 왔다.

별의 내부에서는 핵융합반응을 통해 수소와 헬륨뿐만 아니라 점점 더 무거운 원소를 만들어낸다. 시간이 흐르며 내부 화학 조성이 변하고, 이는 별의 상태를 서서히 바꿔놓는다. 현재 관측되는 표면의 변화를 바탕으로 그 안에서 어떤 일이 벌어지는지는 추론할 수 있다. 천문학자가 찾아낸 현재 베텔게우스의 상태는 매우 흥미롭다. 연구에 따르면 베텔게우스는 이미 수소 연료를 모두 소진했다. 오래전 수소 핵융합을 멈춘 이 별은 한때 헬륨을 태우며 탄소를 만들어냈지만, 이제는 그 헬륨마저 고갈된 상태다. 베텔게우스는 단순한 적색 초거성이 아니라 수소와 헬륨 핵융합 단계를 모두 지나 수명이 얼마 남지 않은 별이라는 뜻이다.

지금 이 순간 베텔게우스의 심장부에서는 극도로 밀집된 탄소가 재활용되며 더 무거운 마그네슘이나 네온 같은 원소가 생성된다. 하지만 이 과정도 오래가지 않는다. 베텔게우스처럼 거대한 별은 탄소 핵융합이 끝나는 순간, 짓누르는 엄청난 중력을 더는 지탱하지 못한다. 그 순간 별의 중심은 급격히 붕괴하고 외곽층은 폭발적으로 튕겨 나가며 초신성 폭발이라는 우주의 불꽃놀이를 펼칠 것이다. 게다가 핵융합 과정은 단계를 거듭할수록 속도와 효율이 점점 빨라진다. 베텔게우스는 가장 먼저 시작된 수소 핵융합이 끝나는 데 약 1500만 년이 걸렸다. 반면 베텔게우스보다 훨씬 질량이 작은 태양은 같은 과정을 거치는 데 100억 년이라는 긴 시간이 필요하다. 별은 질량이 가벼울수록 내부 온도가 낮아 핵융합이 훨씬 느리게 진행되기 때문이다. 수소 핵융합으로 만들어낸 헬륨을 다시 모아 탄소를 생성하는 헬륨 핵융합 과정은 훨씬 더 짧다. 겨우 수백에서 수천 년이면 끝난다. 그다음 탄소 핵융합은 더욱 빠르게 이어진다.

새로운 모델에 따르면 베텔게우스는 이미 탄소 연료마저 거의 소진했다. 이 분석이 정확하다면 베텔게우스는 앞으로 10~100년 사이에 반드시 폭발해야 한다. 기존의 막연한 예측과 달리 운이 좋다면 우리가 생전에 직접 초신성 폭발을 목격할 수도 있다는 뜻이다. 수세기 전의 역사 속에서나 기록으로 남은 장대한 우주의 불꽃놀이를 우리가 직접 눈으로 볼 날이 머지않았을지도 모른다.

그러나 베텔게우스가 맞이할 미래를 이야기할 때 우리는 치명적인 문제에 직면한다. 우리가 아직도 이 별까지 닿는 정확한 거리를 알지 못한다는 사실이다. 현재 추정되는 베텔게우스와의 거리는 430~650광년으로, 무려 200광년에 가까운 큰 오차를 보인다. 단순한 거리 측정 오차만 쳐도 50광년에 달한다. 여기서 한 가지 의문이 생긴다. 베텔게우스는 우리은하 바깥에 자리한 아득한 외부은하의 별도 아니다. 우리은하 안에 속한 데다 너무 거대하고 밝아서 점이 아닌 원반 형태로까지 관측할 수 있는 별이다. 그런데도 왜 우리는 여전히 이 별까지 닿는 거리를 정확히 측정하지 못하는 걸까?

아이러니하게도 그 까닭은 베텔게우스가 너무 밝기 때문이다. 현재 우리은하 속 별의 거리를 측정하고 정밀한 입체 지도를 작성하는 대표적인 우주망원경으로는 가이아가 있다. 그런데 베텔게우스가 너무도 강렬한 빛을 뿜어내는 바람에 가이아가 지닌 민감한 센서에 과도한 빛이 쏟아진다. 마치 카메라 렌즈에 태양빛을 직접 비추었을 때처럼 이미지가 과노출 상태가 되어 흰색으로 번져버리는 현상이 일어난다. 더욱이 베텔게우스는 길고 짧은 다양한 주기로 밝기를 바꾸며, 복잡하고 격렬한 방식으로 빛을 요동친다. 이러한 불안정성은 별의 거리를 정확히 측정하기 어렵게 만드는 주요 원인이다.

별까지의 거리는 그 별의 본질을 파악하는 데 결정적인 역할을 한다. 만약 새롭게 측정된 거리가 기존에 알던 값보다 더 가깝다고 밝혀진다면, 별의 밝기와 질량 역시 다시 조정해야 한다. 우리가 관측한 별이 실제로 그토록 밝은 게 아니라 단순히 더 가까운 곳에 자리했기 때문이라면, 별이 지닌 본질적인 속성이 달라지기 때문이다.

최근 분석에 따르면 베텔게우스까지 닿는 거리는 약 550광년으로 추정된다. 이는 기존에 알려진 650광년보다 약 15퍼센트 더 가까운 값이다. 이 새로운 거리로 다시 계산하면 베텔게우스의 질량도 우리가 익히 알고 있던 값보다 작을 가능성이 크다. 그래도 여전히 태양 질량 대비 16배에 달하는 거대한 별이다. 결국 베텔게우스의 거리를 측정하는 과정에서부터 상당한 오차가 존재하는 만큼, 이 별이 지닌 정확한 질량과 밝기 역시 여전히 불확실한 상태다.

최첨단 장비를 갖춘 제임스 웹 우주망원경이라면 베텔게우스를 더 정확히 측정하지 않을까? 아쉽게도 제임스 웹 우주망원경조차도 이 별을 겨냥하지 못한다. 베텔게우스는 태양보다 훨씬 거대한 적색 초거성이지만 표면 온도는 상대적으로 낮다. 그래서 대부분의 빛을 가시광선보다 파장이 긴 적외선 영역에서 뿜어낸다. 밤하늘을 가시광선으로 관측하면 베텔게우스는 지구에서 열 번째로 밝게 보이는 별이다. 그러나 적외선 영역에서는 가장 밝은 별로 탈바꿈한다. 제임스 웹 우주망원경이 베텔게우스를 관측하려 들면 너무 강렬한 적외선 방출 탓에 망원경의 센서가 과부화에 걸릴 위험이 크다.

문제는 제임스 웹 우주망원경이 본래 아주 희미한 천체를 관측하려고 설계되었다는 사실이다. 이 망원경은 100억 광년 이상 떨어진 희미한 은하의 빛까지 포착할 만큼 민감한 센서를 갖췄다. 가이아 망원경이 지나치게 밝은 별을 제대로 측정하지 못하는 것처럼, 제임스 웹 우주망원경 역시 눈부신 베텔게우스를 관측하기에는 적합하지 않다. 무리해서 베텔게우스를 관측하려 들면, 이미지 전체가 별이 뿜어내는 눈부신 빛으로 가득 차버릴 것이다. 참고로 허블 우주망원경은 가시광선과 근자외선 대역으로 관측했기 때문에 베텔게우스를 상대적으로 조금 더 어둡게 포착했다.

만약 베텔게우스의 초신성 폭발이 100년밖에 남지 않았다는 분석이 맞다면 우리는 어떤 의미 있는 결론을 도출할 수 있을까? 베텔게우스까지의 거리는 약 700광년에 달한다. 즉 빛이 그 거리를 이동하는 데 700년이 걸린다. 우리가 현재 마주하는 베텔게우스의 모습은 700년 전 과거다. 만약 우리가 지금 지구에서 이 별이 초신성 폭발을 100년 앞두었다고 관측한다면, 실제로 베텔게우스는 600년 전에 이미 폭발했다는 뜻이다.

어쩌면 베텔게우스는 이미 오래전 사라졌고 우리는 700년을 여행한 빛이 남긴 흔적을 바라볼 뿐인지도 모른다. 지금 당장 베텔게우스가 자리한 곳으로 순간이동한다면, 그곳에는 이미 초신성 폭발이 남긴 잔해만 떠돌 것이다. 밤하늘을 수놓은 오리온자리의 붉은 별은 어쩌면 이미 오래전 사라진 별이 남긴 유령, 광막한 우주의 시간 속에서 우리에게 도착한 마지막 잔상일지도 모른다.

이처럼 별까지 닿는 거리는 무척 중요하다. 작은 오차만으로도 우리가 예상한 별의 운명이 극과 극으로 달라지기 때문이다. 천문학에서 거리를 모른다는 사실은 곧 아무것도 모른다는 뜻과 다름없다. 밤하늘 별빛은 단순한 밝기의 차이만 보여줄 뿐, 실제 그 별이 얼마나 거대하고 강렬한 존재인지 혹은 단순히 가까워서 밝게 보이는지 말해주지 않는다. 이를 정확히 판단하려면 별까지 닿는 거리를 반드시 알아야 한다.

아이러니하게도 이 과정은 악순환에 빠진다. 별까지의 거리를 측정하려면 먼저 별이 지닌 실제 밝기를 알아야 한다. 하지만 별의 실제 밝기를 파악하려면 거리 정보가 필요하다. 천문학자들은 이 딜레마를 해결하고자 끊임없이 새로운 방법을 고안해 왔다. 하지만 베텔게우스가 뿜어내는 지나치게 밝은 빛은 이 문제를 해결하는 과정에서조차 걸림돌로 작용한다. 그토록 강렬한 빛을 내뿜으며 우리를 매혹하는 별이 정작 가장 중요한 정보를 쉽게 내어주지 않는다는 사실은 우주가 벌이는 짓궂은 장난처럼 느껴진다.

창조는 파괴에서 비롯된다

베텔게우스는 참 오묘한 별이다. 비교적 가까운 거리에서 거대한 크기로 빛난다. 태양을 제외하면 우리가 점이 아닌 원반 형태로 표면을 직접 들여다볼 수 있는 거의 유일한 별이다. 그러나 그토록 강렬하게 빛나는 탓에 정확한 거리와 밝기, 질량을 추정하는 데 여전히 큰 오차가 남아 있다. 너무 가깝고도 거대한 나머지 실체를 명확하게 파악하기 어려운 존재가 된 셈이다.

우리은하에서 가장 최근에 관측된 초신성 폭발은 무려 1604년까지 거슬러 올라간다. 당시 독일의 천문학자 요하네스 케플러는 뱀주인자리 부근에서 초신성이 폭발하는 순간을 우연히 목격했다. 그는 오래전 동방박사의 눈을 사로잡은 베들레헴의 별 역시 이와 같은 현상일 거라 생각했을 만큼, 초신성이 뿜어내는 눈부신 빛에 빠져들었다. 케플러는 처음 등장한 뒤 천천히 어두워져 가는 초신성의 빛을 기록했다. 이후 천문학자들은 이를 케플러의 초신성 Kepler's supernova 이라 불렀다. 오늘날 망원경으로 그가 기록한 바로 그 자리를 바라보면 별이 폭발하며 남긴 둥근 가스 구름의 잔해가 여전히 퍼져 나간다. 이는 초신성이 남긴 마지막 흔적이자 죽음에서 피어난 새로운 별이 탄생하는 고향이다.

이 초신성은 당시 유럽뿐만 아니라 조선에서 펴낸 『선조실록』을 비롯해 아시아 곳곳에 관측 기록으로 남았다. 그로부터 400년이 넘는 세월이 흐르는 동안 우리은하에서는 단 한 차례도 맨눈으로 볼

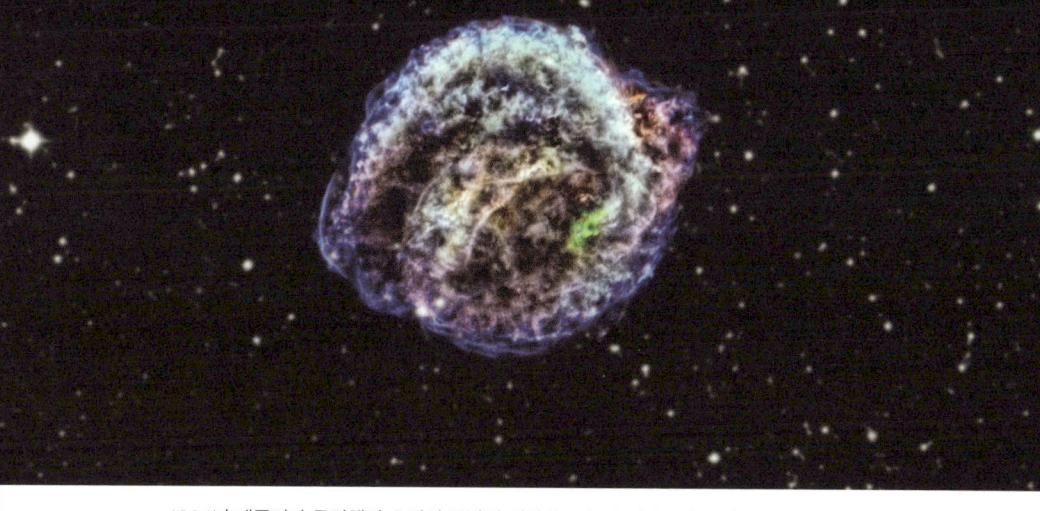

◆ 1604년 케플러가 목격했던 초신성 폭발의 현장을 오늘날 바라보면 폭발이 남긴 잔해를 볼 수 있다. 그 현장을 엑스선으로 관측한 사진이다.

수 있는 초신성이 터지지 않았다. 천문학자들은 50년마다 우리은하 어딘가에서 초신성 폭발이 일어나리라 추정한다. 그러나 은하수 중심부를 가득 메운 별과 먼지 구름이 마치 두꺼운 장막처럼 시야를 가로막기 때문에 폭발 대부분은 직접 포착되지 않는다. 만약 베텔게우스가 오늘 밤 터진다면, 우리는 400년 만에 처음으로 은하수에서 펼쳐지는 장대한 우주의 불꽃놀이를 목격하게 될 것이다.

일부 동물학자는 밤하늘에 갑자기 새로운 별이 등장하면 하늘에 뜬 달빛이나 별빛을 보고 방향을 잡는 곤충과 새에게 영향을 미친다고 이야기한다. 초신성 폭발이 단순히 별에서 뿜어낸 엑스선, 감마선, 중성미자와 같은 빛의 형태로 영향을 줄 뿐만 아니라 직간접적으로 지구 동식물 생태계에 변화를 일으킨다는 뜻이다. 심지어 초신성은 인류의 진화에도 아주 중요한 발판을 마련했을지 모른다.

초신성 폭발은 빛의 속도로 날아오는 고에너지 입자를 쏟아낸다. 이때 방출된 입자가 지구 대기권에 도달하면 대기 분자를 때린다. 에너지를 얻은 대기 분자는 전자가 떨어져 나가며 전하를 띠게 된다. 하늘 전체가 전기를 띠는 셈이다. 이러한 변화로 땅과 구름 사이를 오고 가는 전류의 흐름이 더 잦아지고, 번개가 자주 내리친다.

아주 먼 옛날 초신성이 폭발할 당시 지구 자체가 산산조각 나지는 않았지만 초신성이 토해낸 고에너지 입자는 지구 대기권으로 쏟아졌다. 그 여파로 당시 지구에는 번개가 더 자주 내리쳤고, 지구 곳곳에 우거진 숲과 산에서 산불이 자주 일어났을 것이다. 당시까지만 해도 인류의 조상은 나무 위에서 하루를 보냈다. 그런데 갑자기 손과 발로 쥘 나뭇가지가 깡그리 사라져 버렸다. 초신성이 일으킨 뜻밖의 진화 압력 탓에, 인류는 나무에서 땅 위로 내려와야만 했던 것은 아닐까?

칼 세이건이 낭만적으로 이야기했듯 우리는 모두 오래전 초신성이 남긴 별먼지가 모여서 탄생한 존재다. 빅뱅 이후 지금까지 138억 년에 걸쳐 수없이 많은 초신성이 폭발했고, 그 별이 남긴 무겁고 다양한 원소가 우주 공간으로 퍼졌다. 그 재료가 모여 지금의 지구가 되었고, 우리가 되었다. 우리 몸속에는 오래전 사라진 초신성이 남긴 유훈이 고스란히 숨 쉰다.

하지만 초신성이 맡은 역할은 단순히 지구 생명체를 위해 재료를 공급하는 차원을 넘어섰을지 모른다. 별먼지를 반죽해 태어난 인류의 조상은 갑작스레 하늘에서 터진 초신성 덕분에 허리를 세우고 두 손에 자유를 얻었을지 모른다. 초신성은 자유로워진 인류의 두 손에 도구를 쥐여준 진짜 주인공인 셈이다. 그렇게 직립보행을 시작한 인류는 초신성이 남겨준 또 다른 귀한 선물, 철과 같은 금속을 빚는 존재로 거듭났고, 지금과 같은 화려한 기술 문명으로 도약했다. 우리는 태어날 때부터 지금 이 순간까지 매번 초신성에 빚을 지고 살아간다.

입체파를 대표하는 화가 파블로 피카소는 "모든 창조적 행위는 파괴로부터 비롯된다"라는 유명한 말을 남겼다. 우주에 존재하는 우리 역시 예외가 아니다. 물론 우리가 의도하지는 않았지만 우주를 살다 사라진 수많은 별, 그동안 파괴를 겪은 별들에 책임을 짊어지고 살아간다. 누군가에게는 슬픈 파괴를 알리는 순간이, 또 다른 누군가에게는 새로운 창조라는 꽃을 피우는 계기로 거듭난다. 지금도 우주 어딘가에서 터지고 있을지 모르는 초신성은 스스로를 희생하며 우주가 지닌 역설적인 운명을 몸소 증명한다.

6. 상대적이며 절대적인 기준점, 베가

우주에는 영원한 것이 없다

"베가인처럼 생각하라." 이 말은 칼 세이건의 동명 소설을 원작으로 한 SF 명작 〈콘택트〉에 등장하는 명대사다. 1997년에 개봉한 로버트 저메키스Robert Zemeckis 감독의 〈콘택트〉는 외계 문명으로부터 날아온 신호를 발견한 순간 인류가 겪는 혼란과 변화를 사실적으로 그려낸 작품이다. 영화 속에서 천문학자 엘리 애로웨이는 외계 문명의 신호를 탐색하는 SETI 프로젝트를 이끌고 있지만 별다른 성과 없이 예산 삭감과 폐지 위기에 직면한다. 그러나 프로젝트가 문을 닫기 직전, 그녀는 거문고자리 베가에서 날아든 수상한 전파 신호를 포착한다.

엘리의 발표로 천문학계는 한순간에 술렁인다. 연구자들은 서둘러 베가에서 온 전파 신호를 해독하려 하지만 처음에는 단순한 노이즈로 보일 뿐이었다. 그러나 정밀한 분석 끝에 그 속에서 그림 문자처럼 보이는 패턴을 발견한다. 문제는 그것이 정확히 무엇을 의미하는지 아무도 알지 못한다는 점이었다. 그러던 어느 날 엘리는 프로젝트의 비밀스러운 후원자인 S. R. 헤든으로부터 호출을 받는다. 헤든은 그녀에게 중요한 힌트를 던진다. '베가인처럼 생각하라.' 베가인이 보낸 메시지를 해독하려면, 지구인의 시선이 아니라 베가인의 관점에서 바라봐야 한다는 것이었다.

영화는 베가인을 지구인과 달리 4차원을 인식하는 존재로 묘사한다. 엘리를 비롯한 많은 천문학자는 오랫동안 2차원의 평면 모니터에서 메시지를 분석했지만 답을 찾지 못했다. 그러나 메시지를 단순한 평면이 아니라 입체적인 정육면체로 접어 보자, 그제야 숨겨진 구조가 드러났다. 3차원을 인식하는 우리가 2차원의 종이에 그림을 그리듯, 4차원을 인식하는 베가인이 3차원의 공간을 활용해 메시지를 남긴 것이다. 헤든의 힌트를 깨달은 엘리는 마침내 메시지 속에 숨어 있던 외계 우주선의 설계도를 해독하는 데 성공한다. 그리고 인류는 처음으로 다른 존재와의 직접적인 접촉을 시도하게 된다.

소행성의 부스러기로 둘러싸인 별

우주 생물학에서는 베가를 외계 생명체 탐색에서 빼놓을 수 없는 별로 여긴다. 베가는 태양계 바깥의 다른 별 주변에서도 외계행성이 형성될 수 있고, 인류가 그 사실을 관측으로 확인할 수 있음을 처음으로 보여준 사례이기 때문이다.

지금으로부터 약 40년 전, 1983년에 인류는 최초의 적외선 우주 망원경 IRASInfrared Astronomical Satellite를 발사했다. 적외선은 우리 눈에 보이는 가시광선보다 파장이 긴 빛이다. 파장이 길다는 것은 마치 넓은 간격으로 요동치는 파도와 같다. 우주 공간에는 크고 작은 먼지 알갱이가 떠다니는데 이 알갱이가 빛을 가로막는다. 특히 가시광선처럼 비교적 짧은 파장의 빛은 먼지에 쉽게 부딪혀 흡수되며 빠르게 소멸한다. 반면 적외선은 파장이 길어서 먼지 사이를 비집고 지나갈 수 있다. 덕분에 적외선 관측을 통해 짙은 먼지 구름에 가려진 별빛을 마치 투시하듯이 꿰뚫어볼 수 있다.

적외선은 온도를 지닌 모든 물체가 방출하는 빛이다. 코로나바이러스가 유행하던 시절, 공항이나 병원에 설치됐던 열화상 카메라를 떠올려 보자. 피부에 직접 체온계를 대지 않아도 몸에서 방출되는 적외선의 강도를 측정해서 체온을 알아낼 수 있었다. 사실 우리 몸도 빛을 내뿜고 있다. 만약 인간의 눈이 가시광선이 아닌 적외선을 감지할 수 있다면, 감기에 걸린 친구의 몸이 주변보다 훨씬 밝게 보였을 것이다.

이처럼 적외선은 눈부시게 빛나는 별에 비해 온도가 낮고 미지근한 천체에서도 방출된다. 그래서 적외선 관측은 별처럼 스스로 타오르며 빛을 내지 않는, 비교적 차가운 천체를 탐지하는 데 유용하다. 예를 들어 우주 공간을 떠다니는 가스 구름이나 별 주변에서 조금 떨어진 곳에 형성된 미지근하게 데워진 먼지 원반을 관측하는 데

적외선은 탁월한 도구가 된다. 주변보다 강한 적외선이 새어 나오는 곳을 살펴보면, 그 안에서 새로운 별이나 어린 외계행성이 태어나고 있음을 알 수 있다.

IRAS는 지구 주변을 돌며 우주를 적외선으로 관측하는 최초의 인공위성이었다. 다른 탐사선과 마찬가지로 방향과 자세를 제어하기 위해 밤하늘에서 밝게 빛나는 별들을 기준점으로 삼았는데, 그중 하나가 베가였다. 천문학자들은 망원경의 센서를 점검하고 조율하기 위해 이미 잘 연구된 밝은 별들을 먼저 관측한 후 어두운 천체를 바라보는 방식을 사용했다. 1983년 IRAS가 발사된 직후 천문학자들은 별다른 기대 없이 길잡이 별 중 하나인 베가를 겨냥했다. 그런데 예상치 못했던 이상한 신호가 포착되었다.

베가는 태양보다 40배나 뜨겁다. 표면 온도가 매우 높아서 푸른 빛을 띠는 거대한 별이다. 그 때문에 천문학자들은 베가가 대부분의 에너지를 가시광선보다 짧은 파장의 푸른 자외선 영역에서 방출할 것으로 예상했다. 그러나 IRAS의 관측 결과 베가는 예상보다 훨씬 강한 적외선을 함께 방출하고 있었다. 미지근한 온도를 지닌 물질에서나 나올 법한 적외선이 고온의 별에서 감지된 것이다. 푸르기만 할 거라 생각했던 별이 붉게도 빛나는 이상한 일이었다. 천문학에서는 이러한 현상을 적외선 초과infrared excess라고 부른다.

이 현상을 설명할 수 있는 가설은 하나뿐이었다. 베가 주변을 거대한 먼지 원반이 둘러싸고 있다면 가능하다. IRAS의 관측 데이터를 분석한 천문학자들은 베가 주변에 수백억 킬로미터에 걸쳐 광대

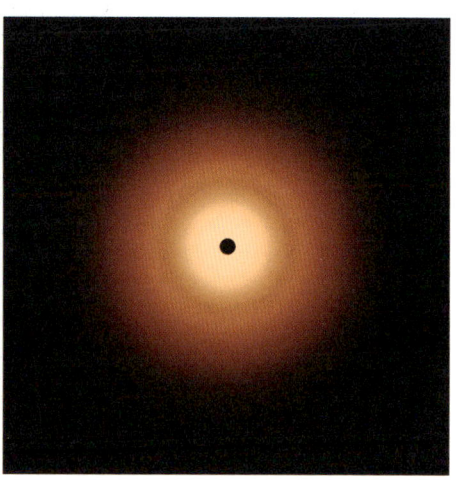

◆ 허블 우주망원경(좌)과 제임스 웹 우주망원경(우)으로 관측한 베가의 원반. 베가는 태양보다 40배 뜨거워 대부분의 에너지를 자외선 영역에서 방출할 것으로 예상했다. 그러나 베가는 예상보다 강한 적외선도 방출하고 있었다. 천문학에서는 이러한 현상을 적외선 초과라고 부른다.

한 먼지와 부스러기가 흩어져 있을 것이라 추정했다. 이는 마치 해왕성 궤도 너머에서 태양계 주위를 도는 작은 천체들의 집합체, 카이퍼 벨트Kuiper belt를 연상시키는 모습이었다.

베가를 감싸고 있는 이 먼지 원반의 총 질량을 모두 합하면 태양계 소행성 벨트 전체 질량의 약 7.5배에 달할 것으로 추정된다. 흥미롭게도 태양계의 카이퍼 벨트에서 첫 번째 천체가 발견되기 8년 전 이미 베가에서는 이와 비슷한 구조가 포착되었다. 태양계의 외곽 구조가 규명되기도 전에 우리는 다른 별 곁에서 먼저 그 단서를 찾아낸 것이다.

물론 당시 IRAS의 관측이 베가 주변을 도는 외계행성의 존재를 직접적으로 증명한 것은 아니었다. 하지만 먼지 원반이 존재한다는 사실만으로도 태양계가 형성될 때 겪었을 별과 행성의 탄생 과정이 다른 별에서도 비슷하게 펼쳐지고 있으리라는 기대를 품기에 충분했다. 만약 베가 주변에서 새로운 행성이 태어나고 있다면 우주 어딘가에는 이미 형성된 외계행성이 자리 잡고 있을 것이라는 생각도 자연스럽게 떠올랐다.

그리고 얼마 지나지 않은 1995년에 태양과 비슷한 페가수스자리 51번 별에서 처음으로 외계행성을 발견했다. 그 이후로 수많은 외계행성이 잇달아 발견되었고 우주가 생각보다 훨씬 더 많은 행성으로 가득 차 있다는 사실을 알게 되었다. 베가는 천문학자들이 외계행성 탐색에 나서도록 용기를 준 상징적인 별이다.

창조가 아닌, 재앙의 순간

이후 다양한 적외선 망원경으로 베가를 관측하면서 그 주변을 감싸고 있는 먼지 원반의 모습이 더욱 선명하게 밝혀졌다. 흥미롭게도 베가의 자전축은 거의 정확히 지구를 향하고 있다. 오차도 불과 5도 이내에 지나지 않는다. 마치 베가가 지구를 향해 정확히 정수리를 기울인 듯한 모습이다.

보통 별 주변에 형성되는 먼지 원반은 자전축의 수직 방향으로 퍼진다. 덕분에 우리는 베가를 둘러싼 먼지 원반을 마치 위에서 내

◆ 베가 상상도. 베가는 아마 주변의 둥근 먼지 원반으로 에워싸여 있을 것이다. 안쪽의 작은 고리부터 바깥의 큰 고리까지 다양한 크기의 먼지 원반이 약간의 틈을 두고 펼쳐져 있다.

려다보듯 완벽한 원형의 모습으로 관측할 수 있다. 별을 중심으로 둥그런 도넛 모양의 먼지 띠가 부드럽게 펼쳐져 있다.

별 가까운 곳에서는 먼지 원반이 강렬한 별빛을 받아 뜨겁게 달궈지지만 거리가 멀어질수록 온도는 점차 낮아진다. 먼지 원반이 방출하는 적외선의 세기를 분석하면 이들의 온도를 알아낼 수 있다. 이를 통해 먼지 원반의 크기와 분포도 유추할 수 있다. 천문학자들은 처음에는 베가를 둘러싼 먼지 원반이 단 하나뿐이며 그 온도는 약 50켈빈에 불과할 것이라고 생각했다. 켈빈은 모든 입자의 운동에너지가 0인 지점을 절대영도로 하는 온도 단위로, 0켈빈은 섭씨 −273.15도다. 먼지가 50켈빈 정도로 차가워지려면 원반은 베가로부터 약 120억 킬로미터 지점에서 시작해 250억 킬로미터까지 퍼져 있어야 한다. 이것은 태양계의 명왕성 궤도를 훨씬 뛰어넘는 광대한 영역이다.

허블 우주망원경이 촬영한 베가의 모습에서는 이 먼지 원반이 더욱 뚜렷하게 드러난다. 그러나 베가는 워낙 밝은 별이라 일반적인 촬영 방식으로는 강렬한 별빛에 가려 주변의 희미한 구조를 포착하기 어렵다. 이 문제를 피하기 위해 허블은 코로나그래프 기법을 사용했다.

베가를 감싸고 있는 먼지 원반은 하나가 아니었다. 이미 알려진 외곽의 차가운 먼지 원반을 고려하고도 설명되지 않는 추가적인 적외선 신호가 남아 있었다. 특히 이 신호의 온도가 170켈빈에 이른다는 점이 눈길을 끈다. 이는 베가에서 더 가까운 약 90억 킬로미터 이내에 또 하나의 작은 먼지 원반이 존재한다는 뜻이다. 즉 베가는 명왕성 궤도보다 작은 범위에 펼쳐진 내부 먼지 원반과, 명왕성 궤도의 2배가 넘는 거대한 외곽 먼지 원반, 총 두 개의 원반으로 이루어져 있다.

이러한 구조는 마치 우리 태양계를 연상시킨다. 태양계에서도 명왕성 궤도 너머에는 카이퍼 벨트가, 더 안쪽에는 화성과 목성 궤도 사이에 소행성대가 자리하고 있다. 베가 주변에서도 두 개의 먼지 원반 사이에는 아무것도 없는 듯한 거대한 간극이 벌어져 있다. 이 간극이 단순한 우연일까, 아니면 아직 발견되지 않은 행성이 그곳을 돌며 원반의 물질을 쓸어내고 있는 것일까?

우리 태양계를 보면 가장 바깥의 카이퍼 벨트와 안쪽의 소행성 벨트 사이에 목성부터 해왕성까지 큼직한 가스 행성이 자리하고 있다. 약 50억 년 전 태양이 처음 태어났을 때는 그 주변에 방대한 먼지 원반이 펼쳐져 있었다. 그러나 원반 속의 미세한 알갱이가 서로 부딪히고 결합하며 점차 덩치를 키웠고, 마침내 행성으로 성장했다. 먼지와 가스가 응축되면서 원반의 일부는 깔끔하게 정리되었고 행성은 그 속에서 궤도를 잡아갔다. 오랫동안 천문학자들은 베가 주변의 먼지 원반에서도 이와 비슷한 과정이 진행되고 있을 것이라 기대했다. 그리고 원반 속의 넓은 틈 사이에서 지구 질량의 6배에 달하는 거대한 행성이 형성되고 있으리라 추측했다.

그러나 최근 제임스 웹 우주망원경이 촬영한 적외선 관측 사진을 보면 베가 주변에는 그런 거대한 가스 행성이 발견되지 않았다. 대신 망원경이 포착한 것은 원반을 구성하는 먼지 입자의 크기가 안쪽과 바깥쪽에서 확연히 다르다는 점이었다. 바깥쪽의 광대한 먼지 원반은 수천 분의 1밀리미터에 불과한 연기 입자처럼 극도로 작은 알갱이로 이루어져 있다. 반면 안쪽의 작은 원반은 상대적으로 크기가 큰, 모래 알갱이 정도 크기의 입자로 채워져 있다.

제임스 웹 우주망원경으로 관측해 보니 베가 주변에서는 새로운 행성이 탄생하는 게 아니라 난폭한 파괴와 충돌이 벌어지고 있었다. 비교적 최근까지 베가 주변에는 명왕성 크기 정도의 왜소행성과 소행성이 존재했다. 이들은 비슷한 궤도를 따라 돌며 오랜 시간 동안 서로 중력을 주고받았다. 그러다 마침내 예기치 않은 충돌이 빈번하게 발생하며 수많은 파편이 생성되었다. 특히 안쪽의 작은 먼지 원반에서는 탄소와 철 같은 암석질 성분이 다량 검출되었다. 이는 암석으로 이루어진 여러 소행성과 혜성이 산산이 부서지며 남긴 흔적일 가능성이 높다.

베가 주변에서 벌어진 소행성 간의 충돌은 크고 작은 먼지 입자를 사방으로 퍼뜨렸다. 연기 입자처럼 크기가 작고 가벼운 먼지는 별빛을 받아 바깥으로 밀려 나갔다. 반면 몇 밀리미터 크기의 무거운 입자는 다른 운명을 맞이했다. 이들은 별빛을 받으며 점차 속도를 잃었고, 나선을 그리며 중심의 별 쪽으로 끌려 들어갔다. 마치 사막을 달리는 자동차가 모래바람을 정면으로 맞아 서서히 속도가 줄어드는 것처럼 먼지 입자도 별빛이 만들어내는 압력 속에서 새로운 흐름을 형성했다.

결국 베가 주변의 먼지 원반에서는 입자의 크기에 따라 서로 반대 방향의 흐름이 동시에 나타난다. 가벼운 입자는 바깥으로 밀려 나가고 무거운 입자는 안쪽으로 이동한다. 이 때문에 태양에서 명왕성 정도 떨어진 거리에서 먼지 밀도가 급격히 줄어드는 '빈틈'이 형성되었다. 이처럼 별빛이 먼지 입자의 이동을 결정하는 과정을 포인팅-로버트슨 효과Poynting-Robertson effect라고 부른다. 먼지 원반의 중심을 가로지르는 이 거대한 틈은 오래전 베가 주변에서 벌어졌던 강렬한 충돌과 소멸의 역사를 들려준다.

영화 〈콘택트〉에서 우주선을 타고 베가에 도착한 엘리의 눈앞에는 푸른빛을 내뿜는 별 주변을 소용돌이치는 거대한 먼지 구름이 펼쳐진다. 정작 그녀가 찾던 외계행성은 존재하지 않았다. 그들의 세계는 이미 오래전에 사라지고 난 뒤였다. 영화 속 상상은 놀랍게도 오늘날 우리가 관측한 베가의 실제 모습과 닮아 있다.

천체물리학 시대를 연 0등급의 별

베가가 특별한 이유는 단순히 그 주변에 외계 문명이 존재할 가능성 때문만이 아니다. 베가는 현대 천문학의 역사에서 절대 빼놓을 수 없는 별이다. 천문학은 이미지의 과학이다. 사진 기술이 등장하기 전까지 천문학자는 맨눈으로 관측한 별의 모습을 기억에 의존해 그림으로 남길 수밖에 없었다. 별을 보는 천문학자의 눈썰미와 그림 솜씨에 따라 관측 기록의 결과물은 천차만별이었다.

그러나 사진 기술이 등장하면서 천문학은 한층 더 객관적이고 정밀한 학문이 되었다. 이제 누구나 동일한 조건에서 같은 별의 모습을 기록할 수 있게 되었다. 초기 사진 기술 중 하나였던 다게레오타이프daguerréotype는 은판 위에 빛에 민감한 화학 물질을 바르고, 어두운 카메라 내부에서 상을 얻는 방식이었다. 영국의 의사이자 아마추어 천문학자였던 존 드레이퍼John Draper는 초상 사진 촬영의 개척자로도 알려져 있다. 그런데 1840년 그는 처음으로 밤하늘을 향해 카메라를 돌렸다. 그가 촬영한 달의 모습은 밤하늘의 풍경을 단순한 그림이 아닌 사진으로 담은 최초의 기록이 되었다.

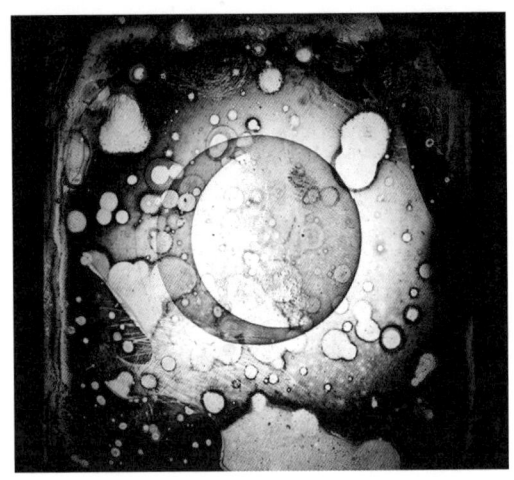

◆ 1840년 영국의 의사이자 아마추어 천문학자였던 존 드레이퍼는 처음으로 밤하늘을 향해 카메라를 돌렸다. 그가 촬영한 달의 모습은 밤하늘의 풍경을 단순한 그림이 아닌 사진으로 담은 최초의 기록이 되었다.

드레이퍼가 달을 촬영하고 10년이 지난 1850년 7월 17일에 천문학자이자 하버드대학교천문대의 초대 소장이었던 윌리엄 본드William Bond는 더욱 도전적인 목표를 설정했다. 그는 지름 38센티미터 굴절망원경과 다게레오타이프 카메라를 이용해서 한여름 밤하늘의 정점에서 빛나는 베가를 촬영하는 데 성공했다. 이는 밤하늘의 별을 사진으로 촬영한 최초의 천체 사진이었다.

존 드레이퍼의 아들 헨리 드레이퍼Henry Draper 역시 밤하늘을 향한 열정을 물려받았다. 그는 허드슨 강변에 자신의 천문대를 지을 정도로 관측에 몰두했다. 그의 망원경도 베가의 영롱한 빛을 바라보았다. 그러나 이번에는 단순한 촬영이 아니었다. 그는 별빛을 프리즘

6. 상대적이며 절대적인 기준점, 베가

◆ 1850년 윌리엄 본드는 지름 38센티미터 굴절망원경과 다게레오타이프 카메라를 이용해 한여름 베가를 촬영하는 데 성공했다. 이는 태양을 제외하고 밤하늘의 별을 사진으로 촬영한 최초의 천체 사진이었다.

과 같은 장치에 통과시켜서 무지개처럼 펼쳐지는 스펙트럼을 얻고 자 했다.

　베가의 스펙트럼에는 일정한 간격으로 빛이 사라진 검은 틈이 있었다. 이는 베가의 대기 속 특정 원소가 특정한 파장의 빛을 흡수했기 때문이다. 헨리 드레이퍼는 별빛의 스펙트럼을 분석하여 별의 화학 성분을 규명할 수 있는 최초의 관측을 수행했던 것이다. 베가는 단순한 이미지 촬영을 위한 측광 관측뿐만 아니라, 별빛을 분석해서 별의 본질을 파악하는 분광 관측에서도 최초의 주인공이 되었다. 이는 천문학이 단순한 별의 기록을 넘어 물리적 성질을 탐구하는 천체물리학이라는 새로운 분야로 나아가는 중요한 전환점이었다.

맨눈으로 하늘을 보던 시절에는 제자리에 가만히 멈춰 있는 것처럼 보이는 북극성이 길을 잃은 방랑자들의 이목을 끌었다. 하지만 맨눈이 아닌 망원경, 심지어 카메라까지 밤하늘을 겨냥하는 시대가 되면서 밤하늘의 판도는 달라졌다. 천문학자는 이제 여름 내내 밤하늘 가장 높은 곳에 보이는 가장 밝은 별, 베가에 더 관심을 가졌다.

베가는 여러모로 관측하기에 좋은 별이다. 매우 밝고 푸르게 빛날 뿐 아니라, 1900년대 초반까지만 해도 베가는 눈에 띄는 별다른 밝기 변화 없이 거의 같은 밝기를 유지하는 안정적인 별로 여겨졌다. 그래서 베가는 주변의 다른 어두운 별들의 밝기를 재는 기준이 되었다. 별의 밝기는 등급으로 표현한다. 기원전 135년에 고대 그리스의 천문학자 히파르코스Hipparchus가 맨눈으로 봤을 때 가장 밝게 보이는 별을 1등급, 가장 어둡게 보이는 별을 6등급으로 분류한 것이 시초로 알려져 있다. 이후에 천문학자들은 조금 더 수학적으로 등급 체계를 다듬었다. 그런데 별의 밝기를 등급으로 매기기 위해서는 기준이 되는 0등급의 별이 필요했다. 천문학자들은 그 기준을 베가로 삼았다.

베가는 우선 매우 밝다. 또 거의 모든 지역에서 여름철 내내 볼 수 있다. 밤하늘의 꼭대기에 있는 별이라 주변 건물이나 지형의 방해를 거의 받지 않고 쉽게 볼 수 있다. 베가의 스펙트럼도 아주 훌륭하다. 베가는 화학적으로 봤을 때 거의 때가 묻지 않은 별이라 할 수 있다. 수소 성분의 흔적은 아주 선명하게 보이지만, 철과 마그네슘처럼 더 무거운 중원소들의 흔적은 거의 보이지 않는다. 덕분에 베

◆ 베가의 빛은 밝고 깨끗해 별 밝기의 기준이 되었다. 베가라는 특정한 별을 기준으로 밝기를 재서 매겼던 방식을 베가 등급이라고 부른다.

가의 스펙트럼은 다른 별에 비해 훨씬 깔끔하다.

그래서 천문학자들은 모든 파장에 대해서 베가의 밝기를 0등급으로 정했다. 여기에서 특정 파장에서의 밝기가 정확히 무엇을 의미하는지 조금 자세하게 이해할 필요가 있다. 특정 파장에서만 빛의 밝기를 잰다는 건 마치 카메라 렌즈 앞에 특정한 색깔의 셀로판지를 대고 사진을 찍는 것과 비슷하다. 빨간 셀로판지는 주로 빨간빛만 투과시킨다. 그래서 카메라 앞에 빨간 셀로판지를 대고 사진을 찍으면 세상이 온통 빨갛게 보인다. 애초부터 빨간빛만 내보내는 조명은 빨간 셀로판지를 대고 바라봐도 밝게 보인다. 반면 빨간빛은 빼고 다른 색깔로 빛나는 조명을 빨간 셀로판지를 대고 보면 더 어둡게 보인다. 이처럼 특정 색깔, 특정 파장의 빛만 투과하고 나머지 빛은 걸러내는 장치를 필터라고 한다.

특정 파장의 빛만 투과시키는 필터로 별빛을 찍는 이유는 별이 대부분의 빛을 어떤 파장에서 내보내고 있는지 쉽게 파악하기 위해서다. 모든 별은 특정한 온도를 머금고 빛난다. 온도에 따라 별이 주로 방출하는 빛의 파장이 달라진다. 온도가 미지근한 별은 주로 파장이 긴 붉은빛, 적외선에서 많은 빛을 내는 반면, 온도가 뜨거운 별은 주로 파장이 짧은 푸른빛, 자외선에서 많은 빛을 낸다. 그래서 파장이 짧은 필터부터 긴 필터를 여러 번 번갈아 가면서 사진을 찍은 다음 각 파장의 사진 속 별의 밝기를 비교하면, 별이 어느 정도로 뜨겁게 달궈져 있는지, 별의 온도를 훨씬 간단하게 유추할 수 있다.

천문학자들은 베가를 모든 파장에서 0등급, 즉 영점으로 삼았다. 그리고 베가를 기준으로 상대적으로 얼마나 더 밝고 어두운지로 다른 별들의 밝기에 등급을 매겼다. 사진 천문학이 시작되었던 초기부터 1990년대까지, 베가를 기준으로 하는 등급 체계는 천문학의 거의 모든 분야에서 널리 쓰였다. 이렇게 베가라는 특정한 별을 기준으로 밝기를 재서 매겼던 방식을 베가 등급이라고 부른다.

베가는 오랫동안 밤하늘에서 다른 모든 별의 밝음과 어두움을 판단하고 점수를 매기는 가장 압도적인 권위를 누렸다. 망원경이라는 그릇에 별빛을 주워 담을 때도, 또 그렇게 모은 별빛을 다시 파장별로 나눌 때도, 기준이 되는 별은 언제나 베가였다. 한때 밤하늘을 올려다보던 이들에게 북극성은 모든 별의 기준이자 절대적인 지위를 상징했지만, 천체물리학의 시대에 그 자리는 찬란한 베가가 차지하게 되었다.

스스로를 주체하지 못하는 별

천문학의 역사가 우리에게 끊임없이 들려주는 교훈 중 하나는 우주에는 완전무결한 존재가 없다는 사실이다. 한때 변함없는 기준점이라 여겨졌던 베가조차도 그 기대에 부응하지 못했다. 오랫동안 변하지 않는 안정된 별처럼 보였지만 베가는 사실 아주 느리게, 그러나 분명히 밝기가 변하는 변광성이었다.

베가의 밝기는 21년 3개월 주기로 0.003등급 정도의 미세한 변화를 보인다. 그 차이는 너무나 작아서 오랜 세월에 걸쳐 정밀한 관측이 쌓인 후에야 밝혀졌다. 한결같은 모습처럼 보였지만 베가는 실은 느리고도 조용한 변덕을 부리고 있었던 것이다.

베가의 밝기가 흔들리는 이유도 흥미롭다. 그것은 베가가 믿기 어려울 정도로 빠르게 자전하는 별이기 때문이다. 과장이 아니다. 베가는 자신조차 감당하기 힘들 정도로 빠르게 회전하고 있다. 이 별의 지름은 태양의 2배를 넘는다. 그 거대한 별이 자전하는 데 걸리는 시간은 고작 12시간이다. 적도를 기준으로 보면, 별은 무려 시속 97만 킬로미터의 속도로 회전하고 있다. 태양의 자전 속도보다 100배나 빠른 속도다.

이 속도는 베가조차 버티기 어려울 정도다. 별이 지나치게 빠르게 자전하면 원심력이 강해져서 자체 중력을 압도한다. 결국 별의 물질이 바깥으로 흩어지려는 힘이 커지면서 일정 임계점을 넘으면 별은 형체를 유지하지 못하고 산산이 흩어질 수도 있다. 현재 베가의 자전 속도는 그 임계 속도의 90퍼센트에 도달해 있다. 한마디로 베가는 지금도 한계에 가까운 속도로 아슬아슬하게 균형을 유지하며 회전하고 있는 것이다.

실제로 베가는 극심한 자전으로 인해 마치 럭비공처럼 적도 방향이 더욱 부풀어 있다. 극지방을 기준으로 한 베가의 지름은 태양의 2.3배 정도이지만 적도 방향에서는 2.8배에 달하며 약 10~20퍼센트 더 크다. 이러한 특징은 자전 주기가 10시간 정도밖에 되지 않는 토성에서도 볼 수 있다. 토성의 모습을 자세히 보면, 위아래보다 적도 방향으로 더 넓게 퍼진 타원형이다.

그러나 베가의 경우 실제로 이러한 모습을 직접 확인하기가 쉽지 않다. 그 이유는 베가의 자전축이 거의 정확히 지구를 향하고 있기 때문이다. 만약 베가의 자전축이 기울어 있었다면 우리는 베가가 럭비공처럼 퍼진 모습을 옆에서 볼 수 있었을 것이다. 하지만 지금 우리는 마치 위에서 거대한 공을 내려다보듯, 베가의 둥근 모습을 정면에서 바라보고 있을 뿐이다.

베가가 이렇게 극단적으로 빠르게 자전하고 있다는 사실을 밝혀 낸 것도 이 별의 크기가 예상보다 더 크게 관측되었기 때문이다. 천문학자들은 정밀한 관측을 통해 베가의 대략적인 지름을 추정했다. 그런데 기존에 알려진 밝기와 질량을 고려했을 때 예상되는 크기보다 지름이 훨씬 더 크게 측정되었다. 이 차이를 설명하기 위해 천문학자들은 베가가 엄청난 속도로 자전하고 있으며 적도 방향으로 퍼진 모습을 위에서 내려다보고 있기 때문에 실제보다 더 부풀어 보인다는 결론을 내렸다.

극도로 빠른 자전 때문에 베가는 불안정하다. 자전 속도가 임계점에 가까워질수록 특히 적도 부근에서는 별의 물질이 더욱 바깥으로 퍼진다. 이는 회전하는 별의 중심에서 바깥쪽으로 튕겨 나가려는 원심력이 중력의 구속력을 압도하기 때문이다. 그 결과 베가의 내부에서 생성된 강렬한 열기가 적도 방향까지 충분히 전달되지 못한다. 극지방은 표면 온도가 1만 켈빈에 달하는 반면, 적도 부근은 2000켈빈가량 낮은 7900켈빈에 머문다. 이러한 현상을 중력 감광이라고 부른다. 이 때문에 베가의 적도 부근은 극지방에 비해 상대적으로 더 어둡게 보인다.

베가는 왜 이토록 극단적인 속도로 회전하게 되었을까? 이에 대한 명확한 답은 아직 밝혀지지 않았다. 베가가 탄생하던 순간부터 가스를 품고 있던 원시 성운이 이미 상당한 회전 운동을 하고 있었다는 게 한 가지 가능성이다. 거대한 가스 구름이 중심으로 수축하며 별이 형성되는 과정에서 회전 속도는 점점 빨라진다. 이는 마치 빙판 위에서 두 팔을 넓게 펼친 피겨스케이팅 선수가 팔을 모으는 순간 회전 속도가 증가하는 것과 같은 원리다.

보통 별들은 진화 과정에서 자신이 품은 물질을 조금씩 우주로 방출하며 질량을 잃고, 이에 따라 자전 속도도 서서히 느려진다. 하지만 베가는 여전히 빠른 자전 속도를 유지하고 있다. 이는 곧 베가가 지금까지 강력한 질량 손실을 경험하지 않았다는 것을 의미한다. 질량 손실이 있었다면 자기장이 강했을 텐데 베가의 자기장은 그 크기에 비해 약하고, 표면에서 물질이 활발하게 분출되지 않는다는 점도 그 사실을 뒷받침한다. 베가는 그 자체로 거대한 역설이다. 광활한 우주 속에서 눈부신 빛을 내뿜지만, 내부적으로는 극한의 균형 속에서 아슬아슬하게 회전하며 유지되고 있는 별인 것이다.

별들의 체계를 바로잡은
절대적 기준

이처럼 베가가 완전무결한 기준이 될 수 없다는 사실이 드러나자 모든 별들의 등급을 단 하나의 별에만 의존해 매기던 방식을 수정해야 했다. 1953년에 천문학자 해럴드 존슨Harold Johnson은 여키스천문대에서 만난 윌리엄 모건William Morgan과 함께 별의 밝기를 보다 정밀하게 측정할 수 있는 새로운 체계를 마련했다.

존슨은 복잡한 변수를 줄이고 단 세 가지 필터만을 사용해 등급을 측정하는 방식을 제안했다. 파장 300~400나노미터에 해당하는 자외선 필터(U), 400~500나노미터의 푸른빛 필터(B), 그리고 500~600나노미터의 가시광선 필터(V)였다. 그는 이 세 가지 필터로 측정한 밝기의 차이를 비교해 '색 지수'라는 개념을 도입했다. U-B(자외선과 푸른빛의 등급 차이), 또는 B-V(푸른빛과 가시광선의 등급 차이)를 통해 별이 얼마나 뜨겁거나 차가운지를 판단할 수 있었다.

예를 들어 온도가 매우 높은 별은 자외선 영역에서 강한 빛을 방출하므로 U 필터에서 더 밝게 측정된다. 반면 파장이 긴 B 필터에서는 상대적으로 어둡게 보인다. 따라서 뜨거운 별의 U-B 값은 작은 수에서 큰 수를 빼는 셈이 되어 음수로 나타나기도 한다. 색 지수의 값이 작을수록 별의 온도가 높고, 클수록 온도가 낮은 것이다. 이렇게 구축된 체계가 바로 '존슨 UBV 등급'이다.

존슨은 등급의 영점을 정할 때 베가라는 한 별만을 기준으로 삼지 않았다. 대신 베가와 유사한 밝기를 가진 여섯 개 별의 밝기를 평균 내어 영점을 정했다. 그 결과 존슨 UBV 등급 체계에서 베가는 더 이상 정확한 0등급이 아니라 약 0.03등급으로 측정된다.

비록 베가의 밝기가 기존의 0등급에서 미세하게 벗어났지만 존슨은 색 지수의 기준점을 베가에 두기로 했다. 온도를 비교하는 색 지수 체계에서 베가는 0의 값을 갖게 되었다. 다시 말해 존슨 UBV 체계에서 베가는 U-B도, B-V도 모두 0이 된다. 이 조건을 맞추기 위해 존슨 체계에서는 베가의 밝기를 U, B, V 세 가지 필터 모두에서 0.03등급으로 맞췄다.

이후 천문학 기술이 발전하면서 필터를 활용한 등급 측정 방식도 더욱 정교해졌다. 기존의 U, B, V 필터뿐 아니라 더 긴 파장의 적외선 필터가 추가되었으며 기존 필터들의 파장 범위를 더욱 세분화하는 방식도 도입되었다. 그러다 보니 한때 별들의 등급을 단순하게 정리하기 위해 도입된 존슨 UBV 등급 체계는 시간이 흐르며 점점 더 복잡해졌고, 결국 천문학자들은 보다 수학적이고 정량적인 측정 방식을 개발하기에 이르렀다. 그리고 1983년에는 새로운 AB 등급 체계가 등장했다.

AB등급에서 AB라는 글자는 '절대적'이라는 뜻의 단어 Absolute의 앞 두 글자를 의미한다. 이름에서 알 수 있듯이 AB등급은 밤하늘의 별 자체가 아닌, 특정한 수치를 기준으로 설정된 절대적인 체계다. 특정한 파장에서 별이 방출하는 빛의 에너지를 직접 측정하여 등급을 매기는 방식으로, 별빛의 세기를 객관적인 수치로 환산할 수 있는 오늘날의 디지털카메라 기술이 등장하면서 본격적으로 자리를 잡았다. 덕분에 어떤 망원경으로 보든 어떤 색깔의 빛이든 상관없이 항상 동일한 기준으로 별의 밝기를 비교하고 등급을 매길 수 있게 되었다.

마치 제각기 다르게 조율된 악기들이 연주될 때마다 혼란스러워했던 음악가들에게 평균율이 등장하면서 조화를 선사했듯 AB등급은 자외선, 가시광선, 적외선에 이르는 다양한 파장에서 절대적인 기준을 제공한다. 그 덕분에 천문학자들은 일관된 측정을 할 수 있게 되었다. 특히 1990년대 이후 허블 우주망원경이 우주로 올라가면서 더 넓은 파장 범위에 걸친 관측 데이터를 통합할 필요성이 커졌고 2000년대 이후 AB 등급은 거의 모든 망원경에서 표준으로 자리잡게 되었다.

이제 베가를 모든 별의 기준으로 삼는 베가 등급은 가시광선 영역에 특화된 일부 연구에서만 제한적으로 사용된다. 한때 밤하늘의 질서를 정의하고 별빛을 수학의 잣대로 분석하는 천체물리학에서 영점 역할을 했던 베가는 천문학의 진보와 함께 무대의 중심에서 물러나게 되었다. 망원경에 카메라가 장착되면서 베가를 기준으로 삼아온 150년의 짧은 역사는 그렇게 막을 내렸다.

곧 사라질 반지, 그리고 새로 태어날 반지

여름철 은하수 강변에 머무는 베가는 직녀를 상징하는 별이다. 은하수 건너편에는 직녀와의 애틋한 사랑 이야기로 유명한 견우가 있다. 하지만 견우를 상징하는 별이 정확히 무엇인지에 대해서는 논란이 있다. 독수리자리의 알타이르Altair, 염소자리의 다비흐Dabih 모두 견우성으로 불렸던 기록이 있기 때문이다. 만약 이 두 별이 모두 견우라면 직녀는 두 명의 애인을 둔 셈이 된다. 어쩌면 그녀는 은하수 너머에서도 사랑을 독차지하고 싶어 했던 바람둥이일지 모른다.

진짜 견우 별이 무엇이든 신화 속 직녀와 견우는 은하수를 사이에 두고 멀리 떨어져 있다. 밤하늘을 가로지르는 은하수는 사실 납작한 원반 모양의 우리은하를 옆에서 바라본 모습이다. 우리은하 원반의 두께는 약 1000광년에 이른다. 이는 곧 견우와 직녀가 1000광년이라는 아득한 거리를 사이에 둔 장거리 연애 커플이라는 뜻이다.

직녀를 상징하는 베가는 거문고자리에 속한 별이다. 거문고자리는 이름값을 제대로 하는 몇 안 되는 별자리 중 하나다. 베가 바로 옆에는 살짝 기울어진 마름모 형태로 별들이 모여 있다. 여기에 상상력을 더해 몇 개의 줄을 그려 넣으면 작은 하프처럼 보인다. 거문고자리는 그리스 신화 속 음유시인 오르페우스가 연주하던 하프로 여겨진다.

베가가 걸려 있는 거문고자리 바로 옆에는 또 다른 인상적인 풍경이 있다. 마치 직녀가 끼고 있던 반지가 밤하늘에 툭 떨어진 듯한 모습이다. 이 천체의 이름은 거문고자리만큼이나 직관적인데, '고리 성운'이라고 불린다. 18세기 프랑스의 천문학자 샤를 메시에Charles Messier는 고리 성운을 처음 발견했을 때 고리 성운이 마치 목성처럼 둥글고 커다란, 색이 바랜 행성처럼 보인다고 기록했다. 그래서 이런 천체를 '행성은 아니지만 행성처럼 보이는 가스 구름'이라는 의미에서 행성상 성운이라고 부른다.

지구에서 약 2300광년 정도 떨어져 있는 고리 성운은 지금으로부터 약 7000년 전 태양보다 무거웠던 별이 외곽 대기를 불어내고 남긴 흔적이다. 고리 성운의 중심에는 오래전 존재했던 별이 붕괴하고 남은 백색왜성이 자리하고 있다. 이 백색왜성의 표면 온도는 무

◆ 제임스 웹 우주망원경으로 관측한 고리 성운의 모습. 근적외선으로 관측한 덕분에 중심 별에서 퍼진 충격파로 주변의 먼지가 밀려나가며 만든 가느다란 흔적들을 세밀하게 확인할 수 있다.

려 12만 켈빈에 달하며 성운의 가장자리는 초속 30킬로미터의 속도로 퍼져나가고 있다. 현재 고리 성운의 지름은 약 2.5광년이다. 직녀의 손가락은 꽤 굵었던 모양이다. 그러나 이 반지는 영원하지 않다. 수십만 년이 지나면 고리 성운의 잔해는 우주에 흩어져 사라질 것이다. 하지만 실망할 필요는 없다. 직녀는 머잖아 또 다른 반지를 끼게 될 것이다.

베가의 현재 나이는 약 4억 5000만 년이다. 50억 년 된 태양과 비교하면 나이가 겨우 10분의 1밖에 안 되는 젊은 별이다. 그러나 베가도 태양처럼 생의 절반을 지났고, 앞으로 5억 년 후면 최후를 맞이하게 된다. 태양의 2배 정도 질량을 가진 무거운 별이기에 베가는 빠르게 진화하여 거대한 적색거성으로 부풀어 오를 것이다. 이후 외곽 물질을 우주로 퍼뜨리면서 다시 한번 중심에 백색왜성을 품은 거대한 고리 모양의 성운을 남기게 된다. 아마도 그때쯤이면 지금의 고리 성운은 사라졌겠지만 직녀는 새로운 행성상 성운을 손가락에 끼며 아쉬움을 달랠 것이다.

별빛의 질서를 세운 베가도 먼 훗날에는 결국 고리 성운의 길을 따라간다. 베가가 사라진 자리에 또 다른 고리 성운이 피어오르는 날, 밤하늘은 '베가 없는 베가의 하늘'이 된다. 모든 규칙이 베가를 기준으로 정교하게 맞춰졌는데 정작 주인공은 없는 하늘이다. 다행히 이제 우리는 베가 하나에 의지해 별빛을 줄 세우지 않는다. 하지만 우리 뒤를 따라 뒤늦게 절대적 기준으로서 베가의 매력을 깨달은 문명이 있을지 모른다. 그들은 꽤 서둘러야 한다. 베가를 영점으로 삼아 별빛의 체계를 세울 수 있는 시간은 이제 그리 많이 남지 않았으니까.

이처럼 우주에서 절대적인 지위를 영원히 누리는 존재는 없다. 북극성도 베가도 기준이 되는 일은 한때 누리는 영광일 뿐이다. 시간이 흐르면 그 별이 누리던 절대적 지위는 다른 별에게 옮겨 가기 마련이다. 하지만 베가가 완전히 사라지기 전, 앞으로 1만 4000년이 흐르면 베가에게 가장 영광스러운 날이 찾아온다. 지구의 세차운동으로 베가가 새로운 북극성이 되기 때문이다.

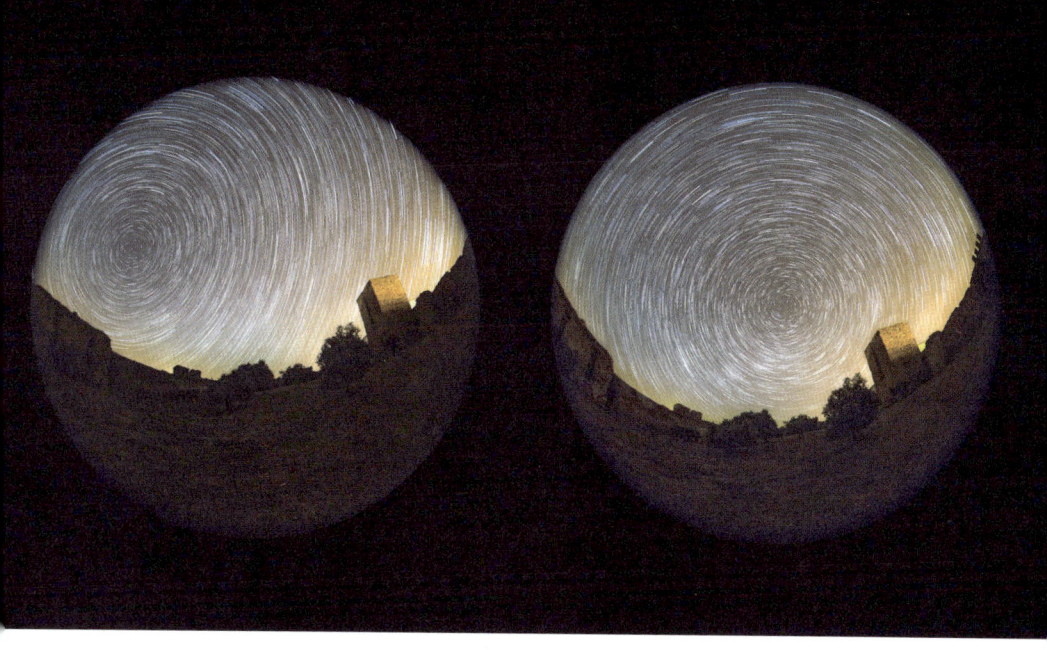

◆ 세차운동으로 인해 북극성이 달라진 하늘을 비교한 사진. 2000년대에는 지금의 북극성을 중심으로 별이 맴돌지만(좌), 1만 4000년이 지나면 베가가 새로운 북극성이 된다(우).

　그 무렵이면 다른 모든 별이 고정된 베가를 중심에 두고 천천히 원을 그리며 맴돈다. 그날이 오면 베가는 별빛의 밝기와 색깔뿐 아니라 밤하늘의 지도를 그리는 기준까지 된다. 여러 의미에서 절대적 지위를 독차지하는 것이다. 그렇게 영광스러운 순간을 몇 번 더 만끽하고 나면 어느새 베가가 빛나던 자리는 둥근 고리만 남긴 채 텅 비게 될 것이다.

7. 은하수를 여행하는 떠돌이, 아르크투루스

우주의 과거와 현재는 공존한다

1933년 5월 27일, 미국 일리노이주 시카고에서 대규모 박람회가 막을 올렸다. 1893년 콜럼버스 박람회 이후 정확히 40년 만에 시카고에서 다시 열린 행사였다. 당시 미국은 대공황의 깊은 늪에 허덕이고 있었지만 과학과 기술이 선사하는 미래에 대한 희망만큼은 여전히 살아 있었다. 사람들은 찬란한 진보의 세기A Century of Progress(당시 시카고 박람회의 주제이기도 했다)를 꿈꾸며 현실의 어두운 그림자를 잠시나마 잊고자 했다.

1933년 박람회의 개막식은 혁신적인 점등식과 함께 시작되었다. 단순히 스위치를 눌러 전등을 켜는 것이 아니라 별빛을 이용해 조명을 밝히는 기발한 아이디어를 실현시켰다. 시카고대학교에서 운영했던 여키스천문대의 책임자인 천문학자 에드윈 프로스트Edwin Frost는 40년 만에 다시 열린 박람회를 기념할 방법을 고민하며 밤하늘을 올려다보았다. 그의 머릿속에서 한 가지 기발한 생각이 떠올랐다. 지구에서 정확히 40광년 떨어진 별이 있다면 1893년 콜럼버스 박람회가 열리던 그 순간 출발한 빛이 이제 막 지구에 닿고 있을 것이다. 그 별빛을 활용해 박람회의 전등을 밝히면 과거와 현재가 하나로 연결되는 특별한 순간이 되지 않을까?

천문학자들은 그 역할을 맡을 별을 찾았다. 바로 봄철 밤하늘에서 찬란하게 빛나는 목동자리의 가장 밝은 별, 아르크투루스Arcturus다. 당시 천문학자들은 아르크투루스까지의 거리가 40광년이라고 알고 있었다. 무엇보다 박람회가 열리는 5월 밤하늘에서 아르크투루스를 쉽게 볼 수 있었다. 만약 그 별 곁에 어떤 존재가 살고 있다면 그들이 지금 바라보는 지구의 모습은 1893년 콜럼버스 박람회가 한창 열리고 있는 장면이었을 거라 생각했다.

1930년대는 광전지 기술이 급속도로 발전하고 있던 시기였다. 빛을 전기로 변환하는 이 기술은 이미 천문학에서 망원경의 감도를 높이는 데 널리 사용되고 있었다. 박람회 개막식을 완벽하게 진행하기 위해 총 네 곳의 천문대가 협력했다. 프로스트가 있던 여키스천문대뿐만 아니라, 일리노이대학교천문대, 하버드대학교천문대, 그리고 앨리게니천문대가 힘을 모았다. 혹시라도 한 곳의 하늘이 흐릴 경우를 대비한 것이었다.

1933년 5월 27일 저녁 해가 저물고 개막식이 시작되었다. 박람회의 총괄을 맡았던 루퍼스 C. 도스Rufus C. Dawes는 3만 명이 넘는 군중 앞에서 웅장한 목소리로 선언했다.

7. 은하수를 여행하는 떠돌이, 아르크투루스

우리는 1893년 위대한 콜럼버스 박람회의 순간을 되새깁니다. 그 찬란한 아름다움을 다시 경험하기 위해 40년 전 출발한 빛을 맞이하려 합니다. 아르크투루스에서 온 이 빛줄기는 경내를 밝히고, 박람회의 기계를 움직이는 신비로운 힘이 될 것입니다.

그의 말은 오래전 문명을 이끌던 제사장이 군중 앞에서 하늘의 신비로운 기운을 약속하며 신성한 의식을 거행하는 모습을 떠올리게 했다. 연단 위에서 그는 군중을 향해 손을 뻗으며 우주의 힘이 이 순간과 연결될 것임을 선포했다. 무대 옆에는 거대한 스피커와 전광판이 자리 잡고 있었다. 그 아래에는 천문대 네 곳의 위치가 표시된

◆ 1933년 시카고 박람회 개회식 현장 사진. 사진 왼쪽 아래에 서 있는 탑이 아르크투루스를 관측하는 천문대의 현황을 보여주는 전광판이다.

◆ 아르크투루스의 빛을 관측한 천문대 네 곳의 현황을 보여주는 전광판. 왼쪽부터 하버드, 앨리게니, 어바나(일리노이), 여키스라 적혀 있다.

미국 동부 지도가 걸려 있었다. 밤하늘의 별들도 이 의식을 지켜보는 듯했다. 그리고 마침내 오후 9시 15분, 네 개의 망원경이 동시에 아르크투루스를 겨냥했다. 망원경을 통해 모인 별빛이 광전지에 닿자 전류가 생성되었다. 이 전류는 전선을 타고 박람회장의 조명으로 흘러들었고, 찰나의 순간 어둠에 잠겼던 공간이 눈부신 빛으로 가득 찼다. 군중은 환호성을 질렀다. 그날 이후 박람회가 열리는 매일 밤에 같은 방식으로 점등식이 진행되었고 사람들은 별빛이 만들어낸 마법 같은 순간에 매료되었다.

찬란한 미래와 함께 찾아온
천문학의 종말

1893년 콜럼버스 박람회는 천문학자들에게 달갑지 않은 순간이었을지도 모른다. 그날을 기점으로 인류는 밤하늘의 어둠에서 벗어나 인공조명이 휘황찬란한 세계로 진입했기 때문이다. 인류는 밤하늘의 별빛을 따서 가로등을 세운 셈이었다. 고대 전설 속 프로메테우스는 인간에게 신의 불씨를 건네주었다. 그 대가로 제우스는 그를 거대한 바위에 묶어두고 독수리가 간을 매일 쪼아 먹도록 하는 끔찍한 형벌을 내렸다. 1893년 시카고 박람회장은 다시 한번 천상의 불씨를 가져온 인간들의 경쟁으로 뜨거웠다. 두 라이벌, 조지 웨스팅하우스George Westinghouse와 토머스 에디슨Thomas Edison이었다. 미국 전

◆ 1933년 시카고 박람회 당시 밤하늘을 밝게 채운 눈부신 조명의 풍경. 전기관에서 당시 조명 기술의 향연이 펼쳐졌다.

역에 자신의 전봇대를 세우기 위해 다투었던 두 사람은 콜럼버스 박람회 현장에서도 치열했다.

당시 미국에서는 직류 전기가 널리 사용되고 있었는데, 전부 에디슨이 독점하고 있었다. 그러나 웨스팅하우스는 니콜라 테슬라Nikola Tesla가 제안한 교류의 가능성을 간파하고 더 효율적이고 저렴한 전력 시스템을 제시했다. 그러자 에디슨은 교류 송전방식이 위험하다는 공세를 펼치기 시작했다. 뉴욕주 교도소에서 새로운 사형 집행방식을 모색하고 있을 때 에디슨은 교류를 쓰는 고압의 전기의자를 발명해 사형 방식으로 채택되도록 로비를 벌였고 그 의자를 작동하는 데 웨스팅하우스가 제작한 교류발전기를 이용하도록 해서

7. 은하수를 여행하는 떠돌이, 아르크투루스

교류의 위험성을 부각시켰다. 에디슨의 이러한 악랄한 선전공세에도 콜럼버스 박람회의 전기 공급 사업은 결국 웨스팅하우스가 차지했다. 후대에 이 둘의 갈등을 '전류 전쟁'이라고 부르게 되었다.

발명가들은 자신의 기술을 선보이기 위해 고출력의 쇼맨십을 펼쳤다. 테슬라는 자신의 몸에 코일을 감고 무려 2만 볼트에 달하는 전기를 흘려보냈다. 마치 하늘에서 내리치는 번개가 그의 몸을 휘감은 듯한 장관이었다. 그는 무사했다. 테슬라는 교류 전기가 결코 위험하지 않다는 것을 몸소 증명하고자 했다. 한편 에디슨은 거대한 과학 기술의 기념비를 세웠다. 높이 25미터의 탑 위에 수천 개의 백열전구를 연결했다. 그 무게만 500킬로그램에 달했다. 그리고 전구를 5000개의 프리즘으로 감쌌다. 전구에서 뿜어져 나온 빛이 찬란한 무지갯빛으로 퍼지며 박람회장을 수놓았다. 에디슨은 이 화려한 퍼포먼스를 통해 자신의 회사 제너럴 일렉트릭이 밀고 있던 직류 전력이 여전히 건재함을 과시하려 했다.

그러나 화려한 박람회는 뜻밖의 사건으로 마무리되었다. 당시 시카고 시장이었던 유망한 정치인 카터 해리슨 3세가 암살당하면서 축제는 갑작스러운 추도식으로 대체되었다. 19세기 말 인류에게 웨스팅하우스, 테슬라, 그리고 에디슨이라는 세 명의 야심 찬 프로메테우스가 등장했다. 그들은 앞다투어 자신의 불씨로 세상을 비추기 위해 경쟁했다. 그들의 발명 덕분에 인류는 밤을 두려워하지 않게 되었고, 어둠 속에서 길을 잃을 일도 촛불을 끄고 잠들 필요도 없어졌다.

동시에 인류는 더는 밤을 사랑하지 않게 되어버렸다. 아무것도 없는 깜깜한 하늘을 바라보며 희미한 별빛만으로도 경이로움을 느끼던 감수성은 눈앞의 인공조명에 압도당하고 말았다. 조명의 불빛 속에 파묻힌 별빛은 더는 인간의 눈에 들어오지 않게 되었다. 콜럼버스 박람회의 순간은 천문학적 전환점이기도 했다. 이제 인류는 망원경의 도움 없이 순수한 밤하늘을 볼 수 없게 된 것이다.

밤하늘에서 은하수를 지워버린 콜럼버스 박람회의 기억을 되새기기 위해 40년 후 다시 별빛을 모아 박람회의 조명을 밝혔다는 사실은 어딘가 아이러니하게 느껴진다. 게다가 오늘날 밝혀진 바에 따르면 실제 아르크투루스까지의 거리는 40광년이 아닌 약 37광년이다. 어쩌면 박람회는 과거와 현재가 연결되는 순간이라기보다는 인공조명으로 밤하늘을 덮어버린 인류가 잃어버린 별빛을 그리워하는 후회 섞인 고백이었는지도 모른다.

외계인의 영혼을 품은 이들의 고향

40년 간격으로 시카고에서 연달아 두 번 성대하게 열린 박람회 현장에서 과거와 현재, 그리고 미래를 연결하는 신성한 등불이 되었던 아르크투루스는 이후 더욱 신비로운 별로 여겨졌다. 스코틀랜드의 소설가 데이비드 린지David Lindsay는 생전에 큰 명성을 얻지 못했지만 오늘날에는 시대를 앞서간 명작을 남긴 작가로 평가받는다. 그의 대표작인 『아르크투루스로의 여행』은 100년을 앞선 SF 소설로 손꼽힌다.

소설의 주인공 매스컬은 우연히 만난 신비로운 존재들과 함께 외계행성으로 떠난다. 빛의 속도를 넘어서는 우주선을 타고 단 19시간 만에 붉은 사막 행성에 도달한다. 그곳은 바로 아르크투루스 주위를 도는 초현실적 행성, 트로맨스다. 이 작품은 아르크투루스에서 사는 존재를 영적이고 신성한 모습으로 그려낸다. 그들은 인간과 다른 제3의 성을 가지며 생명체를 먹지 않고 정신적 교감을 통해 소통한다. 매스컬은 여정의 절정에서 궁극적인 존재인 수루트와 조우하며 자신이 경험한 모든 것이 하나의 영적 탐구였다는 사실을 깨닫는다.

데이비드 린지가 상상한 아르크투루스 종족의 신비로운 모습은 이후 수많은 작가에게 영향을 주었다. 『나니아 연대기』로 유명한 C. S. 루이스C. S. Lewis는 이 작품에서 영감을 받아서 『우주 3부작』을 집필했고, J. R. R. 톨킨J. R. R. Tolkien에게도 이 소설을 추천했다. 톨킨 역시 이 작품을 깊이 탐독한 것으로 알려져 있다. 린지가 만들어낸 아르크투루스의 이미지는 작가에게만 영향을 미친 것이 아니었다. 의도치 않게 자칭 심령술사와 초능력자 사이에서도 강한 반향을 불러일으켰다. 그의 작품이 처음부터 신비주의적 색채를 띠고 있었던 만큼, 이는 어쩌면 예정된 결과였을지도 모른다.

미국 켄터키 출신의 에드거 케이시Edgar Cayce는 어릴 때부터 초감각적 능력을 타고났다고 주장했다. 그는 어린 시절 돌아가신 할아버지의 영혼과 대화했다고 말했고, 성인이 된 후에는 미래를 내다보는 예언 능력까지 갖추었다고 주장했다. 그의 예언 방식은 간단했다. 소파에 누워 손을 배 위에 올리고 눈을 감은 채 명상을 하는 게 전부였다. 흥미롭게도 케이시는 대공황과 제2차 세계대전과 같은 몇몇 중요한 사건들에 대한 예언이 맞아떨어지면서 유명해졌다.

케이시는 데이비드 린지의 소설을 접하고 아르크투루스에 강하게 매료되었다. 그는 아르크투루스를 신성한 존재들의 성지로 여기는 뉴에이지 사상을 정립했다. 케이시의 주장에 따르면 아르크투루스에는 고차원적인 존재들이 살고 있으며 그들 중 일부는 지구에서 환생한다. 케이시는 이들을 '아르크투루스 스타시드'라고 부르며, 그들이 뛰어난 직관력과 영적 능력을 갖추고 있다고 주장했다. 특히 이들은 밤하늘을 보면서 '사실 저곳이 내 진짜 고향이 아닐까'라는 막연한 감정을 느낀다고 이야기했다.

소설보다 더 극적인 케이시의 이야기는 천문학적 개념과 신비주의적 요소가 뒤섞이면서 더욱 힘을 얻었다. 그의 주장은 이후 오컬트 팬덤에 큰 영향을 미쳤고, 다양한 음모론과 신비주의적 사상의 근간이 되었다. 인류가 외계인의 후손이라거나 정부가 비밀리에 외계인과 접촉하고 있다거나 외계인이 이미 우리 사회에 스며들어 살고 있다는 믿음까지, 오늘날 SF와 음모론의 뿌리를 거슬러 올라가면 케이시의 사상에 닿게 된다. 드라마 〈엑스파일〉의 멀더와 스컬리, 영화 〈맨 인 블랙〉의 비밀 요원, 그리고 신비로운 초월적 외계 존재가 등장하는 수많은 SF 작품은 결국 아르크투루스의 신비로운 후예로부터 영향을 받은 셈이다.

케이시의 예언이 적중했다는 사실은 어떻게 설명해야 할까? 그의 대표적인 예언은 철저한 분석과 시대적 흐름을 읽은 결과에 가깝다. 1929년 주식 시장 붕괴와 대공황, 독일과 일본의 동맹과 세계대전 발발은 당시 세계 정세를 면밀히 살펴봤다면 충분히 예상할 수 있는 사건이었다. 케이시가 초능력을 지녔다기보다 단지 정세를 읽는 눈이 밝았던 사람이었을 가능성이 크다.

아르크투루스는 어떤 때에는 다가올 찬란한 미래를 밝히는 등불이 되었고 어떤 때에는 불안을 부추기는 속임수의 도구가 되었다. 그러나 어떤 역할을 맡았든 아르크투루스의 빛은 늘 찬란했다.

미확인 비행 물체, 아르크투루스

아르크투루스 스타시드를 자처하는 이들은 자신이 오래전 지구에 불시착한 고차원의 외계인의 후예라고 주장한다. 터무니없게 들릴 수도 있지만 아르크투루스는 우리은하의 다른 평범한 별과는 다른 독특한 특징을 지니고 있다. 흔히 외계인을 떠올릴 때 빠지지 않는 것이 바로 UFO 이야기다. 문자 그대로 정체를 알 수 없는 비행 물체를 뜻하는 이 단어는 수십 년 동안 많은 사람의 상상력을 자극했다. 수많은 목격자가 입을 모아 밝게 빛나는 무언가가 밤하늘을 가로지르는 모습을 보았다고 주장한다. 그러나 대부분의 경우 그 증거로 제시된 영상과 사진은 화질이 너무 낮거나 조작된 것으로 밝혀지곤 했다. UFO가 과학의 잣대로 논의되려면 누구나 동일한 모습으로 관측할 수 있는 객관적인 현상이 필요하다. 그런데 '빠르게 움직이는 밝은 불빛'이라는 점에서 천문학자들이 수 세기 동안 관측해온 가장 확실한 후보가 하나 있다. 그것이 바로 아르크투루스다.

17세기까지 사람들은 밤하늘의 별이 태초부터 정해진 자리에 고정되어 있으며 절대 움직이지 않는다고 믿었다. 별의 불변성은 우주를 창조한 조물주의 완전무결함을 보여주는 증거로 여겨졌다. 하지만 고정된 수많은 별 사이에서 천천히 위치를 바꾸는 별이 있었고, 오래전부터 이들은 '떠돌이별'이라는 의미에서 행성이라 불렸다. 행성은 정해진 위치에 고정되어 있지 않았지만 일정한 주기로 정해진 궤도를 따라 움직였기에 큰 문제가 되지 않았다. 항상 예측 가능한 움직임을 보여주는 행성은 우주의 조화와 질서를 상징하는 시곗바늘처럼 여겨졌다.

하늘에는 때때로 예고 없이 불쑥 나타나는 이질적인 존재도 있었다. 밤하늘 구석에서 서서히 모습을 드러내다가 길게 늘어뜨린 머리카락처럼 화려한 꼬리를 휘날리며 하늘을 가로지르는 혜성이다. 혜성을 뜻하는 단어 코멧Comet은 '긴 머리카락'을 의미하는 그리스어 코메테스Kométēs에서 유래했다. 혜성의 존재는 고대인도 알고 있었지만 그것이 무엇인지, 왜 갑자기 나타났다 사라지는지에 대한 의문은 오랫동안 풀리지 않았다. 예측할 수 없는 등장은 인간에게 두려움을 불러일으켰고 인류는 혜성에게 '불길한 징조'라는 누명을 씌웠다.

실제로 혜성이 나타날 때마다 전염병이 창궐하거나 대규모 자연재해나 전쟁이 일어나는 등 커다란 사건이 발생하곤 했다. 이러한 우연의 반복은 혜성을 재앙의 전조로 보는 믿음을 더욱 강화했다.

1682년에 영국의 천문학자 에드먼드 핼리Edmond Halley는 유럽을 공포에 몰아넣었던 거대한 혜성을 바라보며 역사 속에 비슷한 혜성이 여러 번 등장했다는 사실을 발견했다. 그는 1531년, 1607년, 그리고 자신이 본 1682년의 혜성이 모두 동일한 천체일 가능성이 있음을 깨달았다. 그리고 뉴턴의 중력법칙을 활용해 이 혜성이 태양을 중심으로 길게 찌그러진 타원 궤도를 따라 75에서 76년의 주기로 공전하고 있을 거라 계산했다. 그렇게 그는 1682년으로부터 다시 76년이 지난 1758년쯤 같은 혜성이 다시 찾아올 것이라 예측했다.

하지만 당대의 과학자들은 이를 비웃었다. 당시까지 혜성은 단 한 번 지나가고 사라지는 우연한 현상으로 여겨졌기 때문에 핼리가 '다음 방문'을 예측한 건 어불성설처럼 들렸다. 심지어 일부 천문학자는 핼리가 자신이 살아 있는 동안 검증할 수 없는 먼 미래 시점을 예측했다며 조롱하기도 했다. 결국 핼리는 1742년 세상을 떠났고 자신의 예측이 증명되는 모습을 보지 못했다. 그러나 1758년에 그의 예측대로 혜성이 다시 나타났다. 핼리의 성공적인 예측은 뉴턴의 중력법칙이 단순히 지상 현상을 설명하는 데 그치지 않고 우주 전체의 움직임을 설명할 수 있다는 것을 입증하는 계기가 되었다.

이 혜성은 그의 이름을 따서 '핼리 혜성'으로 불리게 되었다. 보통 혜성이나 소행성과 같은 소천체는 처음 발견한 사람의 이름을 따서 명명한다. 하지만 핼리 혜성은 예외였다. 이미 수 세기 동안 여러 번 목격되었지만, 사람들은 그것이 동일한 천체라는 사실을 미처 알지 못했다. 핼리는 그 반복성을 처음 입증했을 뿐이었다. 그래서 핼리 혜성은 '최초 발견자'가 아니라, 그 천체의 주기성을 밝혀낸 인물의 이름을 따서 명명된 유일한 혜성이 되었다.

놀랍게도 핼리는 혜성뿐만 아니라 우리은하의 별조차 가만히 정지해 있지 않다는 사실을 최초로 발견한 사람이기도 했다. 18세기 초 그는 지구의 자전축이 흔들리는 세차운동이 별들의 위치에 미세한 변화를 일으킨다는 점에 주목했다. 이를 확인하기 위해 그는 고대 그리스 천문학자 프톨레마이오스의 『알마게스트』와 히파르코스의 기록을 살펴보면서, 수백 년 동안 별들의 겉보기 위치가 어떻게 달라졌는지를 비교했다.

그 과정에서 그는 황소자리의 알데바란, 큰개자리의 시리우스, 그리고 목동자리의 아르크투루스가 과거 기록보다 눈에 띄게 이동했다는 사실을 발견했다. 이 변화는 단순한 세차운동만으로는 설명할 수 없을 정도로 컸다. 1718년에 핼리는 논문 「주요한 고정된 별들의 위도 변화에 대한 고찰Considerations on the Change of the Latitudes of Some of the Principal Fixt Stars」을 통해 별이 우주 공간을 떠도는 독립적인 천체일 수 있다는 혁명적인 주장을 발표했다. 이는 별이 정적인 존재일 거라 믿었던 기존의 우주관을 뒤흔드는 발견이었다.

핼리는 이러한 별들의 움직임을 고유운동이라고 불렀고 아르크투루스가 그 대표적인 예임을 밝혀냈다. 아르크투루스에 대한 핼리의 발견은 우주가 결코 멈춰 있지 않은, 끊임없이 변화하고 움직이는 역동적인 세상이라는 것을 보여주었고 이후 천문학에서 별들의 과거와 현재, 그리고 미래를 좇을 수 있는 발판이 되어주었다. 그리고 아르크투루스는 그중에서도 너무나 이상하게 움직이고 있었다.

대세를 벗어나
은하를 떠도는 방랑자

밤하늘에서 아르크투루스의 고유운동은 유난히 빠르다. 아르크투루스의 위치가 변하는 속도는 1000년 동안 각도 1도를 넘는다. 물론 1000년을 살아야 직접 확인할 수 있겠지만 이 정도 차이는 맨눈으로도 쉽게 구분할 정도다. 만약 뱀파이어처럼 수천 년을 살 수 있는 존재라면 밤하늘에서 아르크투루스가 점차 위치를 바꿔가는 모습을 눈치챌지 모른다. 아르크투루스는 태양계에서 가장 가까운 별 중 하나인 알파 센타우리 다음으로 가장 빠르게 움직이는 1등성이다. 지구에서 관측할 수 있는 다른 모든 별 중에서 가장 빠르게 밤하늘을 가로질러 이동한다.

현재 아르크투루스는 목동자리의 가랑이에 해당하는 자리에서 밝게 빛나고 있다. 그런데 이 별의 고유운동을 따라가면 마치 목동이 지친 듯 천천히 엉덩이를 내리고 주저앉는 듯한 모습으로 변한다. 만약 수만 년이 흐른 뒤 다시 밤하늘을 바라본다면 길게 서 있던 목동자리의 실루엣은 살바도르 달리의 그림 속 녹아내리는 시계처럼 축 늘어진 형상이 되어 있을 것이다. 밤하늘에서 오랜 시간 별을 치던 목동이 마침내 지친 것일지도 모르겠다.

실제로 아르크투루스는 은하 공간에서 초속 122킬로미터라는 빠른 속도로 움직이고 있다. 그런데 이 별이 특별한 이유는 단순히 빠르기 때문만이 아니다. 우리은하를 떠도는 다른 별들과 전혀 다른 경로로 여행하고 있어서 더욱 특별하다.

우리은하는 지름 10만 광년에 이르는 거대한 원반 형태를 이루고 있다. 대부분의 별은 이 원반 위에서 같은 방향으로 공전한다. 수천억 개의 별이 일제히 우리은하 중심 주변을 비슷한 방향으로 돌고 있기 때문에 우리은하는 마치 하나의 거대하고 납작한 소용돌이처럼 보인다. 그러나 아르크투루스는 이 흐름을 따르지 않는다. 우리은하 원반의 평면에서 벗어나 그것과 거의 수직 방향으로 움직인다.

이런 독특한 방향 덕분에 아르크투루스는 지구의 밤하늘에서 유독 빠르게 움직이는 것처럼 보인다. 대부분의 별은 태양과 함께 은하의 거대한 흐름을 따라 같은 방향으로 나아간다. 그래서 기차 안에서 같은 방향으로 달리는 건너편의 다른 열차를 바라보면 그 속도가 훨씬 느리게 느껴지듯, 움직임이 거의 느껴지지 않는다. 하지만 아르크투루스는 별들의 대세를 거스른다. 우리가 태양계라는 기차에 올라탄 채 수직으로 다가오는 아르크투루스를 보기 때문에 마치 반대 방향으로 달리는 열차를 바라볼 때처럼 그 속도감은 더욱 극적으로 느껴진다. 이러한 특이한 운동은 1971년 천문학자 올린 에

◆ 우리은하를 무리 지어 떠도는 스텔라 스트림의 분포를 표현한 그림. 스텔라 스트림은 은하 공간에서 특정한 방향을 따라 줄지어 흘러가는 별의 흐름이다. 현재까지 우리은하에서 발견된 스텔라 스트림의 수는 100개를 넘는다.

겐Olin Eggen에 의해 처음 밝혀졌다. 그는 아르크투루스뿐 아니라 그 주변 쉰세 개의 별이 같은 방향으로 움직인다는 사실을 발견했다. 모두 우리은하의 일반적인 공전 방향을 벗어나 다른 경로를 따르고 있었다. 이들을 묶어서 아르크투루스 이동군Arcturus moving group이라고 부른다. 이것이 우리은하에서 처음으로 발견된 스텔라 스트림stellar stream, 즉 별의 흐름이었다.

스텔라 스트림은 은하 공간에서 특정한 방향을 따라 줄지어 흘러가는 별의 흐름이다. 현재까지 우리은하에서 발견된 스텔라 스트림의 수는 100개를 넘는다. 작은 실개천 같은 흐름부터 거대한 강줄기처럼 길게 이어진 구조까지 다양한 크기의 별 무리가 우리은하를 길게 감싸고 있다.

개별적인 별들이 우연히 같은 방향으로 길게 이동할 가능성은 매우 낮다. 천문학자들은 스텔라 스트림이 원래 하나의 성단이나 왜소은하로 존재하다가 우리은하의 강한 중력에 의해 부서진 결과라고 본다. 왜소은하는 수억에서 수십억 개 정도의 비교적 적은 수의 별이 모인 작은 은하를 말한다. 우리은하의 주위를 떠돌던 작은 은하가 거대한 은하의 중력에 의해 잡아먹히고 찢어지면서 그 잔해가 길게 늘어져 별의 흐름을 이루게 되었다는 것이다.

그 모습은 마치 동화 속 헨젤과 그레텔이 떨어뜨려 놓았던 빵가루를 떠올리게 한다. 오래전 우리은하의 중력에 의해 붙잡히고 파괴된 여러 성단과 왜소은하가 자신의 경로를 따라 별 가루를 흩뿌려 흔적을 남긴 것이다. 헨젤과 그레텔이 빵가루를 따라 집으로 돌아간 것처럼 천문학자는 스텔라 스트림의 흐름을 추적하면서 이 별이 원래 어디에서 왔는지, 어디에 모여 있었는지, 그리고 얼마나 험난한 여정을 걸어왔는지를 밝혀낸다.

때 묻지 않은 깨끗하고 오래된 별빛

천문학자는 화학 원소를 매우 단순하게 구분한다. 우주의 모든 물질 가운데 75퍼센트를 차지하는 수소, 그리고 나머지 25퍼센트의 대부분을 차지하는 헬륨, 그 둘을 제외한 모든 원소를 그저 '금속 원소'라고 통친다. 천문학자의 사전에서는 수소와 헬륨을 뺀 모든 것, 산소, 질소, 탄소마저 금속이다. 또는 수소와 헬륨에 비해 더 무거운 원소라는 뜻에서 중원소라고도 부른다.

수소와 헬륨은 빅뱅 직후 우주가 자연스럽게 만들어낸 첫 번째 연금술의 산물이다. 그래서 138억 년이 지난 지금도 우주 전체 질량의 압도적인 부분을 차지한다. 이 둘을 제외한 나머지 무거운 금속 원소는 별 내부의 용광로에서 탄생한다. 별은 중심에서 수소와 헬륨을 뭉쳐 더 무거운 원소를 만들어내 빛을 낸다. 이것이 우주의 두 번째 연금술이다.

별이 얼마나 많은 금속 원소를 품고 있는지는 그 별이 태어난 시기와 그 별의 세대를 보여주는 지표가 된다. 최근에 태어난 어린 별일수록 우주 연금술의 혜택을 더 많이 받았다. 우주에 존재했다가 사라진 이전 세대 별들이 남긴 금속 원소의 잔해 속에서 빚어진 존재이기 때문이다. 어린 별은 금속 원소 함량이 뚜렷하게 높다.

반면 한참 먼 과거에 태어나 지금껏 살아 있는 나이 많은 별은 금속 원소의 때가 덜 묻었다. 약 100억 년 전, 아직 우주에 충분히 많은 금속 원소가 흩뿌려지기 전에 빚어진 존재이기 때문이다. 나이 많은 별은 우주가 때 묻지 않았던 순수한 시절의 추억을 고스란히 간직하고 있다.

아르크투루스가 그렇다. 아르크투루스의 별빛은 금속 원소를 거의 머금고 있지 않다. 우리 태양과 비교했을 때 수소 대비 금속 원소

◆ 아르크투루스의 별빛은 태양과 비교했을 때 수소 대비 금속 원소 함량의 비율이 태양의 20퍼센트 수준이다. 금속의 때가 거의 묻지 않은 아주 순수한 상태로 남아 있다.

함량의 비율이 태양의 20퍼센트 수준이다. 금속의 때가 거의 묻지 않은 아주 순수한 상태로 남아 있다. 마치 먼 과거에 태어나 홀로 우주를 떠돌다 이제 막 도착한 풋풋한 새내기 여행자처럼 보인다.

천문학자들은 지금으로부터 약 80억 년 전, 대략 1억 개의 별이 모여 있는 작은 왜소은하 하나가 우리은하 곁을 맴돌고 있었을 거라 추정한다. 아르크투루스는 그 안에 함께 살고 있었다. 결국 우리은하의 강한 중력에 사로잡힌 왜소은하가 해체되면서 그 별들은 우리은하 곳곳에 흩어졌을 것이다. 아르크투루스는 우리은하에서 탄생한 것이 아니라 아예 우리은하 바깥의 또 다른 은하에서 흘러온 진정한 방랑자였을지 모른다. 드넓은 초원을 유랑했던 고대의 목동처럼 수백만 광년의 우주 공간을 가로질러 우리은하에 도달한 방랑자이자 이방인이다. 마침 아르크투루스가 목동자리에 있다는 건 참으로 절묘한 우연이다.

오래전 우리은하에 사로잡혀 사라진 왜소은하의 파편인 아르크투루스를 바라본다는 건 이미 사라진 우주의 고대 흔적을 마주하는 일에 가깝다. 이질적인 시공간의 틈새를 비집고 찾아온 존재를 응시하는 것이다. 이러한 별들의 존재는 우리가 살아가고 있는 우리은하가 얼마나 많은 왜소은하가 뒤섞여 빚어진 세계인지를 일깨워 준다.

우리는 홀로 완성되지 않는다. 각기 다른 다양한 추억과 과거를 간직한 존재가 한데 어우러져 현재를 완성한다. 아르크투루스는 마치 우리에게 이렇게 속삭이는 듯하다. 난 여기에서 태어나지 않았지만, 지금은 이곳에 있다고 말이다.

> 방황하는 모든 사람이 다 길을 잃은 것은 아니다.
>
> —— J. R. R. 톨킨, 『반지의 제왕』

8. 중세 우주론의 교란자, 알데바란

2018년 한 장난감 회사가 뜻밖의 역사 왜곡 논란에 휩싸였다. 문제가 된 곳은 독일 뷘데에 본사를 둔 미국 기업 레벨이었다. 캘리포니아 출신 기업가 루이스 H. 글레이저Louis H. Glaser가 할리우드에서 시작한 이 회사는 흔히 '프라모델'이라고 불리는 플라스틱 축소 모형 장난감으로 유명하다. 레벨은 처음에는 세탁기 모형을 만들었고, 이후 기차 세트와 건축물 축소 모형 등으로 제품군을 넓혀갔다.

1950년에 들어서며 장난감 유행에도 큰 변화가 찾아왔다. 두 차례 세계대전을 거치며 각종 무기가 대중에게 알려지면서 밀리터리 매니아가 등장한 것이다. 거대한 전함과 탱크, 전투기는 어린 남자아이들의 마음을 사로잡았다. 레벨도 이 무렵부터 독일과 연합군의 무기를 프라모델로 본격 제작해 내놓으며 빠르게 성장했다. 레벨은 2018년 하우네부Ⅱ라는 새 프라모델을 출시했다. 생김새부터 눈길

◆ 1952년 미국 뉴저지 상공에서 포착된 UFO로 유명한 사진. 사진 속 하늘에 흔히 UFO하면 떠올리는 비행접시 모양의 물체가 날고 있다. 하우네부 II 는 이러한 비행접시의 전형적인 모습을 하고 있다.

을 끌었다. 둥글고 납작한 접시 위에 더 작은 그릇을 거꾸로 엎어 놓은 듯한, 말 그대로 비행접시 형태였다. 레벨은 이 제품을 "제2차 세계대전 당시 나치 독일이 만든 실제 비행접시 무기를 350분의 1로 축소한 모형"이라고 소개했다. 박스 안에는 무기 하우네부Ⅱ에 관한 상세 설명서까지 넣어 판매했다. 바로 그 설명서가 문제였다. '나치 독일이 비행접시를 만들었고, 그것이 한때 인류가 목격한 UFO의 진짜 정체'라는 이야기는 오래된 음모론이자 유사 역사학자들이 반복해 온 주장이다. 그런데 레벨의 설명서는 이 가설을 마치 역사적 사실처럼 읽히게 했다. 주요 고객이 어린이라는 점에서 이런 왜곡은 더 치명적이었다. 논란이 커지자 레벨은 사과문을 내고 해당 모델의 생산과 유통을 즉각 중단했다.

UFO를 둘러싼 이야기에서 나치 독일은 유독 자주 등장한다. UFO 연구자 중에는 특정 시기에 목격된 UFO가 나치 독일이 만든 비밀 무기였을지 모른다고 추측하는 이들까지 있다. 냉전 시대에는 두 편으로 갈라진 지구의 갈등이 우주 끝까지 뻗어나갔다. 그 시기 사람들은 어느 때보다 자주 하늘을 올려다보며 살았다. 어디선가 적의 비밀 정찰기가 머리 위를 스쳐 지나갈지 모른다는 두려움이 늘 따라다녔다. 그만큼 정체를 알 수 없는 기묘한 물체를 봤다는 목격담도 많아졌다. 1964년 스웨덴과 핀란드 일대에서 잇따라 보고된 '유령 로켓' 사건은 그 대표적인 사례다. 그해 5월에서 12월까지 2000건이 넘는 목격 보고가 접수되었고, 일부는 레이더에도 포착되었다고 전해진다. 특히 8월 9일과 11일에 신고가 집중되었다. 그러나 이 시기는 매년 찾아오는 페르세우스 유성우가 절정에 이르는 때이기도 하다. 실제로 그해에도 8월 9일과 11일에 유성우가 가장 활발했다. 냉전의 긴장 속에서 평소보다 더 자주 밤하늘을 올려다보게 된 사람들이 강하게 쏟아지는 유성을 유령 로켓으로 오인했을 가능성은 충분하다.

하지만 당시 보고되었던 모든 유령 로켓 사례가 유성이나 항공기를 착각한 것은 아니었을 것이다. 만약 이런 진술이 단순한 오인이 아니라면, 결국 정체가 확인되지 않은 UFO 사례로 남을 수밖에 없다. 이런 미해결 상태는 곧 국가 안보에 대한 불안으로 이어졌다. 당시에는 소련이 탈취한 나치 독일의 V2 미사일과 같은 로켓 무기를 시험 중일지도 모른다는 의심이 제기되었다.

두려움과 상상이 뒤섞이면서 나치 독일이 지구의 기술 수준을 훌쩍 뛰어넘는 무기를 개발했다는 괴담도 퍼져나갔다. 오늘날 미국의 비밀 군사기지이자 외계인 관련 연구가 진행되고 있다는 음모론이 끊이질 않는 51구역Area 51처럼, 독일 페네뮌데의 로켓 기지는 외계 기술을 비밀리에 연구한 장소로 그려졌다. 냉전 시기 미국 언론과 정치권이 경쟁 상대였던 소련의 기술력을 깎아내리는 과정에서 과거 소련과 맞섰던 나치 독일의 기술을 과장한 영향도 있었다. 그 흐름 속에서 나치 독일이 오늘날 우리가 떠올리는 전형적인 비행접시 형태의 신형 항공기를 비밀리에 개발했다는 소문까지 생겨났고, 그런 음모론이 결국 어린이용 프라모델 장난감에까지 스며든 셈이다. 흥미롭게도 나치 독일과 UFO의 연관성을 주장하는 이들은 히틀러

◆ 알데바란이 속한 황소자리의 히아데스 성단. 사진 속 왼쪽에서 가장 크고 노랗게 빛나는 별이 알데바란이다.

가 접촉했다는 외계인의 고향으로 겨울철 황소자리에서 노랗게 빛나는 별 알데바란Aldebaran을 지목한다.

알데바란 외계인과 브릴 에너지

프랑스 작가 루이 포벨스Louis Pauwels가 1960년에 발표한 『세 번째 밀레니엄으로의 출발Le matin des Magiciens』에서 나치 독일과 오컬트를 연결하는 이야기가 처음 등장했다. 이 소설 속에서는 나치 독일의 배후에 더 오래되고 비밀스러운 조직, 브릴 협회가 존재하는 것으로 그려진다. 이 단체는 '빛의 형제들의 오두막'이라는 이름으로도 불리며, 인류의 능력을 넘어서는 영적 에너지 '브릴'을 이용해 세계를 지배하려 한다.

브릴이라는 개념은 1871년 영국 작가 에드워드 불워리턴Edward Bulwer-Lytton이 발표한 소설,『브릴: 다가오는 종의 힘Vril: The Power of the Coming Race』에서 유래한다. 작품 속 주인공은 지하 세계에 숨어 사는 브릴-야라는 종족을 만난다. 이들은 강력한 정신적 에너지인 브릴을 다룰 수 있는 존재로 묘사된다. 그 힘은 생물과 무생물을 가리지 않고 영향을 미치며, 심지어 죽은 이를 되살릴 수도 있는 것으로 그려진다. 브릴-야는 오래전 전 지구적 지각 변동으로 인간 세계와 단절된 채 지하에서 살아왔다. 브릴 에너지를 기반으로 세대를 거치며 우월한 유전 형질만을 남기는 우생학을 실천하는 집단이기도 하다. 가까스로 그 세계를 빠져나온 주인공은 이들이 지상으로 돌아올 경우 닥칠 파국을 경고하며 이야기를 마무리한다.

우생학은 히틀러가 심취했던 왜곡된 생물학 이론으로 알려져 있다. 그는 다윈의 진화론을 자의적으로 해석해, 우월한 게르만 민족의 유전자만 남겨야 한다는 폭력적 사상으로 나아갔다. 그 결과가 유대인 학살이라는 참혹한 역사다. 이런 유사성 때문에 히틀러의 사상이 브릴 협회라는 비밀 조직에서 비롯되었다는 음모론이 만들어졌다. 원작 소설에서 브릴은 지하 세계의 존재였지만 20세기에 들어서면서 그 무대는 황소자리의 별 알데바란으로 옮겨 갔다.

음모론자의 주장은 이렇다. 1920년대 알데바란에 거주하던 초월적 존재들이 텔레파시로 히틀러의 친위대 슈츠슈타펠Schutzstaffel, SS과

접촉했다는 것이다. 그들은 '비행 기계를 넘어서는' 새로운 비행선의 설계를 전했고, 이를 바탕으로 V7이라는 우주선 시제품이 제작되었다고 한다. 이후 브릴 협회 회원들이 이 우주선을 타고 알데바란을 방문했고, 개량을 거쳐 브릴과 하우네부라는 이름의 비행접시가 완성됐다는 이야기가 덧붙는다. 앞서 언급한 프라모델 사건의 모델이 바로 이 하우네부다.

독일의 전차 기술로 상징되는 군사력이 사실은 외계 문명에서 비롯되었다는 설명은 여러 대중 문화에도 영향을 남겼다. 일본 게임 회사 SNK의 대표적인 게임 '메탈슬러그'가 그 예다. 메탈슬러그는 게임 속 캐릭터가 멈추지 않고 계속 전진하며 적을 향해 총을 쏘는 런앤건run and gun 방식의 게임이다. 게임 속에는 모덴군이라는 반란 세력이 등장하는데, 이들의 문양은 나치 독일의 하켄크로이츠를 연상시킨다. 시리즈가 이어지면서 모덴군이 화성인과 교류해 왔다는 설정이 드러난다. 게임 속 화성인과 모덴군이 운용하는 UFO의 디자인 역시 음모론에 등장하는 하우네부와 닮아 있다.

왜 우리는 이토록 현대사에서 가장 잔혹했던 역사를 지구 밖 존재와 연결하려 하는 걸까? 어쩌면 그 시절 인류의 능력을 넘어섰던 것은 과학기술이 아니라 잔인함이었기 때문일지 모른다. 인간의 본성과 능력만으로는 그토록 참혹한 일을 저지를 수 없었을 것이라는, 인간 종에 대한 마지막 믿음이 작동한 건 아닐까. 역사 속에 분명 존재했던 그 끔찍한 만행의 책임을 어둠 속 미지의 존재에게 떠넘기고 싶은 마음일지도 모른다.

흥미롭게도 인류의 우주선이 알데바란을 향해 떠났다는 이야기가 완전히 허황된 것만은 아니다. 태양계를 벗어난 인류의 탐사선이라고 하면 흔히 1977년 발사된 보이저호를 떠올리지만 그보다 먼저 긴 여행을 시작한 선발대가 있었다. 1972년 3월 3일 발사된 파이어니어 10호는 최초로 소행성대를 통과하고, 목성에 근접해 촬영에 성공한 첫 탐사선이다. 현재 파이어니어 10호는 지구에서 200억 킬로미터 이상 떨어진 곳을 비행하고 있다. 한동안은 인류가 가장 멀리 보낸 탐사선이라는 기록도 유지했다. 그러나 더 빠른 속도로 날아간 보이저가 1998년 2월 17일에 이를 추월했다.

행성과 태양계 바깥 공간을 탐사하던 파이어니어 10호의 과학 임무는 1997년 3월 31일에 공식 종료되었다. 이후에도 전력이 점점 약해지는 가운데 희미한 신호가 한동안 감지되었다. 그러나 2003년에 그 신호는 전파 안테나가 포착할 수 있는 한계 아래로 떨어지며 어둠 속으로 완전히 사라졌다. 이제 파이어니어 10호는 차갑게 식은 채, 끝없는 우주를 홀로 떠돌고 있을 것이다.

더 이상 자세 제어나 기동이 불가능하기 때문에 파이어니어 10호는 발사 당시의 속도를 거의 그대로 유지한 채 우주를 부유한다. 마지막까지 확인된 궤적을 따라 그 항로를 멀리 연장해 보면, 이 작은 유령선이 향하는 곳에 알데바란이 빛난다. 알데바란은 지구에서 약 68광년 떨어져 있다. 현재 속도로 계산하면 그곳에 도달하기까지 약 200만 년이 더 걸린다. 브릴을 신봉하던 이들이 꿈꾸었던 별과의 만남이 실현되기에는 아득한 시간이다.

◆ 태양계를 벗어나며 멀리서 고향을 돌아보는 파이어니어 10호의 모습을 표현한 그림.

중세의 우주론과 충돌하다

알데바란을 향해 날아가는 파이어니어 10호의 여정에는 브릴을 신봉하던 이들이라면 다소 실망할 만한 대목이 있다. 알데바란은 가만히 기다려 주는 목표가 아니다. 이 별 역시 은하 속을 빠른 속도로 이동한다. 움직이지 않는 사과를 향해 화살을 쏘는 일이 아니라 하늘을 가르는 독수리를 겨누는 일에 가깝다. 알데바란은 스스로의 운

◆ 노란 알데바란 앞을 달이 가리고 지나가는 엄폐 순간의 모습. 사진 속 달의 가장자리 왼쪽에 알데바란이 보인다.

동을 통해 우주가 정지해 있다는 인간의 오랜 착각을 무너뜨렸다.

509년 3월 11일, 그리스 아테네에는 인상적인 관측 기록이 남아 있다. 그날 달이 마술사가 되었다. 마치 컵 속 공이 사라졌다가 다시 나타나는 마술처럼, 그날 달은 알데바란이 순간이동하는 마술을 보여주었다. 달의 궤도는 지구의 공전 궤도면에 대해 약 5.1도 기울어져 있다. 달은 약 18.6년 주기로 황도의 남쪽과 북쪽을 오간다. 그 과정에서 황도 부근의 밝은 별들 곁을 지난다. 스피카Spica, 안타레스Antares, 레굴루스Regulus, 그리고 알데바란이다. 이 가운데 알데바란은 겉보기등급 0.9로 특히 밝다. 그래서 달이 이 별을 가리는 엄폐 현상은 더욱 극적이다. 태양을 제외하고 달이 가릴 수 있는 별 가운데 가장 눈에 띄는 사례다. 고대 그리스인은 이런 현상을 통해 달이 별들보다 훨씬 가까운 천체라는 사실을 짐작했다.

달과 알데바란의 이 마술쇼는 약 800여 년 뒤인 1347년, 영국 옥스포드의 하늘에서 다시 관측되었다. 영국의 천문학자 사이먼 브레던Simon Bredon은 달이 가린 알데바란의 숨바꼭질을 추적하기 위해 고대 그리스 천문학자 프톨레마이오스의 『알마게스트』를 살폈다. 영국은 그날 역시 날씨가 흐렸지만, 구름 사이로 달이 알데바란을 엄폐하는 순간을 간신히 확인할 수 있었다.

브레던이 이 현상을 관측하기 열흘 전에는 또 다른 천문 현상이 있었다. 금성과 레굴루스가 매우 가까이 접근한 것이다. 밤하늘에 밝은 별이 등장하면서 그의 길잡이가 되었다. 금성과 레굴루스는 겨우 0.1도 안팎의 짧은 간격을 두고 떨어져 있었다. 이는 보름달이 그 앞을 지난다면 동시에 둘을 가릴 수 있을 만큼 가까운 거리다. 육안으로 구분이 가능했겠지만 브레던은 시력이 좋지 않았던 듯하다. 그는 두 천체가 너무 가까이 붙어 있어서 구분이 되지 않았다는 기록을 남겼다. 아마 근시였던 것으로 보인다.

달에 의한 알데바란 엄폐가 일어나기 직전, 금성과 레굴루스가 가까이 만난 덕분에 브레던은 별의 좌표를 한층 정밀하게 확인할 수 있었다. 그는 훨씬 밝고 관측이 쉬운 금성을 기준점으로 삼아 레굴루스와 달의 위치를 다시 측정했고, 이어 알데바란 앞을 가리며 지나가는 달의 경로를 꼼꼼히 추적했다. 그런데 계산을 마무리하는 과정에서 예상하지 못한 차이가 드러났다. 알데바란이 지난 800년 사이에 하늘에서 자리를 옮긴 것처럼 보였던 것이다. 오래전 프톨레마이오스가 『알마게스트』에 기록해 둔 위치와 일치하지 않았다. 무려 18도나 어긋나 있었다.

이 차이의 원인을 오늘날 보면 비교적 단순하다. 800년이라는 긴 시간 동안 알데바란이 홀로 은하수 공간을 떠돌며 이동했기 때문이다. 그러나 당시 사람들의 우주관에서는 이런 설명이 가능하지 않았다. 그 시절 우주의 중심은 지구였고, 밤하늘의 별은 '천구'라 불리는 거대하고 투명한 구에 박혀 있는 작은 보석과 같은 존재로 여겨졌다. 별이 우주 공간을 자유롭게 부유한다는 발상은 받아들여지지 않았다.

중세의 우주론에 따르면 우주는 지구를 중심으로 여러 겹의 구가 차례로 둘러싼 구조였다. 안쪽에는 태양계 행성과 태양, 그리고 달이 지배하는 구가 겹겹이 놓여 있고, 그 바깥을 프리뭄 모바일Primum Mobile이라 불리는 가장 거대한 천구가 감싸고 있다. 별들은 바로 여기에 고정되어 있다고 여겨졌다. 브레던은 알데바란의 위치 변화가 별 자체의 이동 때문이라고 보지 않았다. 그는 가장 바깥의 거대한 천구, 곧 프리뭄 모바일이 서서히 회전한 결과라고 해석했다. 800년 사이 이 거대한 천구가 약 18도 회전했다고 판단한 것이다.

핼리의 실수가 빚은 위대한 발견, 고유운동

그로부터 다시 약 400년 뒤 509년 아테네 사람들이 목격했다는 알데바란의 숨바꼭질에 의문을 제기한 사람이 또 있었다. 에드먼드 핼리다. 그는 『알마게스트』를 비롯한 여러 고대 천문 기록을 다시 검토하며 달과 알데바란의 위치를 과거로 거슬러 올라가 계산했다. 기원전 2세기 그리스의 천문학자 히파르코스Hipparchus부터 프톨레마이오스, 16세기 덴마크의 천문학자 튀코 브라헤Tycho Brahe에 이르기까지 선배 천문학자의 관측 기록을 차례로 따라갔다. 그러나 핼리의 계산에서도 509년 3월 11일, 달과 알데바란의 위치는 일치하지 않았다. 두 천체는 겹치지 않았고 알데바란은 달에서 꽤 멀리 떨어진 곳에 놓여 있었다. 그날의 기록처럼 달 뒤로 숨을 수 있는 배치가 아니었다.

핼리는 고대 천문학자의 관측을 신뢰했다. 그들이 착각했거나 허위 기록을 남겼다고 보지 않았다. 그렇다면 당시 아테네 사람이 본 현상은 무엇이었을까. 그는 브레던과 마찬가지로 한 가지 과감한 생각에 도달했다. 알데바란이 움직였다는 것이다. 약 1200년 사이 별이 스스로 위치를 바꾸었기 때문에 지금의 좌표로는 달이 가려지지 않지만 과거에는 충분히 엄폐가 가능했을 것이라고 판단했다.

핼리는 알데바란뿐 아니라 시리우스, 아르크투루스, 베텔게우스 등 세 개의 밝은 별에 대해서도 비슷한 결과를 얻었다. 과거 기록과 지금의 위치 사이에 유의미한 차이가 나타났다. 이를 근거로 핼리는 1718년, 별은 천구에 고정된 존재가 아니라 각자의 궤적을 따라 움직인다는 주장을 발표했다. 별이 스스로 이동하는 현상을 가리키는 고유운동이라는 개념도 이때 제시되었다.

> 몇몇 밝은 별들은 수천 년 전과 현재의 위치가 상당히 다르다. 이는 별이 천구 위에서 스스로 움직이고 있다는 증거다.

핼리의 말처럼 은하수의 별들은 정지해 있지 않다. 각자 자신만의 속도로 은하수를 여행한다. 은하수의 모든 별은 은하수를 여행하는 히치하이커다. 그런데 여기에는 예상 밖의 반전이 있다. 핼리가 근거로 삼았던 고대 천문 기록에 결정적인 문제가 있었다. 509년 3월 11일 알데바란이 달에 가려졌다는 기록만 놓고 보면 알데바란이 이후 더 북쪽으로 이동한 것처럼 해석된다. 그러나 오늘날 정밀한 시뮬레이션으로 당시의 밤하늘을 복원해 보면 그날 달이 알데바란을 가리는 일은 일어나지 않았다. 브레던과 핼리가 신뢰했던 고대 관측 기록이 사실과 달랐던 것이다. 아이러니하게도 핼리는 잘못된 관측 자료를 토대로 별이 고유운동을 한다는 옳은 결론에 도달했다. 그는 옳았다. 그러나 동시에 틀렸다.

그렇다면 핼리는 왜 고대 기록의 오류를 간파하지 못했을까? 18세기의 천문학자는 지구의 자전 속도가 서서히 느려지고 있다는 사실을 알지 못했다. 현재 지구는 약 23시간 56분에 한 바퀴 자전한다. 과거에는 지금보다 하루의 길이가 더 짧았다. 자전 속도가 더 빨랐기 때문이다. 예컨대 1억 년 전 공룡 시대에는 하루가 지금보다 약 1시간 짧아 23시간 정도였다. 하루가 너무 바쁘다고 느껴진다면 공룡의 하루를 떠올려 보아도 좋겠다. 그들에 비하면 우리는 조금 더 긴 시간을 누리고 있다.

지구의 자전이 서서히 느려지는 이유는 달의 중력 때문이다. 달의 중력은 지구의 바닷물을 끌어당기며, 자전하는 지구를 붙잡아 천천히 움직이게 한다. 해안에서 매일 반복되는 밀물과 썰물은 이러한 상호 작용의 결과다. 이 과정에서 발생하는 조석 마찰tidal friction 때문에 지구의 자전 속도는 점차 줄어든다. 지구의 하루는 한 세기마다 0.0023초씩 길어진다.

겉으로 보기에는 극히 작은 변화처럼 보이지만, 밤하늘에서 몇 초각 차이까지 추적해야 하는 천문학자들에게는 결코 무시할 수 없는 수치다. 시간이 누적되면 그 차이도 함께 커진다. 핼리가 활동하던 18세기를 기준으로 보면 509년의 기록은 약 1200년 전의 관측이었다. 열두 세기가 흐르는 동안 조석 마찰로 인한 자전 속도의 미세한 변화도 상당히 누적되었지만 당시 천문학자들은 미처 이를 계산에 반영하지 못했다.

509년 관측이 이루어진 장소 역시 논란의 여지가 있다. 핼리를 비롯한 다수의 학자는 문헌에 적힌 대로 아테네에서 기록된 것으로 받아들였다. 그러나 해당 관측을 남긴 인물로 전해지는 헬리오도로스는 아테네가 아니라 알렉산드리아에서 활동한 인물이었다. 이 때문에 일부 천문학자는 실제 관측이 아테네가 아니라 알렉산드리아에서 이루어졌을 가능성을 제기한다. 달은 별보다 훨씬 지구에 가깝다. 따라서 지구상의 어느 위치에서 관측하느냐에 따라 달이 하늘에서 차지하는 위치는 미묘하게 달라진다. 이런 차이가 기록에 오차를 남겼을 가능성도 배제할 수 없다. 다만 오늘날의 계산으로 509년 3월 11일 밤하늘을 복원해 보면 아테네와 알렉산드리아 어느 쪽에서도 달이 알데바란을 가리는 현상은 나타나지 않는다.

컴퓨터 시뮬레이션으로 509년 3월 11일의 밤하늘을 복원해 보면 알데바란은 달에서 꽤 떨어져 있다. 아테네에서는 약 46분각, 알렉산드리아에서는 약 34분각 정도 떨어져 있는 것으로 나온다. 그런데 당시 문헌에는 "알데바란이 달의 가장자리에서 반 손가락 너비 안쪽에 바짝 붙어 있었다"라고 적혀 있다. 여기서 '손가락 너비'는 보통 팔을 쭉 뻗었을 때의 손가락 넓이를 뜻하는데, 각도로 환산하면 약 10분각 남짓이다. 문헌 기록을 그대로 따른다면 알데바란은 달 가장자리에서 5분각 이내에 있었다는 말이 된다. 하지만 복원된 하늘에서는 알데바란이 그 정도로 달에 가까워진 적이 없다. 결국 고대의 기록은 실제 관측을 그대로 반영하지 못했다고 보는 편이 타당하다. 달빛이 밤하늘에 퍼지며 별의 위치를 가깝게 느끼게 했거나, 관측과 전승 과정에서 표현이 과장되었을 가능성이 크다.

프랑스 파리의 천문학자 자크 카시니Jacques Cassini는 핼리의 주장에 의문을 품었다. 그는 1738년부터 핼리의 결론을 본격적으로 재검토했다. 자크 카시니는 토성의 고리와 위성 관측으로 유명한 조반니 카시니Giovanni Cassini의 아들이기도 하다. 고대 기록에 크게 의존했던 핼리와 달리, 카시니는 윌리엄 허셜William Herschel의 관측과 자신의 관측을 포함한 비교적 최신 자료를 적극적으로 활용했다.

별이 멈춰 있지 않고 고유운동을 한다는 핼리의 주장은 큰 틀에서는 옳다. 그러나 세부로 들어가면 문제가 남는다. 무엇보다 핼리는 별의 위치 변화를 논할 때 밤하늘에서 위아래 방향의 변화만 주로 따졌다. 지구본으로 치면 위도 변화만 비교한 셈이다. 하지만 별의 실제 이동에는 위도뿐 아니라 경도 방향, 곧 밤하늘에서 좌우로 이동하는 움직임도 포함한다. 고유운동은 단순한 수직 이동이 아니라 천구 위에 2차원으로 투영되는 벡터Vector의 움직임이기 때문이다. 카시니는 이 점을 분명히 인식했고 핼리가 고유운동을 확인했다고 주장한 네 별의 움직임을 다시 세밀하게 분석하기 시작했다.

카시니는 핼리가 언급한 별 가운데 시리우스, 베텔게우스, 알데바란은 그의 주장과 달리 밤하늘에서 뚜렷한 위치 변화를 보이지 않는다는 사실을 확인했다. 핼리가 고유운동을 한다고 본 별들 중 실제로 그 가능성이 분명했던 것은 아르크투루스뿐이었다.

카시니는 관측자의 착오와 측정 오차를 줄이기 위해 여러 세대에 걸쳐 같은 방식과 장비로 이루어진 관측 자료를 비교했다. 관측 오차를 통계적으로 분석하고 불규칙한 흔들림 속에서 별 자체의 이동

성분을 가려냈다. 그 결과 핼리의 주장은 방향은 옳았지만 근거와 적용에서는 한계가 있었다는 점이 드러났다. 엄밀히 말해 별의 고유 운동을 보다 정밀하게 확인하고 체계적으로 입증한 인물은 핼리라 기보다 자크 카시니였다.

어쨌든 알데바란은 움직인다

물론 알데바란은 움직인다. 별 역시 은하수를 따라 이동한다. 알 데바란은 지구에서 약 68광년 떨어져 있는데 이는 비교적 가까운 거 리다. 그래서 더 멀리 있는 다른 별들에 비해 지구에서 바라볼 때 알 데바란의 겉보기 이동은 상대적으로 더 뚜렷하게 나타난다. 다만 핼 리가 알데바란의 고유운동의 증거로 제시했던 근거가 잘못되었을 뿐이다.

1887년, 은하수를 여행하는 알데바란의 움직임이 더 정확하게 측정되었다. 독일 천문학자 헤르만 포겔Hermann Vogel은 망원경으로 모은 알데바란의 별빛에서 스펙트럼을 관측했다. 그 스펙트럼에는 철, 나트륨, 마그네슘을 비롯해 50가지가 넘는 화학 성분의 흔적이 남아 있었다. 무지갯빛 띠 곳곳에 검은 줄이 나타나는데 이는 별의 대기에 존재하는 원소가 특정 파장의 빛을 흡수하면서 생긴 흡수선 이다. 밤하늘의 별도 결국 지구에서 흔히 볼 수 있는 물질과 같은 성 분으로 이루어져 있었다. 별은 하늘에 영원히 고정된 빛이 아니었고 그 빛의 성분마저 지상의 물질과 다르지 않았다. 별이 지닌 특별함은 역학적으로도, 화학적으로도 흔들리기 시작했다.

별의 여행은 스펙트럼에도 흔적을 남긴다. 우리를 향해 다가오는 별빛은 파장이 짧아져 푸른빛 쪽으로 치우치고, 우리에게서 멀어지는 별빛은 파장이 길어져 붉은빛 쪽으로 치우친다. 이렇게 운동에 따라 빛의 파장이 변하는 현상을 도플러 효과Doppler effect라고 한다. 도플러 효과는 스펙트럼 전체에 같은 방식으로 작용한다. 따라서 알데바란 스펙트럼에서 화학 성분이 남긴 검은 흡수선의 위치도 일제히 함께 이동한다. 포겔은 이 변화를 통해 알데바란이 지구로부터 초당 48킬로미터의 속도로 멀어지고 있음을 밝혀냈다. 다만 도플러 효과로 구할 수 있는 값은 별의 전체 속도가 아니다. 지구에서 별을 바라보는 방향, 곧 시선 방향으로의 속도 성분만 알 수 있다. 이를 시선 속도radial velocity라고 부른다.

그런데 우리에게서 멀어지고 있는 알데바란의 여행은 순탄하지 않다. 1993년 천문학자들은 알데바란이 일정한 속도로 멀어지는 것이 아니라 앞뒤로 미묘하게 뒤뚱거리며 이동한다는 사실을 확인했다. 도플러 효과로 측정한 알데바란의 시선 속도에는 마치 춤을 추는 것 같은 미묘한 떨림이 나타났다. 별이 일정한 주기로 지구 쪽으로 약간 다가왔다가 다시 멀어지는 움직임을 반복한 것이다. 알데바란의 시선 속도를 그래프로 나타내면 약 643일을 주기로 사인 곡선처럼 규칙적인 물결이 그려진다.

이 현상은 알데바란 곁에 함께 이동하는 동반 천체가 있음을 시

◆ 페가수스자리 51번 별 곁을 맴도는 외계행성을 표현한 그림. 알데바란 곁에도 이런 비슷한 풍경이 펼쳐져 있을지 모른다.

사한다. 근처를 도는 무거운 행성이 흔들림을 만들어 내는 것일 수 있다. 흔히 행성이 별 주위를 돈다고 말하지만, 엄밀히 말하면 두 천체는 공동의 질량 중심을 기준으로 서로를 돌며 이동한다. 일반적으로 별의 질량이 행성보다 훨씬 크기 때문에 두 천체의 질량 중심이 별 중심 가까이에 형성될 뿐이다. 그러나 행성이 목성 이상으로 무겁다면 질량 중심점은 별의 중심에서 눈에 띄게 벗어난다. 이 경우 행성의 중력 때문에 별 자체가 앞뒤로 흔들리며 일정한 주기의 속도 변화를 보인다.

이러한 시선 속도 변화는 오늘날에도 외계행성을 찾는 대표적인 방법으로 쓰인다. 실제로 1995년 또 다른 별에서 알데바란과 비숫한, 수상한 춤사위가 관측되었다. 페가수스자리 51번 별이 약 나흘, 곧 100시간을 주기로 앞뒤로 움직이는 듯한 모습을 보인 것이다. 이를 근거로 천문학자 미셸 마요르Michel Mayor와 디디에 켈로즈Didier Queloz는 페가수스자리 51번 별 주위에서 외계행성의 존재를 처음으로 확인했다. 두 사람은 태양과 비슷한 평범한 별 주변에서 외계행성을 발견한 공로로 2019년 노벨 물리학상을 수상했다.

1995년 페가수스자리에서의 발견보다 2년 앞서 같은 방법으로 알데바란 주변에서 외계행성의 존재 가능성이 제기되었다. 그런데 왜 알데바란이 아니라 2년 뒤의 발견이 역사적 첫 사례로 인정받았을까? 여기에는 그만한 이유가 있다. 알데바란에서 시선 속도의 주기적인 변화를 처음 발견한 천문학자들은 알데바란 곁에서 최소 목성 질량의 11배에 이르는 거대한 가스 행성이 643일 주기로 공전하고 있을 가능성을 제기했다. 그러나 그 변화가 외계행성 때문이 아니라 별 자체가 일정한 리듬으로 수축과 팽창을 반복한 결과일 가능성도 배제할 수 없었다. 알데바란은 태양보다 지름이 약 45배 큰 거성이다. 이런 거성들은 내부의 거대한 대류 운동으로 인해 중력과 압력이 힘겨루기를 하면서 일정한 주기로 맥동하는 경우가 흔하다.

2015년 추가 관측 결과가 축적되면서 알데바란 주변에 외계행성이 존재하는지는 더 논쟁적인 문제가 되었다. 외계행성 탐사의 개척자로 꼽히는 천문학자 아티 하체스Artie Hatzes는 수십 년에 걸쳐 알데바란의 춤사위를 추적했고 약 628일 주기로 나타나는 알데바란의 요동이 매우 안정적이라고 주장했다. 이를 근거로 최소 목성 질량의

6배에 이르는 행성, 알데바란 b의 존재 가능성을 강하게 제시했다.

하체스는 이 행성에 생명이 거주할 가능성까지 언급했다. 현재의 알데바란은 거성이지만 과거에는 태양과 비슷한 질량의 주계열성 단계를 거쳤다. 그 시기에는 알데바란과 행성 사이의 거리가 생명체가 존재하기에 적절했을 가능성이 있다. 행성 표면에는 과도하지 않은 수준의 별빛이 도달했을 것이며, 이는 지구가 받는 태양 복사량과 비슷했을 수도 있다. 오래전 한때 지구처럼 생명을 품었지만, 중심 별이 팽창하면서 환경이 급격히 변해 생명이 사라졌을 가능성도 배제할 수 없다.

그러나 2019년 독일의 천문학자 카탸 라이헤르트Katja Reichert는 새로 확보한 관측 자료를 분석한 뒤 알데바란의 시선 속도 변화가 매우 들쭉날쭉하다고 발표했다. 그는 일정한 주기로 안정적으로 공전하는 행성이 존재할 가능성을 낮게 보았다. 알데바란이 보이는 뒤뚱거리는 듯한 흔들림은 동반 행성 때문이 아니라 별 자체의 불안정한 맥동에서 비롯된 현상일 수 있다는 주장이다.

알데바란 b의 존재를 기대했던 천문학자는 시선 속도에 나타난 복잡한 패턴을 설명하기 위해 여러 가설을 제시했다. 행성이 하나가 아니라 둘일 가능성, 행성 곁에 거대한 위성이 함께 돌고 있을 가능성도 등장했다. 이런 경우라면 단일 행성만 있을 때보다 더 복잡한 춤사위를 보일 수 있다는 설명이었다. 그러나 아직까지 확정적인 결론은 나오지 않았다.

알데바란이 외계행성을 거느리고 있는지는 분명하지 않다. 아직 미련을 버리지 못한 일부 천문학자들은 여전히 가능성을 열어두고 있지만 공식적으로 인정받지는 못한다. 그 결과 2년 뒤 발견된 다른 외계행성이 노벨 물리학상의 영예를 안게 되었다. 특히 페가수스자리 51번 별은 태양과 비슷한, 비교적 평범한 별이라는 점이 중요하게 작용했다. 반면 알데바란은 태양보다 훨씬 큰 거성이다. 노벨상 위원회가 수상 이유를 설명하며 "태양과 비슷한 별 주변에서 처음으로 외계행성을 발견한 공로"라고 밝힌 데에는 이런 배경이 있다.

과거 관측 기술이 충분히 정밀하지 못했을 때는 알데바란이 하나의 긴 주기로만 요동친다고 여겨졌다. 그러나 장비와 분석 기법이 발전하면서 알데바란이 보여주는 춤사위의 세부 양상이 드러나기 시작했다. 알데바란은 단일한 주기가 아니라, 길고 짧은 여러 주기가 겹쳐진 복잡한 춤을 추고 있다.

이 춤사위가 실제로 곁에 있는 외계행성의 존재를 암시하는 것인지는 아직 단정할 수 없다. 결국 알데바란 b는 외계행성 목록에서 제외되었고 현재로서는 '검증 불가' 사례로 남아 있다. 나치 독일과 외계인의 연관성을 상상해 온 이들에게는 절망적인 소식일 것이다. 알데바란 곁에 행성조차 없다면 그곳에 살고 있으리라 기대했던 브릴 종족 역시 존재할 수 없기 때문이다. 알데바란은 이렇게 여러모로 검증하기 어려운 이야기로 둘러싸여 있다.

9. 외계행성 탐사의 등대, 데네브

우주를 향한 도전은 미래를 찾는 여정이다

2025년 3월 1일, 한 외톨이가 텅 빈 사막 한가운데서 카메라를 들어올렸다. 새벽 4시 27분, 그 카메라는 지평선 위로 태양이 떠오르기 직전의 어두운 하늘을 향했다. 붉게 메마른 사막 지평선 위에는 작은 달이 걸려 있었다. 달은 너무 작아 별처럼 보일 정도였다. 이곳은 지구가 아니다. 화성이다. 화성 탐사 로버 퍼서비어런스는 화성에서 임무를 수행한 지 1433일째 되던 그 새벽하늘을 기록했다.

화성의 표면을 돌아다니며 탐사를 하고 시료를 채취하기 위해 제작된 이 로버는 이 놀라운 사진을 완성하기 위해 모두 열여섯 차례 셔터를 내렸다. 한 번 촬영할 때마다 최장 노출 시간인 3.28초 동안 사진을 찍었다. 그렇게 전체 노출 시간이 약 52초에 이르는 사진을 완성해서 이 이미지를 자체적으로 합성한 뒤 지구로 전송했다.

사진은 노이즈로 지글거린다. 대기가 거의 없는 화성의 새벽 하

◆ 퍼서비어런스가 화성에서 1433일째 되던 날 촬영한 사진. 아직 어두운 화성의 새벽하늘 오른쪽에서 가장 밝게 빛나는 점은 화성 곁을 맴도는 두 위성 중 하나인 데이모스다.

늘은 매우 어둡고 빛이 부족하기 때문이다. 우주에서 쏟아지는 방사선도 이미지에 노이즈를 남긴다. 하늘에서는 화성 곁을 맴도는 두 개의 작은 감자 모양 위성 가운데 하나인 데이모스가 별 흉내를 내고 있었다.

사진 속 데이모스 왼쪽에는 희미하게 두 개의 작은 별이 보인다. 이 별은 사자자리를 이루는 레굴루스Regulus와 알기에바Algieba다. 화

9. 외계행성 탐사의 등대, 데네브

성 탐사 로버에 탑재된 작은 카메라는 아름다운 천체 사진을 담을 만큼 뛰어난 성능은 아니었지만, 화성의 하늘에도 분명 별이 뜨고 진다는 사실을 보여주었다.

그러나 지구인들이 본다면 이 화성의 밤하늘은 낯설게 느껴질 것이다. 관측자의 위치가 달라지면 밤하늘에 보이는 별의 겉보기 위치도 달라지기 때문이다. 가만히 앉아 더 오랜 시간 동안 화성의 지평선 너머로 떠오르고 저무는 별을 지켜본다면 한층 더 낯선 장면을 마주하게 된다. 밤하늘의 별들이 북극성이 아니라 전혀 다른 별을 중심으로 천천히 회전하기 때문이다.

우리에게 북극성으로 익숙한 폴라리스는 화성에서는 그런 역할을 하지 못한다. 화성 역시 지구처럼 자전축이 기울어 있으며, 그 기울기는 약 25도다. 지구의 자전축 기울기 23.5도와 매우 비슷하다. 그래서 화성에서도 지구처럼 따뜻하고 추운 계절이 존재한다. 다만 그 기운 자전축이 가리키는 방향은 지구와 다르다. 화성의 자전축을 연장해 따라가면 밝은 별이 없는 허공을 향한다. 그 지점은 화성의 밤하늘에서 밝은 두 별 사이에 놓인다. 하나는 백조자리의 꼬리 별 데네브Deneb이고 다른 하나는 인접한 세페우스자리에서 가장 밝은 알데라민Alderamin이다. 이 가운데 데네브가 화성의 북극에 조금 더 가깝다.

데네브는 현재 화성 북극에서 10도 이내를 벗어나지 않는다. 화성 북반구의 거의 모든 지역에서 데네브는 지평선 아래로 내려가지 않는다. 늘 북극 주변을 맴돌며 방향을 알려주는 셈이다. 일론 머스크Elon Musk가 공언한 대로 인류가 화성에 발을 딛게 된다면, 화성의 천문학자에게 데네브는 유용한 나침반이 될 것이다.

흥미롭게도 데네브는 먼 미래에 지구인들에게도 북극성 구실을 하게 된다. 약 2만 6000년 주기로 흔들리는 세차운동을 고려하면 앞으로 약 1만 년 후에는 데네브가 지구의 새로운 북극성이 된다. 화성의 자전축도 세차운동을 한다. 다만 화성의 세차 주기는 약 17만 5000년으로 지구보다 훨씬 길다. 그만큼 화성의 자전축은 더 천천히 흔들린다. 따라서 앞으로 1만 년이 흐르더라도 데네브는 여전히 화성에서 북극성 구실을 하고 있을 가능성이 크다.

서기 1만 년이라면 머스크의 허풍도 충분히 실현되어 있지 않을까? 그 무렵 인류가 지구와 화성, 두 행성을 오가며 살아간다면 두 세계에서 동시에 같은 별을 북극성으로 삼는 시기를 맞게 된다. 그때가 되면 우리는 지구에서, 그리고 화성에서 같은 밤하늘의 별을 바라보게 될지도 모른다.

우주 신대륙을 비추는 등대

오늘날 화성은 우주의 신대륙으로 여겨진다. 지구에서 해결하기 어려워 보이는 문제를 뒤로한 채, 마음 편히 떠나고 싶은 도피처로 상상되기도 한다. 대항해시대부터 이어져 온 낯선 세계에 대한 호기심과 욕망이 이제는 지구를 넘어 화성에까지 이른 셈이다. 화성을 찾아간 이들에게 데네브는 화성에서의 외로운 정착 생활 속에서 길을 잃지 않도록 방향을 알려주는 등대가 될 것이다.

절묘하게도 데네브 곁에는 정말 또 다른 '신대륙'이 숨어 있다. 1786년 윌리엄 허셜은 '공간에 흩어져 있는 희미한 유백색 성운'을 발견했다. 그의 아들 존 허셜은 밤하늘의 성단과 성운을 찾아 목록을 만드는 데 힘썼던 별 수집가다. 그는 아버지가 발견한 이 거대하고 흐릿한 성운을 자신의 목록에 7000번째 대상으로 기록했다.

이후 1890년 독일의 천체 사진가 막시밀리안 볼프Maximilian Wolf는 장시간 노출로 촬영한 사진에서 이 성운의 독특한 형태를 확인했다. 성운의 오른쪽 가장자리는 멕시코 동부와 미국 남동부 해안선을 떠올리게 했다. 마치 우주에 또 하나의 북아메리카 대륙이 떠 있는 듯한 모습이었다. 이 인상적인 형상을 보고 그는 이 성운에 '북아메리카성운'이라는 이름을 붙였다. 데네브는 그 바로 곁에서 마치 우주의 멕시코만에 서 있는 등대처럼 밝게 빛나고 있다.

이 장면은 에드윈 허블의 시선을 사로잡았다. 1922년 허블은 북아메리카성운과 데네브가 실제로 서로 가까이 붙어 있다고 생각했다. 겉보기로 북아메리카성운 곁에서 눈에 띄는 밝은 별은 데네브뿐이었기 때문이다. 그는 이러한 외형만을 근거로 데네브가 우주의 '북아메리카 대륙'을 비추는 등대일 것이라 여겼다. 북아메리카성운이 데네브의 별빛을 받아 빛난다고 판단한 것이다.

그러나 얼마 지나지 않아 데네브는 북아메리카성운을 밝히기에 충분히 뜨겁지 않다는 사실이 드러났다. 데네브의 스펙트럼을 분석하면 표면 온도는 약 8500켈빈으로 나타난다. 반면 북아메리카성운의 스펙트럼은 이 성운이 훨씬 높은 온도로 달궈져 있음을 보여준다. 성운은 3만 켈빈을 웃도는 고온의 별빛에 의해 달궈지고 있다. 다시 말해 데네브의 별빛만으로는 북아메리카성운이 내는 강렬한 빛을 설명할 수 없다. 빛을 받는 대상이 광원보다 더 뜨거울 수는 없으니 말이다.

북아메리카성운을 달구고 그 안의 원자를 이온화시키는 원인의 정체는 21세기에 들어서야 밝혀졌다. 데네브는 북아메리카성운과 상당히 떨어져 있었다. 지구에서 볼 때 우연히 비슷한 방향에 놓여 보였을 뿐 실제 거리를 따지면 서로 관련이 없는 천체였다. 2004년 천문학자들은 스페인 카라르알토천문대의 관측을 통해 북아메리카성운을 밝히는 가장 유력한 '등대' 후보를 새롭게 찾아냈다.

J205551.3+435225라는 무미건조한 일련번호로 불리는 이 별은 표면 온도가 4만 켈빈을 넘는다. 이처럼 뜨거운 별빛이라면 북아메리카성운을 충분히 이온화시켜 붉게 빛나게 할 수 있다. 이 별은 북아메리카성운에서 플로리다 해안에 해당하는 영역 바로 앞에 자리하고 있다. 이 때문에 천문학자들은 실제 지구의 플로리다 해안 인근에 있는 섬의 이름을 따서 이 별에 '바하마 별'이라는 별명을 붙였다. 우주의 바하마섬이 우주의 북아메리카 대륙 동부 해안을 비추는 등대인 셈이다.

◆ 왼쪽에서 붉게 빛나는 북아메리카성운과 오른쪽에서 파랗게 빛나는 데네브의 모습.

위대한 승리와 부끄러운 실패가
공존하는 곳

사실 데네브는 '우주의 등대'라는 별명에 잘 어울리는 별이다. 매우 밝기 때문이다. 데네브의 광도는 태양의 약 5만 배에서 많게는 20만 배에 이른다. 우리은하에서 비슷한 표면 온도를 지닌 별들 가운데에서도 손꼽히는 상위권이다.

데네브를 맨눈으로 볼 수 있는 최대 거리를 계산해 보면 결과는 더욱 놀랍다. 데네브가 약 2만 5000광년 떨어진 곳에 있더라도 우리는 간신히 그 빛을 볼 수 있다. 2만 5000광년은 지구에서 우리은하 중심까지의 거리와 비슷하다. 은하수를 가득 채운 먼지 구름이 흡수하는 빛을 고려하지 않는다면 데네브가 우리은하 한가운데에 놓여 있어도 그 별빛을 충분히 볼 수 있다는 뜻이다.

조금 더 상상해 보자. 우주 어딘가에 사는 외계 천문학자가 우리의 제임스 웹 우주망원경과 비슷한 성능의 망원경으로 데네브를 관측한다고 가정해 보자. 제임스 웹이 감지할 수 있는 가장 어두운 별빛의 한계 등급은 약 30등급이다. 이는 맨눈으로 볼 수 있는 별빛보다 약 90억 배나 더 어두운 빛이다. 이 정도 성능이라면 약 1억 광년 거리에서도 데네브의 빛을 포착할 수 있다. 그 거리에서는 지구가 공룡이 뛰놀던 시절의 모습으로 보일 것이다. 그만큼 먼 곳까지도 데네브의 찬란한 빛이 도달할 수 있다는 의미다.

데네브는 이처럼 눈부신 별이다. 광도가 워낙 크기 때문에 지금처럼 멀리 떨어져 있는 것이 오히려 다행스럽게 느껴질 정도다. 만약 데네브가 시리우스처럼 지구에서 몇 광년 거리 안에 있었다면, 그 빛만으로도 밤하늘은 대낮처럼 밝았을 것이다. 그때 낮과 밤의 구분은 태양이 지평선 위에 있느냐 아래에 있느냐의 차이일 뿐 낮은 밝고 밤은 어둡다는 상식이 성립하지 않았을 것이다. 데네브가 거문고자리의 베가 정도 거리에 놓여 있었더라도 그 존재감은 뚜렷했을 것이다. 낮 동안에는 태양이 만드는 그림자뿐 아니라, 데네브가 만드는 그림자도 함께 드리워졌을 것이기 때문이다.

1억 광년 거리에서도 포착할 수 있을 만큼 밝은 별이라면 은하계를 오가는 여행자들에게 훌륭한 등대가 될 것이라 생각하기 쉽다.

그러나 데네브는 그런 역할을 맡기 어렵다. 치명적인 문제가 하나 있기 때문이다. 우리는 아직 데네브까지의 거리를 정확히 알지 못한다. 데네브가 지나치게 밝기 때문이다.

1990년대 이전까지 천문학자들은 연주 시차를 이용해 데네브의 거리를 약 2600광년으로 추정했다. 처음 공개된 히파르코스 위성의 관측 자료도 비슷한 값을 제시하는 듯 보였다. 그러나 히파르코스 위성으로 별의 시차를 측정하기 위해서는 매우 정밀한 계산이 필요하다. 우주 공간에서 인공위성의 자세가 어떻게 기울어져 있고 회전했는지에 따라 사진 속 별의 겉보기 위치가 미세하게 달라질 수 있으며, 이는 곧 오차로 이어진다.

2007년에는 위성의 자세 제어 모델을 더욱 정교하게 개선한 뒤 관측 자료를 다시 분석했다. 그 결과는 예상과 달랐다. 데네브의 시차 값이 이전보다 2배 가까이 커진 것이다. 이는 곧 거리가 거의 절반으로 줄어들었다는 뜻이었다. 새로 추정된 거리는 약 1500광년이었다. 이후 발표된 연구에 따르면 데네브의 거리는 1336광년에서 1841광년 사이로 제시되고 있다. 오차 범위가 상당히 크다. 그렇다면 데네브는 실제로 얼마나 떨어져 있을까? 2600광년일까, 아니면 1500광년일까? 정확한 거리를 확정하지 못하는 한, 이 눈부신 별은 항해의 기준점으로 삼기 어렵다.

천문학에서 별의 정확한 거리가 중요한 까닭은, 거리를 모르면 그 별의 실제 성질을 알 수 없기 때문이다. 데네브가 실제로 얼마나 밝고 얼마나 무거운지를 계산하려면 정확한 거리가 전제되어야 한다. 앞서 데네브의 광도가 태양의 5만~20만 배에 이른다고 했는데 이렇게 범위가 넓은 추정치만 제시할 수밖에 없는 이유도 정확한 거리를 확정하지 못했기 때문이다.

2013년 히파르코스 위성의 뒤를 이어 가이아 우주망원경이 올라가면서 데네브의 거리 논란을 끝낼 수 있을 거라 기대했다. 가이아는 히파르코스와 같은 원리로 거리를 측정하지만, 관측 장비의 센서는 훨씬 더 정밀하고 민감하다. 그러나 가이아 역시 논쟁을 끝내지 못했다. 데네브가 너무 밝았기 때문이다. 지구에서 1등성으로 보이는 데네브는 가이아 센서가 안정적으로 측정할 수 있는 밝기 범위를 넘어선다. 그 결과 가이아는 데네브를 제대로 쳐다보지도 못한다.

수십억 개의 별을 관측해 우리은하의 정밀 지도를 그리고 있는 가이아의 관측 대상에서 데네브는 빠져 있다. 2016년 공개된 가이아의 1차 관측 자료 목록에도 데네브는 포함되어 있지 않았다. 이후 2018년과 2022년에 발표된 2차, 3차 자료에서도 상황은 달라지지 않았다. 가이아의 관측 체계 안에서 데네브는 사실상 측정할 수 없는 별로 남아 있다. 물론 천문학자들도 손을 놓고 있는 것은 아니다. 사진에서 과노출된 밝은 별의 위치를 간접적으로 복원하는 알고리즘을 개발해 가능한 한 밝은 별의 거리를 정밀하게 계산하려는 시도를 이어가고 있다.

그러나 아직까지 결정적인 해답은 나오지 않았다. 가이아 우주망원경은 2025년 1월 15일 마지막 교신을 끝으로 임무를 마쳤다. 그동안 축적한 방대한 자료는 여전히 분석 중이며 2030년까지 4차, 5차 관측 자료 목록이 추가로 공개될 예정이다. 그럼에도 데네브가 포함되지 않을 가능성은 여전히 크다.

천문학의 역사를 돌아보면 이는 아이러니한 장면이다. 1838년 천문학자 베셀은 백조자리 61번 별의 연주 시차를 측정해 인류 역사상 처음으로 별까지의 거리를 계산하는 데 성공했다. 그런데 그 바로 옆에 자리한 데네브의 거리는 200년 가까이 정확히 밝혀지지 않았다. 인류가 가장 먼저 거리를 알아낸 별의 이웃에, 너무 밝아서 오히려 거리를 측정하기 어려운 별이 놓여 있는 셈이다. 이곳에는 천문학의 자랑스러운 성취와 부끄러운 실패의 역사가 나란히 존재한다.

데네브의 죽음, 열린 결말

데네브의 불확실한 거리는 별의 최후 역시 불확실하게 만든다. 데네브도 다른 별들과 마찬가지로 언젠가는 별먼지로 돌아갈 것이다. 그러나 그 마지막이 어떤 모습일지는 단정하기 어렵다. 격렬한 초신성 폭발을 일으키고 중심에 중성자별만 남긴 채 사라질지, 아니면 죽음을 앞두고 외곽 물질을 벗겨 내며 장대한 성운을 남길지 아직 알 수 없다. 데네브까지의 거리가 확정되지 않았기 때문에 정확한 광도와 질량도 계산하기 어렵다. 그 결과 데네브가 현재 어떤 진화 단계에 놓여 있는지도 논쟁의 대상이 되고 있다.

데네브는 이미 중심부의 수소 연료를 모두 소진했다. 한 차례 핵융합이 멈추자 중심부가 수축했고, 그 영향으로 외곽층이 크게 팽창했다. 그 결과 지금의 데네브는 태양 지름의 약 100~200배에 이르는 초거성으로 변했다. 그러나 거리의 불확실성 때문에 지름 추정치 역시 정확하지 않다. 또한 데네브가 처음으로 초거성 단계에 들어선 것인지, 아니면 과거에 한 차례 초거성 단계를 거친 뒤 다시 두 번째 초거성 단계에 들어선 것인지도 명확하지 않다.

데네브처럼 질량이 큰 별은 죽지 않는다. 중심의 핵융합이 한 번 멈췄다고 해서 곧바로 별 전체의 에너지원이 꺼지는 것은 아니다. 중심부가 붕괴하면 그 중력 에너지로 외곽의 껍질층이 다시 뜨거워지고 그곳에 남아 있던 수소와 헬륨이 재점화되면서 부활한다. 그 과정에서 별은 한층 더 거대한 모습으로 변한다. 무거운 별에게 핵융합의 일시적인 중단은 끝이 아니라 더 큰 진화 단계로 나아가기 위한 준비 과정에 가깝다.

이 과정에서 별은 격렬하게 요동친다. 별이 거대하게 팽창하면 표면 물질을 붙잡아 두는 중력이 약해진다. 그 결과 표면의 가스는 작은 진동에도 쉽게 별 바깥으로 흩어진다. 별은 강하게 맥동하며 자신의 표면 물질을 바깥으로 흩뿌리는 질량 손실을 겪는다. 데네브는 500년마다 지구 하나의 질량에 해당하는 물질을 잃는 것으로 추정된다. 데네브가 겪는 질량 손실은 태양의 질량 손실보다 10만 배 이상 빠른 속도다.

일반적으로 별이 팽창하면 색은 더 붉어진다. 부피가 커지면서 내부의 열이 넓게 퍼지고 그에 따라 표면 온도가 낮아지기 때문이다. 그래서 거대하게 부푼 초거성은 대개 붉은 적색 초거성으로 관측된다. 그런데 격렬한 질량 손실이 일어나면 상황은 달라진다. 별은 바깥의 미지근하게 식은 외투를 벗겨내고 그 안에 있던 더 뜨거운 속살을 드러낸다. 내부의 열을 간직한 표면이 노출되면서 탈피한 별의 표면은 다시 푸른빛을 띤다. 이렇게 별은 일시적으로 청색 초거성 단계에 들어선다.

데네브는 바로 이러한 진화 단계에 놓여 있다고 추정된다. 한때 적색 초거성이었던 데네브가 잠시 외투를 벗고 청색 초거성으로 변한 뒤, 다시 팽창하면서 표면 온도가 낮아지고 두 번째 적색 초거성 단계로 나아가고 있다는 해석이다. 이와 같은 진화 경로를 청색 회귀blue loop라고 부른다. 붉게 빛나던 별이 푸르게 물들었다가 다시 붉어지며 한 차례 되돌아가는 여정이다.

그런데 데네브를 청색 회귀 단계에 있다고 결론 내리기는 어렵다. 그 단계에 있다면 뚜렷하게 드러나야 할 탄소와 산소의 흔적이 관측되지 않기 때문이다. 데네브의 별빛은 산소와 탄소가 오히려 결핍된 모습으로 나타난다. 만약 이 별이 한 차례 초거성 단계를 거친 뒤 두 번째 초거성으로 나아가는 중이라면 중심에는 반복된 핵융합으로 생성된 탄소와 산소가 충분히 축적되어 있어야 한다. 또한 별 내부를 뒤섞는 대류 작용을 통해 중심에 쌓인 핵융합 산물이 표면까지 올라와야 한다. 따라서 데네브가 청색 회귀 과정을 겪고 있다면 지금보다 훨씬 선명한 탄소와 산소의 흔적이 검출되어야 한다. 하지만 관측 결과는 그렇지 않다. 이는 데네브가 이제 막 생애 첫 번째 초거성 단계로 접어들고 있다는 뜻일 수 있다.

주계열성 시기를 마치고 처음 초거성으로 진화하는 단계라면 중심부는 아직 탄소와 산소를 대량으로 만들어 낼 만큼 충분히 가열되지 않았을 수 있다. 이 단계에서는 중심을 감싼 수소 껍질층에서 헬륨을 생성하는 핵융합이 주로 일어난다. 껍질층에서도 대류가 발생하지만, 깊은 중심부에 축적된 핵융합 산물을 표면까지 끌어올리기에는 시간이 충분하지 않다. 그래서 최근 천문학자들 사이에서는 데네브가 오랜 경력을 지닌 초거성이 아니라, 이제 막 초거성의 삶을 시작한 '새내기' 초거성일 가능성도 제기된다.

그렇다면 데네브는 앞으로 어떤 운명을 맞이하게 될까? 이 별의 최후는 앞으로 얼마나 빠르게 질량을 잃는지, 내부와 외부가 얼마나 격렬하게 뒤섞이는지에 달려 있다. 데네브의 결말은 여러 가능성으로 열려 있다. 마지막 초신성 폭발을 앞두고 매우 뜨겁고 강렬한 푸른빛을 내뿜으며 요동치는 밝은 청색 변광성luminous blue variable 단계로 진화할 수도 있다. 또는 반복된 질량 손실 끝에 주변에 자신의 외피를 벗어 던진 볼프-레이에 별Wolf-Rayet star 단계에 들어설 가능성도 있다. 그렇게 되면 데네브 주변에는 새로운 성운이 형성될 것이다. 데네브는 내기를 좋아하는 천문학자들이 몰려드는 도박장이 되었다. 태양 질량의 수십 배에 이르는 무거운 별이 어떤 최후를 맞이할지를 두고 천문학자마다 각기 다른 예측에 베팅하고 있다.

진정한 신대륙 외계행성을 향해

2009년이 되면서 데네브는 다시 주목받기 시작했다. 우주의 진정한 신대륙을 찾아 나선 몽상가들은 데네브가 자리한 방향의 밤하늘을 바라본다. 그들이 찾는 신대륙은 화성 같은 행성이 아니다. 태양계를 벗어나 다른 별을 도는 외계행성이다. 그중에서도 바다와 대기를 갖춘 세계를 찾는다. 지금 당장 갈 수는 없지만, 먼 미래 인류의 두 번째 터전이 될 가능성이 있는 곳이다. 수백 년 뒤 후손들이 진정한 우주의 신대륙으로 나아갈 수 있도록 미리 유력한 후보지를 찾고 있는 셈이다.

태양처럼 우주의 많은 별도 주변에 자신만의 세계를 거느리고 있다. 외계행성 중에는 지구처럼 중심 별과 적절한 거리를 유지해 지나치게 뜨겁지도, 지나치게 춥지도 않은 환경을 갖춘 행성도 있을 것이다. 심지어 그중에는 생명이 탄생해 복잡한 수준의 생태계로 진화했을 가능성도 배제할 수 없다. 이러한 가능성은 우리가 우주에서 살아 숨쉬는 유일한 생명체가 아닐지도 모른다는 사실을 시사한다.

외계행성과 그 위에서 살아갈지 모르는 외계 생명체의 존재 가능성은 두 가지 점에서 특별하다. 우선 머지않은 미래에 인류가 지구를 떠나 새로운 터전으로 삼을 후보가 될 수 있다. 지구가 지루해지거나 지구를 떠나야만 하는 상황이 닥친다면 우리는 또 다른 보금자리를 찾아야 할지도 모른다. 그때 생명이 전혀 살 수 없는 가혹한 환경을 지구처럼 바꾸려 하기보다 이미 생명에 유리한 조건을 갖춘 행성을 찾는 편이 현실적인 선택일 수 있다.

또한 다른 별에서 생명을 발견한다면, 지구 생명과 나란히 놓고 비교하는 진정한 비교생물학이 가능해질 것이다. 지구 밖에 생명체가 존재한다면, 그들은 과연 우리와 같은 구성성분으로 이루어져 있을까? 그들도 지구와 비슷한 진화의 역사를 거쳤을까? 아니면 전혀 다른 경로로 진화가 벌어졌을까? 우주에 존재하는 모든 생명과 생태계를 아우르는 단 하나의 생물학적 원리가 존재할까? 아니면 생명의 탄생과 진화라는 위대한 과업은 단지 주어진 환경에 따라 다양하게 펼쳐지는 변주곡일까?

안타깝게도 우리는 아직 이 질문에 답할 수 없다. 우리가 직접 경험한 생태계는 지구 하나뿐이기 때문이다. 다른 곳에서 생명을 발견한다면, 그때 우리는 모든 생명에 공통으로 적용되는 원리가 무엇인지, 또 우주가 환경에 따라 생명에게 얼마나 다양한 선택지를 허락하는지 조금은 분명히 알게 될 것이다.

생명을 찾기 위해서는 먼저 생명이 살 수 있는 외계행성을 찾아야 한다. 최근까지 천문학자들이 가장 널리 활용한 방법은 트랜싯transit 관측이다. 외계행성이 중심 별 앞을 돌다가 우연히 시선 방향에서 별 앞을 지나가면 그 작은 윤곽이 별빛의 일부를 가리고 지나간다. 그 결과 별빛이 아주 잠시 미세하게 어두워진다. 행성은 일정한 궤도를 따라 주기적으로 공전하므로, 우리는 중심 별의 밝기가 일정한 간격으로 잠시 어두워졌다가 다시 원래 밝기로 돌아오는 현상을 반복해서 확인할 수 있다. 이처럼 앞을 지나는 천체 때문에 뒤에 있는 별의 밝기가 감소하는 현상을 트랜싯이라고 한다.

물론 트랜싯이 나타나는 별빛의 밝기 변화는 극히 미미하다. 목성처럼 덩치 큰 행성 정도는 되어야 별빛을 겨우 1퍼센트 정도 가릴 수 있다. 행성이 해왕성 크기로 작아지면 감소 폭은 약 0.1퍼센트 수준이다. 그조차도 지구에 비하면 훨씬 크다. 우리가 가장 찾고 싶어 하는 생명이 살 만한 행성이 별 앞을 가리고 지나가봤자 별빛이 어두워지는 수준은 원래 밝기의 0.001퍼센트 남짓에 불과하다. 이 정도로 미세한 변화를 감지하려면 아주 예민한 카메라가 필요하다. 2001년에 이르러서야 그런 카메라를 구현할 기술적 토대가 마련되었고 마침내 2009년 인류가 만든 가장 정밀한 외계행성 탐사 장비인 케플러 우주망원경이 궤도에 올랐다.

케플러 우주망원경은 무턱대고 사방의 모든 하늘을 훑지 않았다. 대신 한 방향으로 시야를 고정한 채, 같은 별들만 끈질기게 바라보았다. 케플러의 목표는 각 별에서 일어날지 모를 트랜싯 현장이었기 때문이다. 트랜싯은 단 한 번의 순간 포착으로는 확인할 수 없다. 오랜 시간 같은 별을 지켜보며 별빛의 밝기가 어떻게 달라지는지 추적해야 한다. 시간에 따른 밝기 변화를 분석하는 방식을 시계열time series 관측이라고 한다. 이를 위해 필요한 것은 별의 모습이 아니라 그 별이 시간 속에서 남기는 미세한 흔적이었다. 그래서 케플러는 고개를 이리저리 돌리지 않고 한 방향의 별들만 겨냥했다. 그리고 미세한 밝기 변화를 보이는 수상한 별들을 하나씩 가려냈다.

결국 케플러는 임무 기간 내내 단 한 방향만을 보게 된다. 이 광

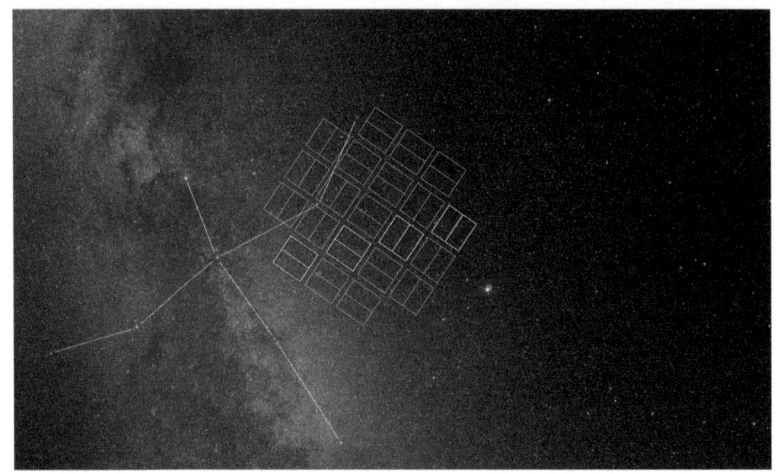

◆ 하얀 사각형이 케플러 우주망원경이 외계행성을 찾기 위해 탐색한 관측 영역이다.

활한 하늘에서 어느 쪽을 택하느냐는 결정적인 문제였다. 별의 밀도가 적은 황량한 방향을 본다면 성과는 제한적일 수밖에 없다. 시야에 들어오는 별이 적으면 그만큼 발견할 수 있는 외계행성도 줄어든다. 그렇다고 무작정 별이 바글바글한 방향도 적절하지 않다. 예를 들어 은하 중심이 자리한 궁수자리 방향은 크리스마스의 번화가만큼 별들이 촘촘하게 모여 있다. 서로의 빛이 겹쳐 개별 별의 밝기 변화를 또렷하게 구분하기 어렵다. 게다가 은하 중심부에는 짙은 성간 먼지 구름이 있어 시야를 가린다. 먼지 구름에 가려 별빛이 더 어두워 보일 테니 외계행성의 트랜싯으로 인한 극히 미세한 밝기 감소를 가려내기에는 최악의 조건이다.

또 한 가지 조건이 있었다. 케플러는 반드시 태양 반대 방향으로

◆ 케플러 우주망원경이 2009년 4월 8일 단 1분 노출로 촬영한 사진. 케플러의 시야에 450만 개 넘는 별이 찍혀있다. 케플러는 계속 한 방향으로 시야를 고정한다. 그리고 그 고정된 시야에 들어오는 별들 곁에서 외계행성을 찾았다.

고개를 틀어야 했다. 예민한 광도 측정 장치에 태양빛이 조금이라도 스며들면, 멀리 떨어진 별들의 미묘한 변화는 순식간에 묻혀버린다. 케플러는 지구 공전 궤도면을 따라 최대한 태양과 반대 방향으로 시선을 고정했다. 은하 중심처럼 별이 빼곡한 지역도, 반대로 별이 드문 은하수 바깥쪽도 피했다. 대신 별이 적당한 밀도로 분포한 백조자리 왼쪽 날개 부근을 택했다.

데네브는 케플러의 관측 시야에서 조금 벗어나 있다. 대신 백조의 왼쪽 날개에서 밝게 빛나는 파와리스Fawaris와 백조자리 세타Theta

케플러 우주망원경의
관측 방향

태양의 위치

◆ 케플러 우주망원경이 외계행성을 찾기 위해 탐색한 방향과 범위.

가 그 안에 들어 있다. 케플러의 시야에는 약 15만 개의 별이 담겼다. 그 가운데 상당수는 태양과 비슷하거나 태양보다 살짝 미지근한 별들이다. 우리가 궁극적으로 찾고자 하는 대상은 태양과 비슷한 별을 도는 지구와 비슷한 세계다. 데네브 옆, 케플러가 겨냥한 방향은 그러한 목적에 가장 잘 부합하는 최적의 자리였다.

케플러가 바라본 하늘의 면적은 그리 넓지 않다. 팔을 곧게 뻗고 손바닥을 펼쳐 바라보라. 그 손바닥이 가리는 면적이 케플러의 시야와 거의 같다. 그 손바닥만 한 영역 안에서 케플러는 2800개에 가까운 외계행성을 찾아냈다. 아직 분석 중인 후보 천체까지 포함하면 그 수는 5000~6000개에 이른다. 그중 최소 1퍼센트 이상은 지구와 비슷한 환경을 갖추었을 가능성이 있다.

하늘을 향해 손을 뻗는 순간, 당신은 손바닥 안에 2800개가 넘는 또 다른 세계를 잠시 쥐는 셈이다. 우리는 아직 손바닥 하나만큼의 하늘을 들여다봤을 뿐이다. 손바닥 하나로 하늘을 모두 가릴 수 없다고 하지 않던가? 남아 있는 저 넓은 하늘을 다 덮으려면 얼마나 많은 손바닥이 필요할지 생각해 보라. 우주의 거의 모든 별 곁에는 적어도 하나 이상의 외계행성이 돌고 있다고 보아도 무리가 없다. 그 가운데에는 생명을 품은 세계도 있을지 모른다. 아직 살아 있는 외계 생명체를 직접 확인한 적은 없지만, 천문학자들은 이제 생명체가 발견되어도 전혀 이상하지 않을 단계에 이르렀다고 평가한다.

백조를 벗어난 케플러의 시야

안타깝게도 케플러에 크고 작은 문제가 닥쳤다. 우주 공간에 떠 있는 망원경은 방향을 틀고 자세를 유지하기 위한 리액션 휠을 내부에 장착한다. 휠을 빠르게 회전시키면 망원경 몸체는 그 반대 방향으로 회전한다. 케플러에는 모두 네 개의 리액션 휠이 들어 있었다. 각각 서로 다른 축을 담당하며 망원경의 방향을 조정하고 자세를 제어했다.

그런데 2012년 7월에 2번 휠이 먼저 고장 났다. 이어 2013년 5월에는 4번 휠까지 멈춰 섰다. 망원경의 자세를 안정적으로 제어하려

◆ 하나의 별 곁에서 외계행성 일곱 개가 한꺼번에 발견된 것으로 유명한 트라피스트1 항성계를 표현한 그림. 외계행성이 중심 별 앞을 가리고 지나갈 때 벌어지는 미세한 밝기 변화, 즉 트랜싯을 활용해 외계행성을 찾을 수 있다.

면 리액션 휠이 최소 세 개는 필요하다. 네 개 가운데 두 개가 잇달아 고장 나면서 케플러는 더 이상 정밀한 자세 제어가 어려운 상태가 되었다. 천문학자들은 고장 난 휠을 되살리기 위해 여러 방법을 시도했지만 끝내 성공하지 못했다. 2013년 8월 15일에 나사는 케플러의 리액션 휠 복구를 사실상 포기한다고 발표했다.

리액션 휠이 멈추자 케플러는 시야를 정밀하게 고정할 수 없게 되었다. 원래 케플러는 백조자리의 특정 영역을 향해 시선을 고정하고 있었다. 이제는 그 시야가 틀어지고 흔들리게 되었다. 당초의 임무를 그대로 이어가기 어려워졌다. 그렇다고 2009년에 발사한 우주망원경을 불과 4년 만에 우주 쓰레기로 돌려보낼 수는 없었다. 그건

너무 이르다. 리액션 휠 두 개의 고장 때문에 이 값진 외계행성 사냥꾼을 조기에 은퇴시킬 수는 없었다. 게다가 망원경의 민감한 카메라는 여전히 정상적으로 작동하고 있었다. 천문학자들은 망가진 리액션 휠의 빈자리를 다른 방법으로 메울 묘안을 찾아냈다. 놀랍게도 그 방법은 태양빛 자체를 활용하는 것이었다.

리액션 휠의 역할은 한마디로 망원경의 자세를 정밀하게 유지하는 일이다. 평행봉 위에서 체조 선수가 아슬아슬하게 중심을 잡는 것과 비슷하다. 이를 위해 망원경은 뉴턴의 운동 제3법칙, 즉 작용과 반작용의 원리를 이용한다. 휠을 한 방향으로 돌리면 망원경 몸체는 그 회전의 반대 방향으로 미세하게 회전한다. 그런데 휠이 고장 나더 쓸 수 없다면 그 기능을 대신할 외부의 안정된 힘을 빌려야 한다. 이때 천문학자들이 주목한 것이 태양빛이 만들어내는 미세한 압력이었다.

우리가 일상에서 느낄 수 없지만 빛에도 압력이 있다. 따스한 햇살을 쬐는 동안 태양빛은 우리를 아주 미세하게 밀어낸다. 빛이 물체에 부딪히면 작지만 실제 힘이 전달된다. 이것을 복사압radiation pressure이라고 한다. 마찰이 거의 없는 우주 공간에서는 이런 미세한 힘도 결코 무시할 수 없다.

케플러에는 길쭉하고 각진 태양광 패널 네 개가 달려 있다. 본래 이 패널은 망원경에 전력을 공급하는 장치다. 그러나 천문학자들은 이 각진 패널에 쏟아지는 태양빛의 압력을 이용해 망원경의 균형을 잡는 방법을 고안했다. 태양빛이 패널에 닿는 각도와 반사 방향을 정밀하게 조절하면 그 반작용으로 망원경의 자세를 유지할 수 있다. 조금만 기울어져도 균형이 무너질 수 있는, 말 그대로 아슬아슬한 전략이다. 부족해진 세 번째 휠을 태양빛이 대신하는 셈이다.

이렇게 케플러는 리액션 휠이 고장 난 뒤에도 두 번째 시즌을 맞았다. 이것이 2014년부터 시작된 K2 미션이다. K2는 말 그대로 케플러의 두 번째 임무라는 뜻이다. 케플러는 원래 백조자리 부근의 특정 지점을 오래도록 겨냥하는 방식으로 관측했다. 그 방향을 바라볼 수 있는 계절이 오면 최대 3개월 동안 시야를 고정한 채 같은 별들을 집요하게 추적했다. 그러나 K2 미션에서는 리액션 휠 대신 태양빛을 균형추처럼 활용해야 했기 때문에 케플러는 태양에 대해 일정한 각도를 유지하는 방향으로 시야를 옮겨가며 관측할 수밖에 없었다. 그 결과 K2 미션은 한 방향을 최대 80일 동안 바라본 뒤 다시 방향을 틀어 다른 하늘을 살피는 방식으로 진행되었다.

기존처럼 한 지점을 오래 붙잡고 있을 수 없게 되면서 관측의 정밀도는 크게 떨어졌다. 그러나 그 대신 더 넓은 하늘을 고르게 훑을 수 있었다. 외계행성의 트랜싯뿐 아니라 다양한 시계열 변화를 포착했고, 은하수를 따라 숨어 있던 초신성과 변광성에 대한 방대한 자료도 확보했다. 케플러는 연료가 모두 소진되어 2018년 임무를 마칠 때까지 4년 동안 K2 미션을 이어갔다. 그사이 약 300개의 새로운 외계행성이 명단에 추가되었다.

흥미로운 점은, 케플러는 이미 우주 쓰레기가 되어 방치되었지만 케플러가 남긴 데이터에서 여전히 새로운 발견이 이어지고 있다는 사실이다. 자료의 양이 방대해 아직 분석이 끝나지 않았다. 인력이 부족해 이제는 인공지능의 도움까지 받아가며 수많은 별빛 속에 숨어 있을 외계행성의 작은 윤곽을 찾아내고 있다. 그 덕분에 케플러가 은퇴한 지 한참 지난 지금도 '케플러'라는 이름을 단 새로운 외계행성이 계속 등장한다.

케플러는 오래전에 우주 공간을 떠도는 고철이 되었지만 우리에게 아직 발견되지 않은 세계가 숨어 있을지 모른다는 희망을 남겼다. 그리고 그 희망의 끝에서 데네브가, 외계인을 위한 등대처럼 밝게 빛나고 있다.

10. 태양계의 거울, 포말하우트

보이지 않는 것을 보는 법

보이지 않는 것을 보는 법

지금으로부터 수십만 년 전, 지구를 비롯해 수많은 세계를 정복한 테라라는 우주 문명이 있다. 이름하여 헤인 문명이다. 인류는 지구에서 저절로 진화한 종족이 아니라 오래전 헤인 문명이 세운 성간 식민지의 한 갈래다. 그러나 알 수 없는 이유로 헤인 문명은 붕괴했고 멀리 흩어진 각 별의 세계는 서로 단절되었다. 그렇게 인류는 한때 거대한 우주 문명이 존재했다는 사실조차 잊은 채 살아간다.

이 설정은 미국의 SF 거장 어슐러 르 귄Ursula Le Guin의 소설 시리즈인 헤인 연대기Hainish Cycle 대서사를 관통하는 세계관이다. 오늘날 인류 문명 이전에 훨씬 고도로 발달한 우주 문명이 있었지만, 그 모든 흔적과 기억이 사라져 우리가 알지 못할 뿐이라는 흥미로운 설정이다. 르 귄은 이 세계관을 바탕으로 여러 편의 SF 작품을 썼다. 『바람의 열두 방향』에 수록된 단편 「셈레이의 목걸이」는 그 가운데 하나다.

이 이야기는 가상의 우주 민족학자들이 남긴 해설로 시작한다. 오래전 포말하우트라는 별 주위에서 한 지적 문명이 사라졌다. 전설에 따르면, 그곳에는 셈레이라는 이름의 명문가 출신 여인이 살고 있었다. 그녀는 젊은 나이에 결혼했지만, 남편 집안에 비해 자신의 재산이 적다는 사실에 위기를 느낀다. 셈레이는 가문 대대로 전해 내려오는 전설 속 목걸이만 되찾을 수 있다면 부족한 지참금을 채우고 위태로운 결혼 생활에서 벗어날 수 있으리라 기대한다.

셈레이는 목걸이를 만든 드워프 그데미아에게서 목걸이가 있는 위치에 대한 단서를 듣는다. 그데미아는 목걸이가 우주의 한 박물관에 보관되어 있다고 알려준다. 그러면서 그 여정은 겨우 '단 하룻밤이면 다녀올 수 있는' 짧은 여정일 뿐이라고 말한다. 그의 말대로 셈레이는 우주선을 타고 박물관이 있는 행성으로 떠난다. 정말 하룻밤만에 박물관에 도착한 그녀는 마침내 목걸이를 되찾는다.

그러나 그 순간 물리학의 비극이 시작된다. 시공간에 따라 시간이 다르게 흐르는 상대론적인 시간 지연time dilation이 벌어진 것이다. 셈레이에게 그 여정은 고작 하룻밤의 일이었지만, 그녀의 고향 별 달력으로는 9년이 흘러 있었다. 지구 시간으로 따지면 거의 20년에 가까운 세월이었다. 목걸이를 들고 고향으로 돌아왔을 때 남편은 이미 세상을 떠난 뒤였고 다 자란 딸만 남아 있을 뿐이었다. 절망에 빠진 셈레이는 목걸이를 내던지고 황무지로 뛰쳐 나간다.

르 귄의 이야기는 한때 존재했지만 이제는 사라진 것들에 대한 이야기다. 수십만 년 전 존재했지만 지금은 아무도 기억하지 않는 고대 우주 문명, 그리고 고향을 떠날 때는 살아 있었으나 돌아왔을 때는 이미 세상을 떠난 남편까지. 모든 것은 흘러간 시간 속으로 스러져 간 존재들이다. 놀랍게도 이 이야기의 무대가 된 포말하우트Fomalhaut에서 실제로 비슷한 일이 벌어지는 중이다. 한때 분명 존재했던 무엇이 서서히 사라지는 과정을 우리는 지켜보고 있다. 포말하우트는 상상 속에서도, 현실에서도 이제는 사라져 가는 것을 기억해야 할 장소가 되었다.

다이렉트 이미징의 기적

포말하우트는 지구에서 약 25광년 떨어진 밝은 별이다. 남쪽 밤하늘을 헤엄치는 물고기의 주둥이에 해당하는 자리에서 빛난다. 이름 역시 아랍어로 '남쪽 물고기의 입'을 뜻하는 품 알후트에서 유래했다. 남쪽물고기자리 바로 옆에는 황도 12궁에 속하는 물병자리가 있다. 전해지는 이야기로는 남쪽물고기가 물병자리에서 흘러내리는 물을 받아먹는다고 한다.

흥미롭게도 중앙아시아의 사막 문화권에서는 밤하늘에 물과 관련된 별자리가 유독 많다. 아마도 하늘을 올려다보며 비를 기다렸던 이들의 마음이 그 안에 스며 있을 것이다. 남쪽 하늘에서 홀로 밝게 빛나는 포말하우트의 등장은 먼 옛날 사막의 유목민들에게 선선한 가을의 시작을 알리는 반가운 신호였다. 포말하우트의 빛을 바라보며 물을 갈망했던 유목민의 기대가 아주 틀린 상상만은 아니었을지도 모른다. 실제로 포말하우트의 빛에는 물, 그것도 차갑게 얼어붙은 물의 흔적이 배어 있기 때문이다.

지상 망원경으로 찍은 포말하우트의 사진을 보면 별 하나가 눈부시게 빛나는 모습만 보인다. 그 곁에 별다른 흔적은 보이지 않는다. 너무 밝은 별빛이 주변의 희미한 존재를 완전히 묻어버리기 때문이다. 그러다 2000년대 초반 코로나그래프를 장착한 허블 우주망원경이 포말하우트를 겨냥하자 예상치 못한 장면이 드러났다. 홀로 눈부시게 빛나는 별만 있을 거라 여겼던 그 주변에서 거대한 원형 고리가 모습을 드러낸 것이다. 고리의 안쪽 경계는 중심 별로부터 약 133AU 지점에서 시작한다. 만약 그 자리에 태양을 놓는다면 해왕성 궤도 너머 카이퍼 벨트를 한참 넘어서는 규모다. 고리의 두께만 약 25AU에 이른다. 이는 태양과 지구 사이를 스물다섯 번 오갈 수 있는 거리다. 포말하우트 주변에는 먼지 부스러기로 이루어진 거대한 원형 고리가 넓게 펼쳐져 있었다.

코로나그래프로 중심의 별빛을 가리고 주변 고리를 드러낸 포말하우트의 관측 사진은 묘한 인상을 남긴다. 후처리 과정에서 사진 한가운데의 별빛을 지워내자 그 자리에 검은 구멍이 생겼다. 그리고 그 가장자리는 별을 크게 둘러싼 원형 고리와 절묘하게 맞물려 있다. 마치 먼 우주에서 지구를 노려보는 거대한 악마의 붉은 눈동자를 보는 듯하다. 몇몇 짓궂은 천문학자는 영화 〈반지의 제왕〉에 등장

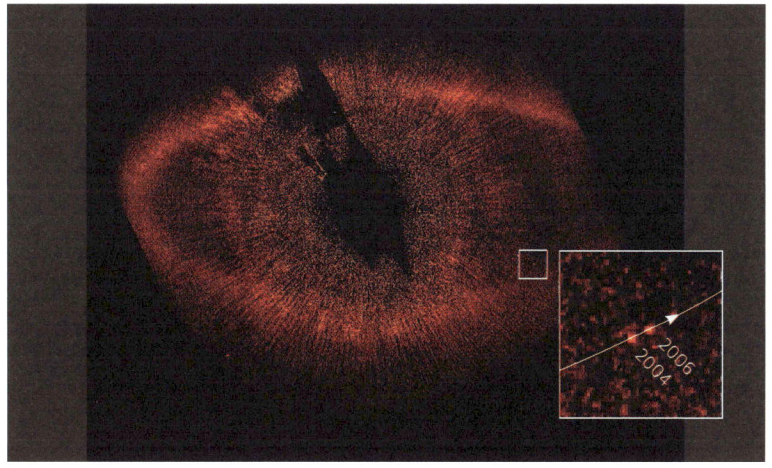

◆ 2004년에서 2006년 사이에 허블 우주망원경으로 촬영한 포말하우트. 사진 중앙에서 밝게 빛나던 별을 지우자 별 주변에 숨어 있던 희미한 구조가 드러났다. 2년 사이 별 곁에서 희미하고 작은 점이 이동한 것을 발견한 천문학자들은 외계행성이 맴돌고 있다고 추정했다.

하는 '사우론의 눈'을 우주에서 발견한 것 아니냐며 농담을 던지기도 한다.

그런데 이 사우론의 눈은 어딘가 수상했다. 고리는 한쪽으로 치우쳐 있었고, 그 기하학적인 중심은 포말하우트의 위치에서 약 15AU나 벗어나 있었다. 안쪽 경계도 유난히 날카롭고 선명했다. 보통 먼지 원반의 경계가 흐릿하게 퍼져 있는 것과는 확연히 달랐다. 이러한 단서를 바탕으로 천문학자들은 고리 안쪽에 아직 발견하지 못한 행성이 하나 더 숨어 있을 가능성을 제기했다. 그 행성이 포말하우트 곁을 주기적으로 공전하며 중력으로 원반의 안쪽 가장자리를 다듬고, 동시에 중력 교란으로 원반 전체를 자기 쪽으로 살짝 끌어당겨 비대칭 구조를 만들었을 것이라는 추정이다.

이런 추측에 기반해 천문학자들은 2004년부터 허블 우주망원경으로 포말하우트 주변을 샅샅이 관측했다. 미국의 천문학자 폴 칼라스Paul Kalas는 2004년부터 2006년까지 이어진 관측 끝에 넓게 펼쳐진 먼지 고리 속에서 아주 희미한 반점 하나가 미세하게 위치를 바꾸는 모습을 발견했다. 그 위치는 관측할 때마다 바뀌었다. 그는 2008년 「사이언스」에 발표한 논문에서 이 반점이 포말하우트 곁을 도는 숨어 있던 행성일 가능성이 크다고 추정했고, 이후 이 천체는 공식적으로 포말하우트 b라는 이름을 얻었다.

처음 공개되었을 당시 포말하우트 b는 목성 질량의 2~3배에 이르는 거대한 가스 행성으로 추정되었다. 불과 2년 사이에 나타난 아주 미세한 위치 변화를 근거로 이 행성의 궤도를 계산한 결과, 약 1700년 주기의 거대한 타원 궤도를 도는 것으로 보였다. 그 궤도는 크게 찌그러져 있었고, 앞서 발견된 두꺼운 먼지 고리 원반의 안팎을 넘나드는 경로를 따라 움직이는 듯했다.

포말하우트 b의 발견 소식은 곧바로 큰 주목을 받았다. 외계행성을 직접 촬영해 확인하는 다이렉트 이미징direct imaging의 사례가 극히 드물었고, 그만큼 극적이었기 때문이다. 행성은 별처럼 스스로 빛을 내지 않는다. 중심 별의 눈부신 광채에 파묻힌 채 그 별빛을 반사하는 희미한 점으로 겨우 드러날 뿐이다. 그래서 다이렉트 이미징만으로 외계행성을 찾아내는 일은 매우 까다롭다. 그동안 외계행성은 시선 속도나 트랜싯처럼, 행성의 존재로 인해 중심 별에 남는 간접적

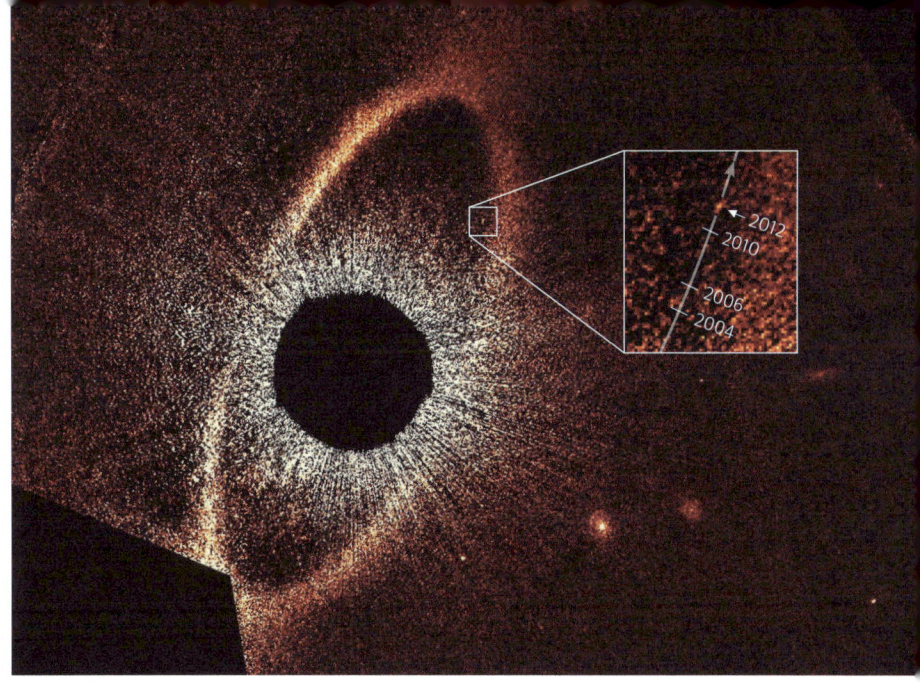

◆ 허블 우주망원경으로 2010년에서 2012년 사이에 다시 관측한 포말하우트의 모습. 사진 중앙의 별을 지우고 주변에 숨어 있던 흐릿한 구조가 드러나도록 했다. 앞서 발견되었던 작은 천체가 여전히 별 곁에서 미세하게 움직인 것을 확인할 수 있다.

인 흔적을 통해 주로 확인되어 왔다.

　예를 들어 행성의 중력 때문에 중심 별이 미세하게 흔들리는 움직임을 감지하거나, 행성이 별 앞을 가리고 지나가면서 생기는 극히 작은 밝기 변화를 포착하는 방식이 그것이었다. 하지만 포말하우트 b는 불과 2년 사이에 움직인 모습을 드러냈다. 중심 별의 변화를 통해 간접적으로 존재를 추정하는 방식이 아니라 행성 자체를 직접 사냥하는 데 성공한 뜻깊은 사례였다. 코로나그래프를 정교하게 활용한다면 앞으로 더 많은 외계행성을 직접 포획할 수 있으리라는 기대도 함께 커졌다.

외계행성의 숲과 바다를
보고 싶다면

다이렉트 이미징은 그 자체로 값진 성취다. 외계행성의 존재를 직접 확인할 수 있는 거의 유일한 방법이기 때문이다. 최근 광학 영상 기술이 발전하면서 이 방식으로 이른바 '인증샷'을 남긴 사례도, 느리지만 꾸준히 늘고 있다. 하지만 지금까지 다이렉트 이미징으로 확인된 외계행성은 서른 개 남짓에 불과하다.

외계행성은 중심 별에서 멀리 떨어져 있을수록 별빛에 덜 묻혀 관측하기 쉽고, 크기가 클수록 반사되는 빛도 더 밝다. 그래서 현재 기술로 직접 확인할 수 있는 대상은 대체로 큰 궤도를 도는 거대한 행성들이다. 우리 태양계로 치면 천왕성이나 해왕성과 비슷한 부류다. 한마디로 차갑게 얼어붙은 어둠 속의 세계다.

하지만 우리가 궁극적으로 찾는 것은 지구처럼 알맞은 크기와 온도를 지닌 행성이다. 문제는 지금의 다이렉트 이미징 기술로는 그런 행성을 포착하기가 매우 어렵다는 데 있다. 게다가 궤도가 넓을수록 공전 주기는 길어지고 작은 빛의 얼룩 하나가 중심 별 주위를 맴돈다는 확실한 증거를 쌓으려면 수 년에서 10년에 가까운 기다림이 필요하다. 외계 생명체의 단서를 당장이라도 찾고 싶은 천문학자들에게는 극한의 인내를 요구하는 방식이다. 솔직히 말하자면 전혀 마음에 들지 않는다.

외계행성을 포착하는 데 성공하더라도, 결국 손에 쥐는 사진은 꽤 실망스럽다. 별 옆에 희미하게 찍힌 작은 얼룩 하나가 전부이기 때문이다. 우리가 기대하는 푸른 바다와 숲의 세부 모습은 전혀 보이지 않는다. 보이저가 태양계 가장자리에서 촬영한 '창백한 푸른 점'을 떠올려 보자. 그 사진을 찍을 당시 보이저는 아직 태양계 안에 있었다. 그럼에도 그 거리에서 바라본 지구는 고작 몇 개의 픽셀에 불과했다. 하물며 수십, 수백 광년이나 떨어진 외계행성을 본다면 바다와 숲이 펼쳐진 풍경 사진을 기대하는 일은 애초에 무리다.

중심에 있는 눈부신 별빛 때문에 외계행성의 희미한 모습이 파묻히는 것이 문제라면, 차라리 처음 관측할 때부터 그 밝은 별빛을 완전히 가려 버리면 어떨까? 코로나그래프를 더 크게 만들어 거대한 가림막을 펼쳐 놓고, 애초에 별을 관측할 때부터 별빛을 크게 가려 놓는 것이다. 실제로 천문학자들은 코로나그래프의 크기를 극단적으로 키우는 이런 아이디어를 진지하게 검토하고 있다. 지금 사용하는 코로나그래프는 손톱보다도 작은 크기에 불과하지만, 망원경 시야 앞을 가로막는 수 미터 크기의 거대한 인공 가림막을 따로 펼쳐 두고 보기 싫은 별빛만 차단한 채 그 주변에 숨어 있을지 모를 외계행성을 직접 포착하려는 시도다.

이를 위해 천문학자들은 거대한 해바라기 꽃잎 모양의 별빛 가림막, 스타셰이드starshade를 개발하고 있다. 우주망원경과 함께 지름이 25~100미터에 이르는 거대한 스타셰이드가 달 너머 궤도에 안착한다. 이후 스타셰이드는 우주망원경으로부터 약 3~10만 킬로미터 거리를 유지한 채 망원경이 겨냥한 별 앞의 시야를 가린다. 그러면 애

◆ 종이접기 원리를 활용해 만든 다양한 스타셰이드의 모형을 시험하는 모습.

초 관측 단계에서부터 성가신 별빛을 최대한 차단한 상태로 이미지를 얻을 수 있다.

별빛을 가리는 가림막이 하필 해바라기 꽃잎처럼 뾰족뾰족한 가장자리를 갖게 된 데에는 분명한 과학적 근거가 있다. 가장자리가 매끈한 원형 가림막으로 별빛을 차단하면 가장자리 너머로 새어 나오는 빛의 파동이 복잡하게 얽히며 가림막 너머로 동심원 형태를 그리며 퍼져나가는 별빛의 잔상을 만든다. 파동의 형태로 날아오는 별

10. 태양계의 거울, 포말하우트

빛이 예리한 가림막 가장자리에서 간섭을 일으키기 때문이다. 성가신 별빛을 최대한 가려놓고 그 곁에 숨어 있을지 모를 흐릿한 외계행성을 포착하는 것이 목표인데, 오히려 별빛의 잔상을 더 복잡하게 만들어 버리는 셈이다. 그래서 가림막 가장자리에서 일어나는 빛의 파동이 뒤섞이며 잔상의 파문이 퍼져나가는 빛의 간섭을 최소화하기 위해 일부러 뾰족뾰족한 꽃잎 형태로 가림막을 디자인한다.

이 시도는 말 그대로 우주에 올라가 별빛을 처음부터 차단한 뒤, 그 곁의 외계행성을 직접 촬영하려는 시도다. 이를 위해서는 가림막이 우주망원경이 겨냥하는 방향 바로 앞에 오랫동안 정확히 대형을 갖춰 정렬된 상태를 유지하는 정밀한 편대 비행formation flying 기술이 있어야 한다. 또한 우주망원경과 스타셰이드 사이의 거리를 사실상 수 밀리미터 수준으로 정밀하게 조절할 수 있는 세심한 제어 기술도 필요하다.

최대 100미터에 이르는 거대한 스타셰이드를 우주 궤도에 올리려면 먼저 비좁은 로켓 안에 욱여넣어야 한다. 그래서 천문학자들은 종이접기에서 해법을 찾는다. 로켓 안에 곱게 접어 넣어둔 스타셰이드를 우주 공간에서 다시 펼쳐 거대한 가림막으로 완성하는 방식이다. 이미 이런 '우주 종이접기'는 제임스 웹 우주망원경이 거대한 거울을 펼칠 때부터 시도되어 왔다. 우주에 올리고 싶어 하는 망원경의 규모는 점점 커지지만 이를 실어 나를 로켓의 크기는 크게 달라지지 않았다. 이 물리적 한계 앞에서 천문학자들은 종이접기로 현실과 타협했다.

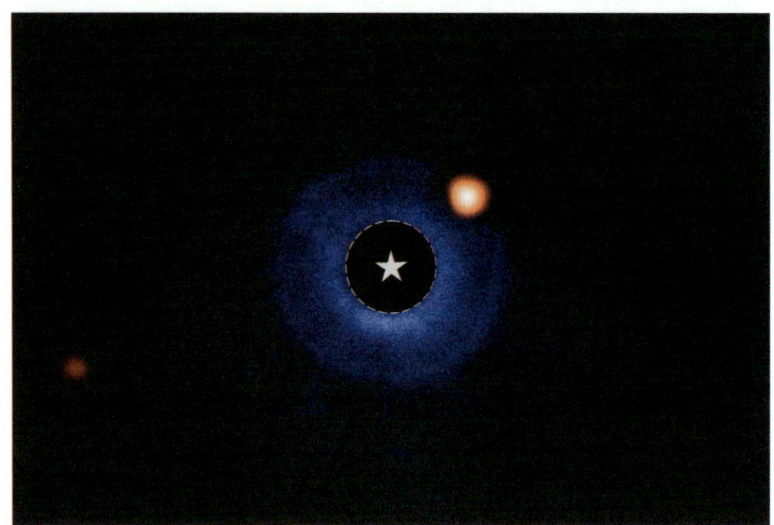

◆ 2024년 6월 21일, 제임스 웹 우주망원경으로 별 TWA 7 곁을 맴도는 외계행성의 모습을 다이렉트 이미징으로 관측했다. 오른쪽 위 주황색으로 표시된 작은 얼룩이 외계행성이다. 지금의 다이렉트 이미징 기술로는 이 사진처럼 작은 얼룩으로 관측하는 게 최선이다.

　　이미 스타셰이드는 시제품을 제작해 다양한 실험을 진행하고 있다. 천문학자들은 거대한 해바라기 꽃잎 모양의 거대한 금박을 조심스럽게 접었다 펼치는 연습을 계속 반복한다. 말 그대로 종이접기를 연구하는 셈이다. 2027년 발사를 앞둔 차세대 우주망원경, 낸시 그레이스 로먼 우주망원경과 연계해 스타셰이드를 운용하는 계획도 세워두었다. 나아가 지상의 대형 망원경과 결합해, 필요할 때마다 특정 별빛을 가리고 그 주변의 외계행성을 찾는 지상 다이렉트 이미징에 활용하는 방안도 거론된다. 만약 스타셰이드가 실현된다면 우리는 지금까지 발견한 것보다 훨씬 작은 지구형 외계행성의 모습까지 더 또렷하게 포착할 수 있을 것이다.

결국 사라져 버린 외계행성

다이렉트 이미징은 광학 기술의 최전선이자 인내심의 승리라고 할 수 있다. 눈부신 별빛 바로 곁에 파묻힌 어두운 외계행성을 그저 사진 한 장으로 확인하는 일은 기술적으로도 까다롭다. 게다가 사진 속에서 찾아낸 그 작은 반점이 천천히 별 곁을 돌며 위치를 바꾸고 있는지까지 확인해야 한다. 그만큼 결론에 이르기 위해서는 긴 기다림이 필요하다. 우리가 다그친다고 해서 행성이 서둘러 궤도를 도는 것은 아니기 때문이다. 그저 멀리서 천천히 꼬물거리는 외계행성의 느린 움직임을 지켜볼 뿐이다.

2015년 국제천문연맹은 공모를 통해 포말하우트 b에 새로운 이름을 붙였다. 메소포타미아 신화에 등장하는, 반은 물고기이고 반은 인간의 모습을 한 바다의 신 다곤Dagon이라는 이름이었다. 이후 포말하우트 b, 이른바 다곤은 다이렉트 이미징으로 발견된 역사적인 외계행성으로서 당당히 외계행성 목록에 이름을 올렸다.

칼라스는 포말하우트 곁에서 움직이는 희미한 다곤의 얼룩을 처음 발견했던 순간, 심장이 멎는 듯한 기분이 들었다고 회상한다. 태양계 바깥 또 다른 세계의 모습을 직접 확인하는 것은 그만큼 설레는 경험이었을 것이다. 그러나 다행스럽게도 아니 어쩌면 불행하게도 칼라스의 심장은 다시 천천히 진정되기 시작했다. 천문학자들 사이에서 다곤이 어쩌면 행성이 아닐지도 모른다는 의심이 고개를 들기 시작했기 때문이다.

맨 처음 다곤을 포착한 것은 허블 우주망원경이었다. 가시광 관측을 통해 중심 별 곁에서 꼬물거리며 움직이는 작은 반점 하나를 발견했다. 만약 이 반점이 칼라스가 기대했던 것처럼 목성 질량의 2~3배에 이르는 육중한 가스 행성이라면, 가시광뿐 아니라 적외선 영역에서도 밝게 보여야 한다. 일반적으로 가스 행성은 별빛을 받아 미지근하게 달궈지면 그 온도에 해당하는 만큼의 적외선을 방출하기 때문이다. 다곤이 정말 가스 행성이라면 적외선으로 관측했을 때 그 반점은 가시광 이미지에서보다 더 밝게 드러나야 했다.

그러나 스피처 우주망원경으로 적외선 관측을 진행한 결과 별다른 반점은 보이지 않았다. 코로나그래프를 활용한 허블 사진에서 작지만 또렷하게 확인되던 그 작은 반점의 모습은 적외선 이미지에서는 자취를 감추었다. 이는 이 천체가 적외선 영역에서 뚜렷한 복사 에너지를 방출하지 않는다는 뜻이다. 중심 별빛을 받아 달궈진 거대한 가스 행성이라기에는 지나치게 차갑고 어두웠다. 더구나 목성보다 2~3배 무거운 행성으로는 도저히 설명할 수 없는 밝기였다. 만약 다곤이 행성이라면 그 질량은 한참 더 작고 가벼워야만 이 관측 결과와 어긋나지 않는다.

포말하우트 곁에 행성이 숨어 있을 것이라는 기대를 낳았던 첫 번째 근거도 흔들리기 시작했다. 천문학자들은 코로나그래프로 드러난 거대한 원형 고리 구조가 한쪽으로 미묘하게 치우쳐 있다는 사실을 발견했고, 이를 근거로 그 고리에 중력을 가해 비대칭을 만드는 행성이 어딘가에 존재할 것이라 추정했다. 2004년 다곤이 처음 발견되었을 때만 해도, 그것이 바로 그 숨어 있던 행성의 정체처럼 보였다. 그러나 2012년까지 다곤의 움직임을 꾸준히 추적해 궤도를 정밀하게 계산해 보니 다곤의 궤도는 고리가 치우친 방향과는 별다른 상관 없이 움직이는 듯 보였다.

더 이상한 점은 시간이 흐를수록 다곤이 점점 어두워졌다는 사실이다. 2004년 처음 발견되었을 때만 해도 허블 우주망원경 사진 속 다곤은 작지만 또렷한 반점이었다. 그러나 이후 꾸준히 추적 관측한 결과 다곤은 점점 크기는 커지고 밝기는 옅어지는 변화를 보였다. 마치 사방으로 퍼지면서 밀도가 낮아지는 것처럼 보였다. 2014년에 이르러서는 배경의 검은 우주와 구분하기 어려울 만큼 희미하게 흩어졌다. 사진 속 다곤이 점점 뿌옇게 흐려지듯, 다이렉트 이미징이라는 가장 확실한 방식으로 외계행성을 찾아냈다는 믿음도 함께 흐려졌다.

2023년 제임스 웹 우주망원경은 논란의 중심에 있던 포말하우트를 다시 겨냥했다. 2004년 허블 우주망원경이 별 곁에서 움직이던 작은 반점을 처음 포착한 이후 20년이 흘렀다. 만약 다곤이 온전한 외계행성이었다면, 지난 20년 동안 위치만 조금 달라졌을 뿐 여전히 그 자리에 남아 있어야 했다. 그러나 제임스 웹의 관측 사진에서는 더 이상 다곤을 찾을 수 없었다. 한때 포말하우트 곁을 맴돌며 서서

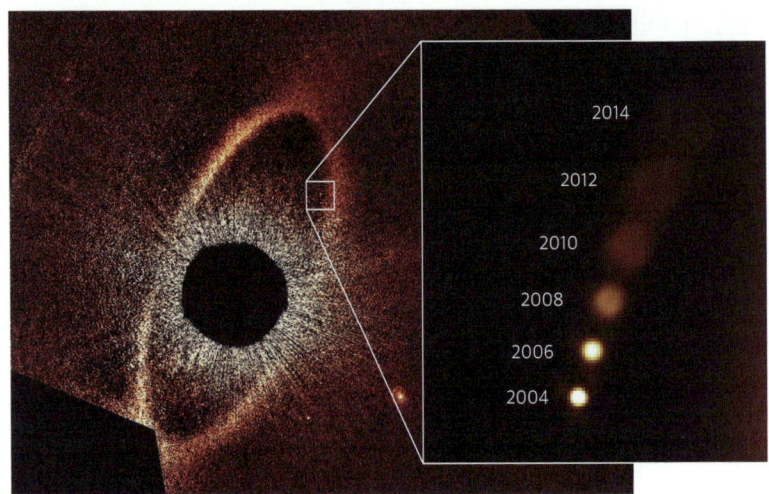

◆ 2004년에서 2014년 사이에 다곤의 변화를 비교한 사진. 포말하우트 곁에서 천천히 움직이는 동안 다곤은 크기가 부풀어 오르고 희미해졌다.

히 퍼져 가던 다곤은 이제 흔적도 없이 사라졌다. 다곤은 애초부터 완전한 외계행성이 아니었다. 서서히 흩어지던 먼지 구름이었을 뿐이다. 우리는 잠시 뭉쳐 있던 먼지 구름이 완전히 사라지기 직전의 마지막 장면을 우연히 포착한 셈이다. 어쩌면 그 점에서는 운이 좋았다고 해야 할지도 모르겠다.

아마 포말하우트 주변을 넓게 둘러싼 소행성대에서 작은 암석들이 빈번하게 충돌하고 있는 듯하다. 때로는 꽤 큰 소행성이 정면으로 부딪쳐 거대한 파편 구름을 남긴다. 우리가 한때 외계행성을 발견했다며 들떴던 그 반점의 정체는 오래전 포말하우트 근처에서 벌어진 한 차례 격렬한 충돌이 남긴 흔적이었던 것이다.

10. 태양계의 거울, 포말하우트

◆ 포말하우트 곁을 맴돌던 두 소행성의 충돌 순간을 표현한 그림.

제임스 웹은 뜻밖에도 다곤이 사라진 자리와는 전혀 다른 위치에서 또 하나의 반점을 발견했다. 이번에도 코로나그래프를 활용해 중심 별빛을 가리고 그 주변에 숨어 있던 희미한 구조를 드러냈다. 다곤보다 더 멀리, 포말하우트 바깥 고리에서 포착된 반점이었다. 주변 먼지 원반에 비해 조금 더 또렷하게 뭉쳐 있는 듯 보이는 거대한 먼지 구름great dust cloud이었다. 천문학자들은 다곤이 결국 외계행성이 아닌 일시적인 먼지 구름으로 밝혀졌듯이, 이 반점 역시 소행성 충돌로 흩어진 먼지일 가능성이 크다고 본다. 다만 그 규모가 다곤보다 10배나 더 크기 때문에 훨씬 거대한 천체들끼리 충돌했을 것이라고 추정한다.

어쩌면 소행성이라 부르기에는 억울할 정도로, 수성 규모의 작은 암석 행성이 부딪힌 현장일지도 모른다. 포말하우트가 보여주는 풍경은 평화라기보다 혼란에 가깝다. 그 곁에는 형체를 온전히 유지한 행성은 보이지 않는다. 대신 크고 작은 행성과 소행성들이 끊임없이 서로 부딪치면서 사방으로 흩뿌린 부스러기만 남아 있을 뿐이다.

창조와 파멸이 공존하는 세계

그렇다면 포말하우트 주변에는 이제 어떤 외계행성도 살아남지 못한 것일까? 오래전 충돌로 산산이 부서진 잔해만 남은 것일까? 놀랍게도 가장 최근 제임스 웹의 관측은 아직 모습을 드러내지 않은 또 다른 행성의 존재 가능성을 암시한다.

기존 관측에서는 포말하우트를 둘러싼 하나의 거대한 부스러기 원반만 확인되었다. 그러나 제임스 웹은 그 안팎에 숨어 있던 새로운 고리 구조를 포착했다. 중심 별을 약 0.1AU 거리에서 감싸는 가장 안쪽 고리, 약 1AU 부근의 중간 고리, 그리고 130AU 바깥까지 뻗어 있는 카이퍼 벨트 규모의 외곽 고리가 존재한다. 게다가 고리 사이에는 부스러기가 상대적으로 적어 비어 있는 듯 보이는 틈도 선명하게 드러났다.

이처럼 원반에 생긴 틈은 흔히 새로 태어난 행성의 존재를 암시한다. 비슷한 궤도를 돌던 입자가 서로 달라붙어 행성의 씨앗으로 자라나고, 그 과정에서 주변 먼지를 끌어모아 궤도 일대를 정리하기 때문이다. 실제로 제임스 웹의 사진을 보면 중간 고리의 윗부분이 유독 옅고 흐릿하게 보인다. 이러한 비대칭은 바로 그 구간에서 새로운 행성이 태어나며 밀도가 낮아졌을 가능성을 보여준다.

포말하우트는 태양보다 훨씬 젊은 별이다. 나이는 약 4억 4000만 년에 불과하다. 약 50억 년을 살아온 태양에 비하면 10분의 1 수준이다. 말 그대로 아직 어리다. 그만큼 이 항성계는 지금도 원반 속에서 탄생과 종말이 동시에 벌어지는 현장일 수 있다. 작은 입자들이 뭉쳐 새로운 행성이 태어나고 곧이어 충돌로 산산이 부서져 다시 부스러기로 돌아가는 일이 끊임없이 반복되는 혼돈의 세계, 창조와 파멸이 공존하는 세계다.

포말하우트는 우리 태양계가 약 50억 년 전에 겪었을 과정을 불과 25광년 거리에서 생생하게 보여주는 드문 현장이다. 아쉽게도 가장 최근 제임스 웹의 관측에서도 원반의 틈 속에 숨어 있을지 모르는 행성의 모습은 포착되지 않았다. 파멸이 창조를 압도해 잔해만 남은 세계인지 아니면 혼돈 속에서도 제 모습을 지키며 자라나는 용감한 행성이 숨어 있는지 우리는 아직 알지 못한다.

한때 천문학자들은 남쪽물고기자리의 포말하우트 곁에서 다곤이라는 이름의 대어를 낚았다고 착각했다. 그것도 가장 까다로운 방식인 다이렉트 이미징으로, 가장 짜릿한 손맛을 느끼며 낚아 올렸다고 믿었다. 하지만 다곤은 한여름 밤의 꿈처럼 구름 속으로 사라졌고, 어망은 다시 텅 비고 말았다. 어쩌면 포말하우트는 아직 단단히 다져진 거대한 행성을 품은 세계라 부르기에는 미성숙한 세계일지도 모른다.

칠레 아타카마사막에 자리한 거대한 전파망원경 ALMA로 이어진 추가 관측에 따르면, 포말하우트의 먼지 고리 속에는 물 얼음뿐 아니라 일산화탄소와 이산화탄소 성분도 발견된다. 그 양은 극히 미미하지만 분명히 존재한다. 이것은 중요한 단서를 제공한다. 탄소하나에 산소 한 개가 결합한 일산화탄소와 탄소 하나에 산소 두 개가 결합한 이산화탄소 분자는 매우 불안정하다. 중심 별에서 새어나오는 자외선을 쬐면 곧바로 광분해된다. 만약 이 성분이 아주 오래전부터 존재했다면, 이미 오래전에 모두 사라졌어야 한다.

그런데 포말하우트 곁에 일산화탄소와 이산화탄소가 미미하지만 분명히 남아 있다는 사실은 이 물질이 오래전에 형성된 잔재가 아니라 비교적 최근까지도 조금씩 새로 공급되고 있음을 뜻한다. 포말하우트를 둘러싼 먼지 고리를 채우는 정체는 바로 일산화탄소와 이산화탄소를 머금은 채 얼어붙은 혜성 파편이다. 태양계 가장자리에 혜성들의 고향인 카이퍼 벨트와 그 너머 오르트 구름이 자리하듯, 포말하우트 주변에도 끊임없이 서로 충돌하며 수많은 얼음 부스러기를 남기는 혜성 무리가 존재한다.

비록 포말하우트에서는 외계행성은 찾아내지 못했지만, 그보다더 놀라운 외계혜성exocomet의 가능성을 발견했다. 이는 포말하우트가 고작 4억 4000만 년밖에 되지 않은 어린 별이라는 사실과도 잘맞아떨어진다. 갓 태어난 별 곁을 차디찬 얼음 조각들이 맴돌며 언젠가 덩치 큰 행성으로 빚어질 날을 기다리는 과정을 고스란히 보여

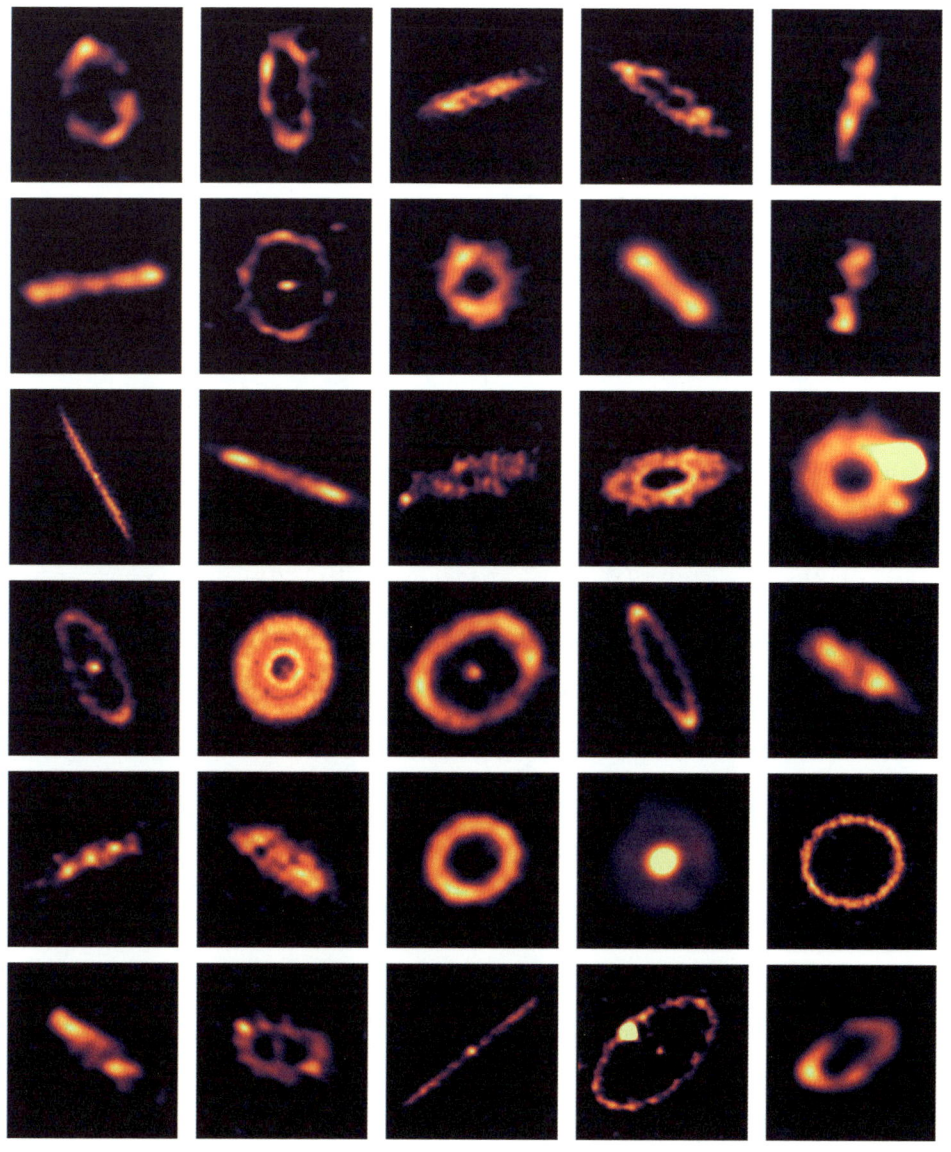

◆ 포말하우트뿐 아니라 다양한 별 곁에서 소행성과 혜성의 빈번한 충돌이 남긴 거대한 먼지 원반의 원반의 흔적을 볼 수 있다.

주는 셈이다. 거대한 분자 구름이 태양계와 같은 모습으로 변해가는 그 사이, 잃어버린 고리를 메워주는 현장이라 할 만하다.

함께하지만 함께하지 않는 세계

오랫동안 포말하우트는 외톨이 별로 여겨졌다. 그러나 밤하늘을 가득 채운 수많은 별의 움직임을 정밀하게 추적할 수 있게 되면서 포말하우트의 동행자가 하나둘 드러났다. 1930년대에는 남쪽물고기자리 TW별이 포말하우트와 매우 유사한 고유운동을 보인다는 사실을 발견했다. 이후 히파르코스 우주망원경의 정밀 관측으로 포말하우트와 남쪽물고기자리 TW별의 거리와 고유운동이 모두 일치한다는 사실이 확인되었다.

두 별 사이의 거리는 약 5만 7000AU에 이르는데 이는 태양에서 오르트 구름까지의 거리와 맞먹는 실로 아득한 간격이다. 그럼에도 두 별은 서로의 중력에 붙잡혀 있다. 남쪽물고기자리 TW가 포말하우트 B로 불리며, 포말하우트 A와 B는 하나의 쌍성계로 알려지기 시작했다.

그런데 아주 멀리서 또 다른 수상한 별이 포착되었다. 이 별은 포말하우트가 속한 남쪽물고기자리에도 들어 있지 않다. 밤하늘에서 포말하우트 A로부터 무려 6도나 떨어져 보이며 바로 옆 물병자리 영역에 자리한다. 실제 거리로는 포말하우트 A로부터 약 16만AU나

떨어져 있다. 이는 거의 2.5광년 거리에 해당한다.

그런데도 이 별은 나머지 두 별, 포말하우트 A, B와 고유운동이 일치한다. 세 별의 속도는 초속 1킬로미터 이내에서 거의 완벽하게 맞아떨어진다. 이는 이들이 하나의 중력적 시스템으로 묶여 있음을 뜻한다. 배경 별이 순전히 우연하게 거리와 움직임이 일치할 확률은 10만 분의 1에 불과하다. 포말하우트는 서로 수 광년에 달하는 거리를 두고 떨어진 세 별 A, B, C가 아슬아슬하게 엮여 있는 삼중성계로 추정된다. 여러 별이 모인 다중성계 가운데서도 축이 상당히 넓은 사례에 속한다. 서로 너무 멀리 떨어져 있어, 그중 하나는 아예 다른 별자리 영역에 걸쳐 있을 정도다.

포말하우트 C가 A 곁을 공전하는 데 걸리는 시간은 약 2000만 년이다. 포말하우트의 나이가 4억 4000만 년밖에 되지 않는다는 사실을 떠올리면, 포말하우트 C는 지금까지 별 A 곁을 스물두 바퀴 남짓 돌았을 뿐이다. 포말하우트 삼중성계를 이루는 세 별의 군무는 자칫하면 우리은하 자체의 중력 때문에 뿔뿔이 흩어질 수 있을 만큼 아슬아슬하다. 세 별이 처음 태어날 때부터 하나의 작은 가스 구름에서 함께 만들어진 것이 아니라, 오래전 더 많은 별이 모여 있던 성단이 우리은하를 공전하며 서서히 해체되는 과정에서 우연히 엮인 결과일 가능성도 있다.

세 별의 위태로운 동거를 더욱 복잡하게 만드는 장면이 있다. 포말하우트 C에서도 A와 마찬가지로 별을 둥글게 감싸는 먼지 고리가 발견되었다. 적외선을 관측하는 허셜 우주망원경은 온도가 고작

24켈빈 수준의 아주 낮은 온도로 얼어붙은 차가운 먼지 원반을 발견했다. 하나의 중력 시스템 안에서 두 별이 동시에 주변에 먼지 원반을 두르고 있는 모습은 매우 드문 사례다. 그런데 포말하우트 B에서는 아무런 원반도 발견되지 않았다. 이 사실은 세 별의 관계를 더욱 이해하기 어렵게 만든다. 상상해 보자면 원래는 포말하우트 A와 C만이 짝을 이룬 쌍성이었을 가능성이 있다. 오래전 성단이 해체되는 과정에서 또 다른 별 하나가 그 사이로 끼어들었고 그것이 바로 포말하우트 B라는 가설이다. 그 과정에서 힘겨루기 싸움에 밀린 포말하우트 C는 더 먼 궤도로 튕겨 나갔다. 굴러온 돌이 박힌 돌을 밀어낸 셈이다. 다행히 포말하우트 C가 완전히 떨어져 나가지는 않았다. 대신 다른 별자리 영역을 침범할 만큼 멀리 밀려난 채, 아슬아슬하게 중력에 붙잡혀 두 별과의 동거를 이어가고 있다.

남쪽물고기자리와 물병자리의 경계를 사이에 두고 갈라진 포말하우트 C의 처지를 바라보고 있으면 별자리라는 체계가 얼마나 인간 중심적인 오해 위에 세워진 그림인지 새삼 느끼게 된다. 각 별이 실제로 어떻게 역학적으로 얽혀 있는지, 누가 누구의 동반성인지 같은 별들의 사연은 전혀 고려되지 않았다. 단지 겉으로 드러난 밝은 별들의 위치만을 기준으로, 인간의 입맛에 맞게 제멋대로 선을 그어 경계를 나누었을 뿐이다. 지형과 역사, 그 무엇도 헤아리지 않은 채 유럽 열강이 아프리카 대륙 위에 직선을 그어 경계를 나누었던 것처럼 말이다. 밤하늘에 인간이 임의로 그어놓은 선 때문에 갈라진 포말하우트는 더욱 외롭게 느껴진다.

포말하우트는 여러 겹의 외로움이 공존하는 세계다. 포말하우트는 '밤하늘에서 가장 외로운 별'이라는 쓸쓸한 별명으로도 불린다. 포말하우트가 자리한 남쪽물고기자리 일대에는 눈에 띄는 다른 밝은 별이 없기 때문이다. 그래서 밤하늘을 올려다보면 넓게 펼쳐진 암흑 한가운데 포말하우트가 홀로 덩그러니 빛난다. 어떤 쓸쓸함마저 느껴진다. 그리고 아이러니하게도 그 쓸쓸함 덕분에 우리는 포말하우트를 더 쉽게 알아본다. 황량한 어둠 속에서 혼자 돋보이기 때문이다.

곁에 외계행성이 하나라도 머물러 있었다면 포말하우트의 외로움이 조금은 덜했을까. 그러나 지금 그 곁에 뚜렷한 행성은 보이지 않는다. 신비로운 얼음 조각들만이 어둠 속을 맴돌 뿐이다. 어쩌면 얼마 전까지는 행성이 있었을지도 모른다. 하지만 지금은 산산이 부서져 그 흔적만 원반 속에 남아 있다. 고독의 계절 가을 밤하늘에 포말하우트가 유난히 영롱하게 떠오르는 것이 단지 우연만은 아닐지 모른다.

> 이 별의 고독한 빛은 다가오는 가을의 쓸쓸한 기운과 겹쳐, 때로는 우리 마음에 잔잔한 우울을 불러일으킨다.
>
> —— 마사 에번스 마틴Martha Evans Martin, 『익숙한 별들The Friendly Stars』

11. 대멸종의 열쇠, 안타레스

탄생과 죽음은 모두 연결되어 있다

먼 옛날부터 화성은 전쟁과 파멸의 상징이었다. 화성의 선명한 붉은 빛을 보며 사람들은 피를 떠올렸다. 그리스인은 전쟁의 신 이름을 따서 화성을 아레스Ares라고 불렀고 로마에서도 이 이름을 그대로 번역하여 마르스Mars라고 불렀다. 화성은 약 2년 주기로 태양을 돌며 천천히 황도를 따라 밤하늘을 행군한다. 호전적인 아레스의 행군길 앞에서 대부분의 별은 감히 거만하게 그 길을 가로막을 엄두조차 내지 못한다.

그 길목에 매복한 단 하나의 용맹한 별이 있다. 화성 못지않게 붉게 타오르며, 스스로 화성에 필적할 만큼 용맹하다고 선언하는 별이다. 그래서 이 별은 '화성에 맞서는 자'라는 뜻에서 안티-아레스Anti-Ares, 줄여서 안타레스Antares라고 불렸다. 안타레스는 여름 밤하늘, 은하수 한가운데를 가로지르는 전갈자리에서 가장 밝게 빛나는 붉

◆ 칠레 아타카마사막에 위치한 지름 3.5미터의 뉴 테크놀로지 망원경 위로 은하수 중심이 지나 간다. 사진 한가운데 노랗게 빛나는 안타레스가 보인다.

은 별이다. 갈고리처럼 휘어진 전갈자리의 몸통 한가운데 자리 잡은 채, 마치 전갈의 심장처럼 붉게 타오른다.

화성과 지구는 각자의 궤도를 따라 태양을 맴돈다. 그 과정에서 화성은 때로 지구에 가까워지고 때로 멀어진다. 이때 지구에서 바라본 화성의 붉은빛도 함께 밝아지고 어두워지며 전쟁의 위기가 고조되거나 가라앉는 듯한 인상을 남긴다. 약 2년에 한 번씩 화성은 안타레스 근처를 무심히 스쳐 지나간다. 옛사람들은 그 모습을 보고 아레스가 매복한 안타레스를 조롱하듯 지나가는 장면이라고 해석했다. 밤하늘에서 가장 밝은 두 천체가 만나는 때는 전쟁의 위기가 몰려오는 가장 위태로운 순간이었다. 사람들은 두 천체의 결투를 두려운 마음으로 지켜봤다. 다행히 안타레스의 도전은 매번 허사로 돌아갔고 아레스는 아랑곳하지 않고 행군을 이어갔다.

여름 하늘의 안타레스가 아레스에게 무모한 도전장을 내민다면, 겨울 하늘에서 도전장을 내미는 또 다른 별이 있다. 바로 붉은 별 베텔게우스다. 베텔게우스는 겨울 하늘을 가로지르는 화성의 길목에 자리한 붉은 별이지만, 안타레스만큼 아레스에게 바싹 다가가지는 못한다. 베텔게우스가 속한 오리온자리는 한때 허세를 부리다가 전갈에게 혼쭐났다는 일화가 있다. 전갈에게 당한 좋지 않은 기억을 의식해서일까. 밤하늘에서 오리온자리와 전갈자리는 결코 함께 나타나지 않는다. 하나가 떠오르면 다른 하나는 반드시 반대편 지평선 아래로 숨는다. 겁쟁이 베텔게우스는 똑같이 붉게 타오르면서도 안타레스와 달리 아레스에 맞서지 못했다.

오늘날 우리가 아는 우주의 규모를 떠올리면, 화성 아레스가 안타레스를 조롱했다는 옛이야기는 쓴웃음을 자아낸다. 실상은 정반대이기 때문이다. 화성은 태양 곁을 도는 작은 돌멩이에 불과하다. 지름도 지구의 절반 남짓이다. 화성의 붉은빛 또한 스스로 내는 빛이 아니라, 붉게 녹슨 표면이 태양빛이 반사한 결과일 뿐이다. 화성이 밤하늘에서 유난히 도드라지는 이유는 그저 우리와 가깝기 때문이지 결코 대단한 힘을 품어서가 아니다.

안타레스는 화성과 전혀 다른 존재다. 전갈자리 한가운데서 숨쉬는 거대한 적색 초거성으로 지름이 태양 지름보다 무려 680배나 크다. 태양을 중심으로 도는 화성의 공전궤도 지름마저 압도할 정도다. 만약 태양 자리에 안타레스를 갖다 놓는다면, 부풀어 오른 별의 표면이 화성 궤도까지 통째로 삼킬 것이다.

실제 우주의 규모를 알고 나면, 화성이 안타레스를 스쳐 지나는 장면은 더 이상 오만한 전쟁 광인의 행군으로 보이지 않는다. 오히려 맞설 수 없는 거인 곁을 얌전하고 조용하게 통과하려는 소심한 돌멩이의 발걸음처럼 느껴진다.

붉게 물든 전쟁터 속 잠복한 존재

안타레스는 전쟁과 묘한 인연을 이어왔다. 1862년 4월 12일 남북전쟁이 한창이던 미국의 조지아주 북부에서 대담한 기습 작전이 벌

◆ 옴즈비 M. 미첼이 이끌었던 대기관차 추격전을 묘사한 그림. 남부연합의 화물 기관차를 탈취하는 기습 작전을 지휘했던 그는 본래 군인이 아니라 천문학자였다.

어졌다. 북부연합의 스파이 제임스 J. 앤드루스James J. Andrews는 남부연합의 화물 기관차를 탈취해 북쪽으로 내달렸다. 그는 길목마다 철도와 전신망을 끊어 남부의 병참선을 마비시키려 했다. 뒤늦게 상황을 파악한 남부연합도 기관차를 몰아 집요한 추격전을 벌였다. 결국 연료가 바닥난 앤드루스 일행은 모두 체포되어 처형당했다. 작전은 실패로 끝났지만 소수 정예가 철도와 통신망을 노린 기습이었다는 상징성 덕분에 이 사건은 오늘날까지 대기관차 추격전The Great Locomotive Chase이라 불리며 회자된다. 이 작전을 승인하고 지휘한 인물이 바로 오하이오 제3사단의 지휘관 옴즈비 M. 미첼Ormsby M. Mitchel이었다.

흥미롭게도 미첼은 본래 군인이 아니라 천문학자였다. 기관차를 몰아 적진을 돌파하기 전에 그는 신시내티대학교에서 천문학을 가르쳤다. 열정적인 강의 덕분에 인기가 대단했다. 그는 추종자들의 지지에 힘입어 신시내티에도 대형 망원경이 있어야 한다고 주장했다. 결국 미첼은 주식 300주를 한 주에 25달러씩 팔아 7500달러라는 거금을 마련했다. 7500달러는 당시로서는 사재를 털어 만든 상당한 액수였다. 그는 곧장 유럽으로 건너갔고, 뮌헨의 제작소에서 본 지름 28센티미터 굴절망원경에 마음을 완전히 빼앗겼다.

예산을 훌쩍 넘겼지만 미첼은 특유의 집념과 수완으로 거래를 성사시켰다. 1845년 마침내 거대한 망원경이 신시내티에 도착했다. 그로부터 2년 뒤 하버드에 더 큰 망원경이 들어서기 전까지, 이 망원경은 미국에서 가장 큰 굴절망원경이었다. 개관 행사에는 전 대통령 존 퀸시 애덤스가 직접 찾아와 축사할 정도로 세간의 이목이 쏠렸다. 훗날 망원경이 세워진 언덕에는 그의 이름을 따 애덤스산이라는 이름이 붙었다.

아이러니하게도 망원경이 도착하기 불과 하루 전인 1845년 1월 19일, 미첼은 모든 것을 잃었다. 신시내티대학교를 덮친 대형 화재가 모든 것을 집어삼켰고, 법과대학과 도서관 건물 일부를 제외한 캠퍼스 전체가 잿더미로 변했다. 대학은 사실상 폐쇄되었으며 교수와 학생들은 뿔뿔이 흩어졌다. 하지만 바로 그 전날 화재가 난 덕분에 긴 항해 끝에 도착한 그의 망원경만은 화마를 피할 수 있었다. 일

◆ 망원경으로 관측한 노란 안타레스와 푸른 동반성의 모습.

터가 사라진 뒤 한동안 미첼은 철도 건설 현장에서 일하고 천문학 강연을 열며 생계를 이어갔다.

그 고단한 시기에도 하늘을 향한 미첼의 열정은 멈추지 않았다. 1846년 여름, 그는 직접 들여온 거대한 망원경으로 안타레스를 겨냥했다. 그리고 눈부신 붉은빛 곁에 바짝 붙어 있던 희미한 동반성 하나를 찾아냈다. 두 별의 겉보기 간격은 고작 2.5초각밖에 되지 않았다. 동반성은 안타레스 바로 옆, 거의 붉은 잔상 속에 아슬아슬하게 파묻혀 있는 셈이다. 우리에게 익숙한 붉은 별이 안타레스 A, 그 곁에서 뒤늦게 발견된 동반성이 안타레스 B로 불린다. 안타레스는 A와 B 두 별이 짝을 이루어 도는 쌍성이다.

마치 적진 깊숙이 잠입한 스파이가 요란한 병영 한복판에 몸을 숨긴 듯 안타레스의 눈부신 불길 속에 이 작은 별은 조용히 잠복하고 있었다. 전 재산을 털어 들여온 망원경으로 안타레스 곁에 숨죽인 동반성의 희미한 빛을 바라보던 미첼은 상상조차 못 했을 것이다. 머지않아 자신이 그 별처럼 아무도 모르게 적진으로 스며드는 잠복 작전의 주인공이 될 운명임을 말이다.

안타레스의 교활한 동반자

공식적으로 안타레스의 동반성을 발견하고 이것이 쌍성임을 밝혀낸 인물로는 미첼을 꼽지만, 그보다 훨씬 일찍 안타레스에게 수상한 짝꿍이 숨어 있다는 낌새를 알아차린 이들이 있었다. 1819년 4월 13일, 오랫동안 피로 물든 듯 붉게 타오르던 안타레스가 돌연 전혀 예상치 못한 색깔로 옷을 갈아입는 사건이 벌어졌다. 당시 오스트리아 빈의 밤하늘을 가로지르던 달이 안타레스 앞을 가리고 지나가며 짧은 엄폐 현상이 일어난 것이다. 달 뒤로 숨었던 안타레스는 달이 지나간 뒤 반대편에서 다시 모습을 드러냈다.

그 순간 망원경으로 안타레스와 달의 숨바꼭질을 지켜보던 빈대학교의 천문학자 요한 토비아스 뷔르크Johann Tobias Bürg의 눈앞에 경이로운 장면이 펼쳐졌다. 달 뒤에서 고개를 내민 안타레스가 붉은빛이 아닌 초록빛으로 빛나고 있었던 것이다. 이 초록빛은 찰나에 불과했다. 안타레스는 곧바로 아무 일도 없었다는 듯 특유의 붉은색으로 돌아왔다.

마치 아무도 보지 않을 때 슬쩍 다른 색으로 변신하려던 안타레스의 일탈을 운 좋게 포착한 듯했다. 잠시 엿본 초록빛은 그 별에게 우리가 미처 알지 못하는 또 다른 얼굴이 있음을 암시했다. 뷔르크는 이 놀라운 경험을 근거로 안타레스가 초록빛으로 빛나는 작은 동반성을 거느리고 있다고 추정했다. 그러나 당시 그의 주장은 주목받지 못했다. 대다수는 그가 착각했으리라 여겼다. 설령 초록빛을 본 게 사실이라 해도 그것은 단지 지구 대기 때문에 별빛이 산란하거나 굴절되어 나타난 사소한 착시로 치부해 버렸다.

하지만 사실은 뷔르크가 관측한 결과가 옳았을 가능성이 크다. 안타레스의 동반성 안타레스 B는 표면 온도가 약 1만 8500켈빈에 이르는 뜨겁고 푸른 별이다. 겉보기에는 붉은 안타레스 A보다 약 370배나 어둡지만, 실제로 어두운 별이라는 뜻은 아니다. 절대등급으로 따진다면 안타레스 B 역시 태양보다 170배나 밝다. 다만 곁에 있는 초거성 안타레스 A가 워낙 압도적으로 밝아 상대적으로 흐릿하게 보일 뿐이다.

색의 대비도 흥미롭다. 깊고 진한 붉은빛을 띠는 안타레스 A 곁에 바짝 붙어 있는 탓에 안타레스 B의 푸른빛은 우리 시야에서 붉은 빛과 겹쳐 보인다. 여기에 안타레스 A가 뿜어내는 강한 항성풍과 주변 가스까지 겹치면서, 안타레스 B는 실제 관측할 때 순수한 푸른색보다 녹색에 가깝게 느껴진다. 거인의 붉은 기운과 그 속에 숨은 푸른 별이 어우러지며 빚어낸 묘한 색채다.

뷔르크의 인정받지 못한 첫 목격과 미첼에게 돌아간 공식적인 발견 사이에도 안타레스가 쌍성임을 짐작한 이가 또 있었다. 스코틀랜드 출신의 동인도회사 소속 천문학자로 인도 벵골에 머물던 제임스 그랜트James Grant다. 그는 미첼이 발표하기 정확히 2년 전인 1844년 7월 23일, 지름 1.5미터 굴절망원경으로 안타레스를 관측하며 곁에 희미한 동반성이 보인다고 기록했다. 그러나 이 결과를 학계에 정식으로 발표하지 않고 관측 노트에만 남겨둔 탓에, 그의 발견은 오랫동안 묻혀 있었다. 결국 안타레스가 쌍성임을 처음 알린 영광은 미첼에게 돌아갔다. 초거성 안타레스 A 곁에 바짝 숨어 포착하기가 무척 까다로웠던 안타레스 B는 종종 교활한 동반자라 불렸다.

안타레스의 숨은 동반성을 들춰낸 달의 엄폐 현상은 지금도 끊임없이 반복된다. 안타레스가 황도면ecliptic 가까이 자리한 덕분에 달의 길목과 자주 겹치기 때문이다. 2006년 5월 14일, 호주 블루마운틴 상공에서 촬영한 영상에도 그 장면이 또렷이 담겼다. 처음에는 아주 작고 희미한 점 하나가 달 가장자리에서 고개를 내밀고, 약 7.5초 뒤 훨씬 더 밝은 빛이 튀어나온다. 먼저 등장한 주인공이 안타레스 B였고, 이어서 달 뒤에 숨어 있던 안타레스 A가 모습을 드러냈다.

이처럼 달이나 행성이 배경 별을 가렸다가 다시 나타나게 하는 엄폐 현상은 동반성 존재 여부를 확인하거나 별의 미세한 지름을 파악하는 데 유용한 도구로 쓰인다. 오늘날에는 관측 기술이 더욱 정교해져 훨씬 작은 태양계 소행성이 배경 별을 가리는 찰나까지 활용한다. 천문학자들은 지금도 우주 곳곳에 숨은 '교활한 별들'과의 숨바꼭질을 이어가고 있다.

안타레스의 불규칙하고
뜨거운 욕망

안타레스가 자리한 전갈자리 부근 밤하늘은 은하수가 유난히 두껍고 선명하다. 우리은하 중심부를 향한 방향이기 때문이다. 이곳은 별의 밀도가 높을 뿐 아니라 뒤편의 별빛을 가리는 먼지 구름도 자욱하다. 특히 은하 중심을 가로지르는 검은 먼지띠는 폭이 넓은 은하수 줄기를 두 갈래로 갈라놓는다.

오늘날 우리가 보는 별자리 지도에서는 갈라진 은하수 부근에 붉은 심장을 지닌 거대한 전갈이 웅크리고 있다. 하지만 남반구 호주 머리강 일대의 원주민들은 그 자리에 전혀 다른 존재를 그려 넣었다. 오직 호주에서만 사는, 날지 못하는 큰 새 에뮤다.

흥미롭게도 이들은 밝은 별을 이어 별자리를 만들지 않았다. 오히려 은하수에서 별빛이 들지 않아 어둡게 보이는 영역의 윤곽을 따라 에뮤의 실루엣을 그렸다. 어두운 경계선을 따라가면 옆으로 몸을 눕히고 목을 길게 뻗은 에뮤 형상이 나타난다. 별빛이 아니라 별의 부재로 드러나는 일종의 음각 별자리인 셈이다. 실제 에뮤는 날지 못하지만, 원주민들의 하늘에서는 은하수를 가로질러 마음껏 비상한다.

◆ 남반구 호주 머리강 일대의 원주민은 은하수 부근에 날지 못하는 큰 새 에뮤를 그려 넣었다. 그들은 어둡게 보이는 영역의 윤곽을 따라 에뮤의 실루엣을 그렸다. 어두운 경계선을 따라가면 옆으로 몸을 눕히고 목을 길게 뻗은 에뮤 형상이 나타난다.

에뮤의 둥근 등마루 위에서 안타레스가 붉게 빛난다. 원주민들은 이 별을 '붉은 황토를 뒤집어쓴 남자'라는 뜻의 와이웅가리라 불렀다. 흥미롭게도 그들은 오래전부터 이 별의 변덕을 눈치채고 있었다. 전승에 따르면 와이웅가리는 중요한 의식을 앞두고 있었다. 그 기간에는 여성과의 동침이 엄격히 금지되었으나, 형제의 두 아내가 에뮤의 모습으로 나타나 그를 유혹했다. 결국 그는 금기를 깨뜨리고 말았다. 진실을 알고 분노한 형제는 불륜을 저지른 세 사람이 머물던 오두막에 불을 지른다. 세 사람은 불길을 피해 도망쳤고 창을 던져 은하수에 매달리듯 밤하늘로 올라갔다. 안타레스 양옆에서 나란히 빛나는 비교적 어두운 별 두 개는 그와 함께 금기를 어긴 두 여인이라 전해진다.

와이웅가리, 즉 안타레스는 때로 평소보다 밝게, 때로는 어둡게 빛난다. 주기는 일정하지 않으며 0.6에서 1.6등급 사이를 불규칙하게 오간다. 안타레스 A는 아주 긴 주기에 걸쳐 밝기가 변하는 불규칙변광성이기 때문이다.

원주민들은 이 신비로운 변화에 흥미로운 해석을 보탰다. 그들은 와이웅가리의 욕망이 타오를 때 별이 다시 밝아진다고 믿었으며, 그 빛이 도드라지는 시기에 맞춰 부족의 의식을 거행했다. 안타레스가 유난히 뜨겁게 타오르는 동안 부족 남성들은 여성과 거리를 두어야 했다. 밤하늘의 붉은 별 하나가 원주민의 욕망을 다스리는 규범이 된 셈이다.

현재 안타레스 A는 길고 불규칙한 호흡을 내쉬는 변광성으로 알려졌다. 밝기 변화의 정확한 주기는 아직 밝혀지지 않았다. 일부 연구는 약 1600~1700년 사이의 매우 긴 주기가 존재한다고 추정하지만, 그 위로 또 다른 미세하고 불규칙한 변광 패턴이 겹쳐져 있다. 이런 혼란스러운 떨림을 보이는 이유는 안타레스 A가 이미 수명이 거의 다 끝나가는 별이기 때문이다.

안타레스 A는 태양 질량의 15배에 달할 만큼 무겁다. 별은 무거울수록 수명이 짧다. 안타레스 A의 예상 수명은 약 1400만 년인데, 이미 1200만 년을 넘긴 것으로 보인다. 주어진 수명을 거의 다한 셈이다. 이제 안타레스 A에게 남은 시간은 넉넉히 잡아도 수백만 년뿐이다. 인간에게는 아득한 세월이지만, 별의 일생에서는 찰나에 불과하다. 안타레스 A는 최후를 향해 질주하며 자신의 표면 물질을 강한 항성풍에 실어 우주 공간으로 내뿜는다.

안타레스 A에서 쏟아지는 거센 항성풍은 곁에 붙은 푸른 동반성 안타레스 B를 덮친다. 하지만 안타레스 B 역시 만만치 않다. 표면 온도 1만 8000켈빈으로 푸르게 빛나며 강렬한 자외선을 방출하기 때문이다. 붉은 거성의 항성풍이 푸른 별을 휘감는 순간, 푸른 동반성은 날카로운 자외선으로 항성풍의 분자들을 잘게 부수기 시작한다. 이 과정에서 전자가 모두 튕겨 나간 수소 이온의 빛이 새어 나오며 두 별 사이에 얇은 경계가 만들어진다. 이 경계선을 따라 안타레스 A의 붉은 항성풍과 안타레스 B의 푸른 자외선이 격렬히 충돌하며 독특한 방출선을 그려낸다. 죽음을 앞둔 노년의 별과 기운찬 청년의 별이 마주 보며 우주 성운을 함께 조각하는 형국이다.

이처럼 불안정하게 요동치는 안타레스는 마치 사랑에 눈먼 철없는 젊은이를 떠올리게 한다. 그 위태로운 흔적은 별의 얼굴에도 고스란히 남아 있다. 안타레스는 베텔게우스처럼 지구와 비교적 가까운 거리에 놓인 거성이다. 오늘날 서로 떨어진 전파망원경들이 동시에 하나의 천체를 겨냥해 마치 하나의 거대한 망원경과 같은 성능을 발휘하는 간섭계interferometry 기술 덕분에 망원경 속 안타레스는 더 이상 단순한 점이 아니다. 이제 우리는 별의 표면을 얼룩진 작은 원반 형태로 관측할 수 있다. 죽음을 향해 달려가며 거칠게 숨을 몰아쉬는 안타레스의 표면 질감이 생생히 그려질 정도다. 최근에는 2차

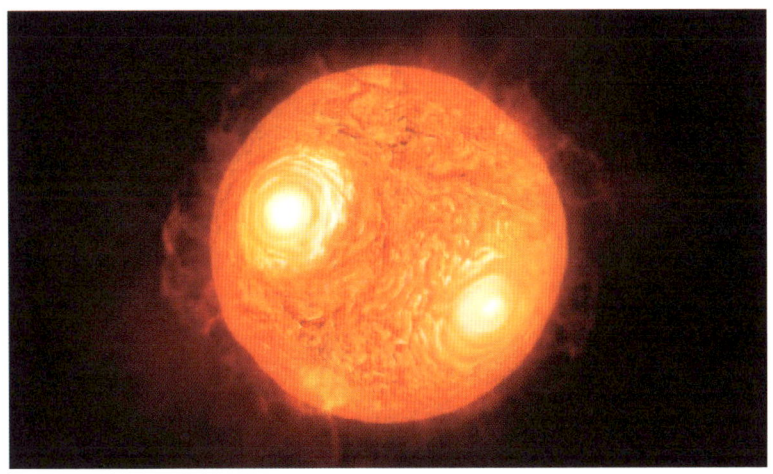

◆ 표면이 복잡하게 요동치는 안타레스를 표현한 그림. 안타레스는 평균보다 밝게 타오르는 얼룩과 상대적으로 어두운 얼룩이 뒤섞여 있는데 이는 별 안팎 전체를 뒤흔드는 거대한 대류가 일어난다는 것을 보여준다.

원반을 넘어 대기의 속도 정보까지 결합해 부풀어 오른 대기와 비대칭적인 항성풍의 모습을 3차원 입체 영상으로 추정하는 수준에 이르렀다.

안타레스가 달 뒤로 숨는 엄폐 현상은 이 별이 단순한 점이 아님을 일찍이 증명했다. 안타레스의 별빛은 달 뒤로 사라지는 순간 단번에 꺼지지 않고 아주 잠시 머물렀는데 이는 안타레스가 일정 수준의 겉보기 지름을 지닌 원반의 형태로 보이기 때문이다. 2017년에는 지름 8.2미터의 거대 망원경 네 대를 하나로 묶은 초거대 망원경 간섭계Very Large Telescope Interferometer 관측으로 더욱 선명한 안타레스 초상화를 그려냈다. 간섭계 기술을 활용하면 사실상 지름이 200미터에 달하는 거대한 망원경의 성능을 얻을 수 있다. 이렇게 재구성한 안타레스의 얼굴은 매끄럽지 않다. 평균보다 밝게 타오르는 얼룩과 상대적으로 어두운 얼룩이 뒤섞여 있는데 이는 별 안팎 전체를 뒤흔드는 거대한 대류가 일어난다는 것을 보여준다.

우주는 광활한 3차원 공간이지만, 여전히 대부분의 별은 1차원도 아닌 0차원의 점에 머문다. 공간이 빚어낸 역설이다. 우주가 어중간하게 컸다면 우리는 공간감을 더 쉽게 느꼈을지도 모른다. 그러나 우주가 지나칠 정도로 거대하다 보니, 우리는 우주가 실제로 얼마나 광대한지 가늠조차 하기 어렵다. 규모가 너무 커서 오히려 그 크기를 체감하지 못하는 셈이다. 또한 별까지 거리가 너무 멀다 보니 한낱 점으로 보일 뿐이다. 별을 보면서 우주의 거대한 규모를 느끼기란 쉽지 않다. 그런 점에서 안타레스는 상당히 특별하다. 단순한 점을 넘어 2차원의 면적은 물론, 이제는 불안정하게 요동치는 3차원 입체 구조까지 추정할 수 있는 관측 현장이기 때문이다. 안타레스는 하늘에 납작하게 투영된 듯 보이던 우주가 사실은 얼마나 거대하고 입체적인 공간인지 새삼 깨닫게 해준다.

오래전 지구를 강타한
초신성 폭발의 흔적

안타레스는 약 400~500광년 거리에 퍼져 있는 430여 개의 다른 별과 함께 성긴 별무리를 이룬다. 우리은하 원반 위, 전갈자리에서 센타우루스자리를 거쳐 남쪽 남십자성에 이르는 넓은 영역에 걸친 이 집단을 전갈 센타우루스 성협Scorpius – Centaurus Association이라 부른다. 이곳의 대부분의 별은 나이가 1100만~1500만 년으로 대부분 비슷하다. 현재 이 성협에서 안타레스가 가장 무겁지만, 본래 그보다 무겁고 수명이 짧았던 별들은 이미 지난 1500만 년 사이 초신성 폭발과 함께 사라졌다. 이곳에서 잇따라 터진 초신성의 여파는 비교적 최근의 일이라 아직 주변에 선명히 남아 있으며, 심지어 지구 바다 깊은 곳에서도 그 흔적을 발견할 수 있다.

사실 우리 태양계는 거대한 거품 속에 갇혀 있다. 이 거품은 밀도가 극히 낮다. 보통 우리은하 공간은 각설탕 열 개만 한 부피에 원자 세 개가 들어 있는 정도의 밀도로 입자가 채워져 있다. 반면 우리은하의 오리온자리 팔 근처에 위치한 영역인 로컬 버블local bubble 내부는 1000리터급 대형 탱크에 원자 하나가 겨우 들어 있는 수준으로 거의 텅 비었다. 우리은하 평균 밀도보다 10배나 더 희박한 셈이다. 이 거품을 벗어나야만 우리은하 원반을 가득 채운 성간 물질의 바다에 가닿을 수 있다. 우리는 거대한 바닷속에 피어오른 텅 빈 공기방울 한가운데 머무는 격이다. 양쪽으로 길게 찌그러진 땅콩 모양인 이 거품의 크기는 300광년에 달한다. 작고 둥근 거품 두 개가 맞붙은 모습을 하고 있으며, 태양계가 자리 잡고 있는 이 거품을 로컬 버블이라고 한다.

먼지 쌓인 바닥에 바람을 훅 불면 먼지가 밀려나가며 가운데에

◆ 지구로부터 8000광년 거리에 떨어진 거품 성운의 모습. 이곳에서도 오래전 초신성 폭발이 벌어지면서 남긴 여파로 거대한 텅 빈 거품 영역이 넓어지고 있다. 우리 태양계도 밖에서 보면 이런 거대한 거품 속에 자리하고 있다.

빈 공간이 생긴다. 태양계를 에워싼 거대한 로컬 버블도 오래전 근처에서 무언가 성간 물질을 불어내며 만든 공간이다. 로컬 버블은 가시광선과 전파로 관측하면 그저 텅 빈 공간처럼 보이지만 엑스선으로 관측하면 사방에서 강한 빛이 검출된다. 이는 과거에 강렬한 엑스선을 내뿜은 무언가가 태양계 주변의 성간 물질을 밀어내고 공간을 비워냈다는 사실을 뒷받침한다. 천문학자들은 로컬 버블을 그리 멀지 않은 과거에 태양계 근방에서 터진 초신성이 남긴 흔적이라 추정한다.

초신성이 폭발할 때는 철과 같은 무거운 원소가 쏟아져 나온다. 철은 보통 질량수가 56인 철56이 대부분이다. 양성자 하나로 원자핵을 이루는 수소보다 56배 더 무겁다는 뜻이다. 물론 중성자 수가 다르거나 적은 동위원소 철도 존재한다. 다만 이들은 훨씬 불안정해서 금방 붕괴해 사라지기에 좀처럼 보기 드물다. 이러한 동위원소 중에는 초신성이 폭발할 때만 만들어지는 질량수 60의 철60도 있다.

흥미롭게도 태평양 심해에서 철60이 검출된다. 심해 탐사로 채취한 해저 퇴적층에 철60이 묻혀 있는 것이다. 지구뿐 아니라 달 표면에서도 철60의 흔적이 발견된다. 아폴로 미션 당시 우주인이 가져온 월석 안에 선명한 철60의 흔적이 남아 있다. 해저 바닥과 달 표면에서 채취한 암석의 연령에 따라 철60과 철56의 비율을 비교하면 놀라운 공통점이 드러난다. 나이가 정확히 200만 년 정도인 암석에서 유독 철60의 함량이 치솟는다. 이는 약 200만 년 전 지구와 달에 철60이라는 희귀 동위원소를 한꺼번에 흩뿌린 우주적 사건이 벌어졌음을 보여준다. 이 시기는 지금의 로컬 버블을 만든 초신성 폭발이 일어났으리라 추정되는 시점과 일치한다.

우리은하 원반을 떠도는 별들의 움직임을 추적한 가이아의 관측 덕분에 우린 로컬 버블이 정확히 언제 어디에서 부풀기 시작했는지, 또 태양계가 어쩌다 텅 빈 로컬 버블 한가운데 자리하게 되었는지 알 수 있다. 지금으로부터 약 1600만 년 전, 현재의 로컬 버블 중심 부근에서 어린 별들이 태어났다. 이때 태어난 별들이 전갈 센타우루스 자리 성협을 이뤘으며 안타레스도 그중 하나다. 이후 200만 년이

◆ 지구 근처에서 초신성 폭발이 벌어진다면, 자칫 지구 생태계에 치명적인 피해를 끼칠 수 있다. 다행히 아직까지 지구 생명의 전멸을 야기할 정도로 가까운 거리에서 초신성 폭발이 실제로 벌어지지는 않았다.

지나 성협 안에서 진화를 마친 무거운 별들이 첫 번째 초신성이 되어 폭발했다. 이것이 로컬 버블의 골격을 만든 첫 번째 폭발이었다.

이 최초의 폭발은 주변 성간 물질을 둥글게 밀어냈다. 첫 폭발 후 400만 년이 지난 지금으로부터 1000만 년 전, 충격파에 밀려나며 밀도가 높아진 가스 구름 일부에서 새로운 별이 연이어 태어났다. 현재 로컬 버블의 윤곽을 따라 파랗게 빛나는 어린 별이 여기저기 맺혀 있는 이유다.

최초의 폭발부터 현재까지 지난 1600만 년 사이에 약 열네 번의 큰 초신성 폭발이 일어났다. 그 여파로 약간 찌그러진 땅콩 모양의 로컬 버블이 형성되었다. 로컬 버블은 지금도 초속 6킬로미터의 속도로 빠르게 부풀고 있다. 1시간 사이 지구 두 개 너비를 휩쓸고 지나갈 만큼 텅 빈 공간은 계속해서 확장되는 중이다.

흥미로운 사실은 지금으로부터 260만 년 전, 마침 태양계 주변에서 초신성 하나가 터졌다는 점이다. 이 시기는 지구에 살던 거대 동물종의 36퍼센트가 사라지며 신생대의 네 번째 분기인 플라이스토세Pleistocene로 넘어간 때와 일치한다. 이는 '플라이오세 대멸종'이라 부를 만큼 거대한 사건이었다. 그때 쏟아져 나온 고에너지 우주선cosmic ray 입자가 지구 생태계에 치명적인 영향을 끼쳤을 가능성이 크다. 먼 옛날 평화롭게 살아가던 생명체에게는 아무런 예고도 없이 머리 위에서 쏟아진, 말 그대로 마른하늘에 날벼락 같은 종말이었을 것이다.

태양계를 에워싼 로컬 버블과 그 가장자리에서 펼쳐지는 찬란한 별의 탄생 현장은 별의 죽음이 또 다른 탄생으로 이어지는 우주의 경이로운 섭리를 보여준다. 초신성 폭발은 단순히 별 하나의 죽음으로 끝나지 않는다. 장엄한 죽음이 사방으로 퍼뜨린 충격파는 별이 사라진 뒤에도 여전히 우주 공간을 가로지르며 그 경계를 따라 다시금 새로운 별을 만들어낸다. 초신성 폭발은 어느 별에게는 최후의 무덤이지만 또 다른 별에게는 빛을 내기 시작하는 요람이 된다.

흔히 인간의 삶을 '요람에서 무덤까지'라고 일컫는다. 하지만 별의 일생에서 요람과 무덤은 같은 장소다. 어쩌면 별의 삶을 한 문장으로 요약했을 때, 요람에서 무덤까지가 아니라 '무덤에서 요람까지'라고 말해야 할지도 모른다. 소멸과 탄생이 끝없이 교차하는 장엄한 현장 한가운데 우리가 살고 있다. 안타레스 역시 머지않아 새로운 탄생의 밑거름이 될 준비를 하며, 불안하게 떨리는 눈빛으로 자신의 최후를 기다리고 있다.

찬란한 무대 옆 숨겨진 별의 묘지

밤하늘의 안타레스에서 시선을 아주 조금만 옮기면 별의 죽음을 미리 앞당겨 볼 수 있다. 별처럼 보이지만 별이 아닌 작은 빛, 구상성단 M4가 그 주인공이다. 지구에서 약 6000광년 떨어진 이곳은 우리 은하를 떠도는 구상성단 중 태양계와 가장 가깝다. 지름 70광년 남짓한 좁은 부피에 10만여 개의 천체가 높은 밀도로 둥글게 모여 있

M4

안타레스

◆ 은하수 중심부는 별이 빼곡할 뿐 아니라 다양한 성운도 함께 붐빈다. 노랗게 빛나는 안타레스 바로 옆에 높은 밀도로 둥글게 모여 있는 M4 구상성단이 보인다.

다. 그중 절반에 가까운 4만여 개는 이미 수명이 다한 백색왜성이다. 태양만 한 질량의 별들이 오래전 빛을 잃고 천천히 식어가는 중이다. M4는 말 그대로 별들의 공동묘지인 셈이다.

이곳에는 우리은하에서 지금까지 알려진 가장 나이 많은 별도 살고 있다. M4에서 확인된 백색왜성 중 최고령 별의 나이는 무려 130억 년에 달한다. 우주 역사가 138억 년 전 시작되었다는 사실을 고려하면, 이 별은 우주 나이가 고작 8억 살, 현재의 5~6퍼센트 수준이던 무렵에 태어난 것이다. 우리은하가 지금의 틀을 갖추기 훨씬 전부터 존재했다는 뜻이다. 초기 우주의 화학적 기억을 고스란히 간직한 '살아 있는 화석'이라 부를 만하다.

M4의 심장부에는 더 큰 비밀이 숨어 있다. 2011~2023년까지 열두 해 동안 천문학자들은 허블과 가이아 우주망원경을 동원해 M4 중심 별 6000여 개의 움직임을 추적했다. 별들은 마치 벌집 주변을 빙빙 맴도는 벌떼처럼 일제히 군무를 춘다. 비좁은 공간에서 수많은 별이 튕겨 나가지 않고 빠르게 회전한다는 것은 중심에 숨은 강력한 중력원이 이들을 붙들고 있음을 의미한다. 그 힘을 추정한 결과 중심에 태양 질량의 약 800배에 달하는 보이지 않는 천체, 바로 블랙홀이 숨어 있을 것으로 추측된다.

이는 참으로 애매한 질량이다. 블랙홀이라기엔 너무 무겁고 동시에 블랙홀이라기에는 너무 가볍다. 이 말이 무엇을 뜻하는지 이해하려면 우선 우주에서 발견되는 블랙홀의 종류를 알아야 한다. 블랙홀은 보통 두 부류로 나뉜다. 무거운 별이 홀로 붕괴하며 만들어지는

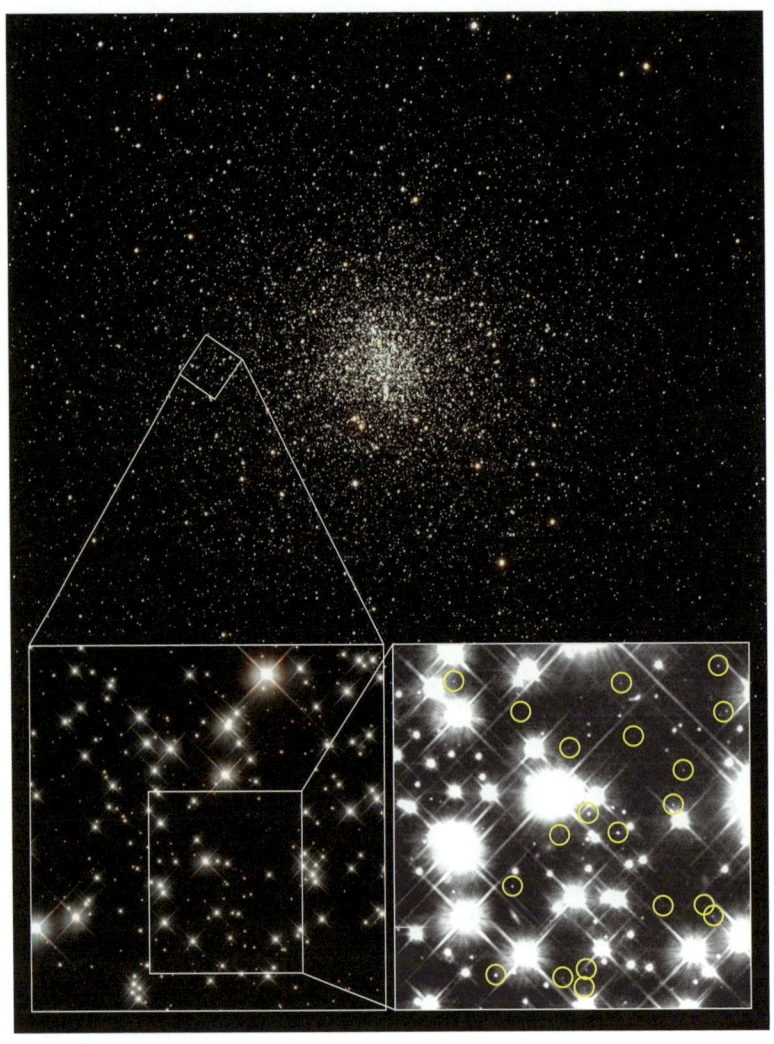

◆ M4 구상성단에서 발견된 우주의 나이에 견줄 만큼 오래된 백색왜성들. 구상성단 영역 일부를 확대한 오른쪽 하단의 사진에서 노란 동그라미가 백색왜성을 표시한 것이다.

별 질량 블랙홀이 그 첫 번째다. 이들은 대개 태양 질량의 10~20배 정도다. 반면 은하 중심에 자리한 초거대 질량 블랙홀은 태양 질량의 수백만 배에서 수억 배에 이르는 압도적인 무게를 자랑한다. 문제는 그 사이, 딱 애매한 덩치를 지닌 중간 질량 블랙홀이 좀처럼 발견되지 않는다는 점이다.

오랫동안 천문학자들은 은하 중심의 초거대 질량 블랙홀이 별 질량 블랙홀끼리 서로 반죽되며 덩치를 불린 결과라고 생각했다. 하지만 이 가설이 맞다면 별 질량 블랙홀에서 초거대 질량 블랙홀로 나아가는 성장의 중간 단계가 우주 어디선가 포착되어야 한다. 그러나 중간 질량 블랙홀은 거의 발견되지 않는다. 블랙홀의 성장 속도가 너무 빠른 나머지 중간 단계를 포착할 수 없거나, 애초에 초거대 질량 블랙홀이 단순한 합체의 결과가 아닐 수도 있다는 뜻이다. 도무지 보이지 않는 중간 질량 블랙홀은 블랙홀 진화 과정에 텅 비어 있는 거대한 미싱 링크missing link다.

M4는 바로 그 미싱 링크를 품은 유력한 후보다. 거대 은하 중심에 초거대 질량 블랙홀이 있다면, 그보다 작은 구상성단에는 중간 질량 블랙홀이 숨어 있을 것이라 기대할 수 있기 때문이다. M4가 정확히 그 사례다. 우주 나이가 채 10억 년도 되지 않았던 아주 이른 시기, 거대한 가스 구름이 반죽되며 M4를 이루는 별들이 태어났다. 그 중심에서는 빠른 속도로 고밀도 입자가 뭉치며 중간 질량 블랙홀 역시 함께 탄생했을 것이다.

만약 M4가 일찍이 우리은하와의 힘겨루기에서 밀려 해체되고 별들이 흩어졌다면 지금의 모습은 결코 유지하지 못했을 것이다. 구상성단 중심에 품고 있던 중간 질량 블랙홀 역시 일찍이 우리은하 중심의 탐스러운 먹잇감이 되어 궁수자리 A 블랙홀의 덩치만 불린 채 자취를 감췄을 터다. 하지만 M4는 여전히 건재하며 중심에 중간 질량 블랙홀도 품고 있다. 이는 M4가 아슬아슬한 위기를 모두 견뎌내고 지금까지 살아남은 끈질긴 생존자임을 증명한다.

밤하늘의 붉은 안타레스와 그 곁에 아른거리는 구상성단 M4는 우주가 연출하는 가장 극적인 대비다. 안타레스는 이제 겨우 1200만 년 남짓 산 젊은 별이다. 종말을 향해 질주하며 조만간 터질 초신성 폭발을 앞두고 생애 가장 요란한 시기를 보내는 중이다. 반면 불과 1.3도 떨어진 바로 옆에는 이미 오래전 빛을 잃고 식어가는 죽은 별들이 가득하다. 그 안에는 우리은하가 지금의 틀을 갖추기 전부터 존재한 초고령 백색왜성도 숨어 있다. 우주의 시간이 모두에게 같은 속도로 흐르지 않는다는 사실은 아인슈타인의 상대성 이론을 빌리지 않아도 이 장면만으로 충분히 체감할 수 있다.

M4는 앞으로도 지금과 다르지 않은 모습으로 남을 것이다. 성단 안의 백색왜성은 서서히, 그러나 사라지지 않은 채 그대로 식어갈 뿐이다. 그들에게 우주의 시간은 억겁의 세월처럼 느껴진다. 반대로 안타레스의 시간은 질주한다. 고작 수천만 년의 짧은 생을 뜨겁게 불사르고 나면 이 별은 곧 사라질 것이다.

수억 년 뒤 누군가 다시 지구에서 밤하늘을 올려다본다면 전갈의 붉은 심장은 더 이상 보이지 않을 것이다. 아무 일도 없었다는 듯 무심하게 떠 있는 M4만이 살짝 더 어두워진 채 자리를 지키고 있을 것이다. 우주는 탄생과 소멸, 찬란함과 고요함이 공존하는 공간이다. 변함없는 암흑처럼 보이지만 은하수의 두꺼운 물줄기 사이에서 홀로 빛나는 안타레스의 풍경은 이러한 우주의 역설을 증언한다.

12. 고대 예언과 근대 천문학의 만남, 알골

지식은 시공간을 가로지른다

배트맨에 맞서는 악당 하면 보통 조커를 떠올리기 마련이다. 기억을 더듬어봐도 펭귄맨 정도가 고작일지 모른다. 하지만 열성적인 팬이 아니라면 잘 모르는 독특한 인물이 하나 있다. 배트맨과 가족으로 얽혀 복잡하고도 사연 많은 인연을 이어온 숙적, 바로 라스 알 굴이다. 원작 만화에서 라스 알 굴은 1971년 6월 발행한 「악마의 딸」에피소드에서 처음 등장했다.

라스 알 굴은 인간 자체를 악으로 규정한다. 인간이 모두 사라져야만 병들고 망가져 가는 지구 환경을 되살릴 수 있다고 굳게 믿는다. 마블 세계관의 타노스가 인류의 절반을 없애려 했다면, DC 코믹스의 라스 알 굴은 한 걸음 더 나아가 모든 인간을 지워버리겠다는 원대하고도 과격한 꿈을 품는다. 신비로운 웅덩이에서 영생의 힘을 얻은 그는 수백 년을 산다. 몇 세기에 걸쳐 인간사와 궤를 같이한 그는 특히 산업혁명을 거치며 인간의 손에 황폐해지는 지구를 바라보며 분노를 느낀다. 매우 극단적인 환경주의자인 셈이다. 결국 그는 인류를 절멸시키고자 생물학무기를 사용하는 테러 조직의 수장이 되고 만다.

한때 조직 내 배신자 때문에 라스 알 굴의 딸이 납치되는 사건이 일어났다. 이때 배트맨이 딸을 구해주자 라스 알 굴은 배트맨에게 깊은 감명을 받는다. 그는 배트맨이 자신의 뜻을 이어갈 적임자라 판단하고 그를 사윗감으로 점찍는다. 심지어 배트맨의 정체가 고담시의 재벌 브루스 웨인이라는 사실을 알고도 그를 존경하는 마음에서 비밀을 지켜주기까지 한다. 하지만 배트맨이 보기에 라스 알 굴의 가치관은 너무나 무모하고 잔인했다. 심지어 그의 딸조차 아버지의 생각에 동의하지 않았다. 결국 세상을 구하는 방법에 관한 견해차이로 틀어진 배트맨과 라스 알 굴은 지금까지 질긴 악연을 이어오고 있다.

라스 알 굴은 스스로를 '악마'라고 부른다. 실제로 이 캐릭터의 이름은 밤하늘에서 악마의 별로 유명한 알골Algol에서 유래했다. 알골은 원래 라스 알 굴이라 불렸다. 아랍어로 '라스'는 머리를, '알 굴'은 구울이라는 뜻으로, 라스 알 굴은 '구울의 머리'라는 뜻이다. 여기서 '구울'을 단순히 귀신이나 악마로 번역하기에는 무리가 있다. 구울은 신화 속에서 썩은 시체의 모습으로 사람을 잡아먹는 일종의 식인 괴물을 뜻하기 때문이다. 이 무시무시한 이름이 조금씩 변형되어 오늘날 알골이라는 이름으로 불린다.

알골은 오늘날의 별자리 지도에서 여전히 무시무시한 괴물의 머리 자리를 지키고 있다. 그리스 로마 신화의 영웅 페르세우스가 처단한 메두사의 머리 부분에 해당한다. 페르세우스자리에서 영웅이 들고 있는 메두사의 얼굴 자리에서 빛나는 별이 바로 알골이다. 아주 오래전 아랍·이슬람 문화권의 '괴물의 머리'라는 개념이 그대로 유럽으로 전해지며, 서구 신화 속 괴물인 메두사의 머리로 대체되었을 것으로 보인다. 그리고 세월이 흐르며 '괴물의 머리'라는 의미는 흐려지고 괴물 그 자체를 가리키는 이름으로 변했다.

놀랍게도 알골은 지역과 문화를 막론하고 거의 모든 곳에서 불길한 별로 통했다. 고대 가나안의 히브리 민족은 알골을 '사탄의 머리'라 불렀으며, 16세기까지 라틴어권에서도 '유령의 머리'라는 이름으로 불렸다. 고대 동아시아에서도 알골이 관측되면 나라에 재난이 다가와 많은 시체가 쌓이게 된다하여 이 별은 '무덤'과 '쌓인 시체'를 의미하는 어두운 이름, 적시성積屍星으로 불렸다. 대체 알골에는 어쩌다 이런 무시무시한 이름이 붙었을까? 그 이유는 아주 오래전부터 알골이 이해하기 힘든 변덕을 부리며 사람들을 불안에 빠뜨렸기 때문이다.

별에 드리운 그림자

알골의 변덕에 담긴 비밀은 짧은 생을 살고 떠난 어느 젊은 천문학자의 이야기와 함께 시작한다. 1764년 네덜란드 흐로닝언에서 태어난 존 구드릭John Goodricke은 외교관인 아버지를 따라 어린 시절부터 영국에서 살았다. 불행히도 그는 다섯 살 무렵 성홍열을 앓아 청력을 잃었다. 당시 영국 사회에서 청각장애인은 극심한 차별을 겪어야 했지만 구드릭은 부유한 집안 덕분에 명문 학교에 진학할 수 있었다.

그곳에서 그는 사람의 입술 움직임을 읽는 법을 익혔다. 특히 그가 수학한 워링턴아카데미는 자연철학 연구를 중시했는데, 구드릭은 이곳에서 모두에게 기회가 주어지는 일이 얼마나 값진지를 몸소 증명하며 밤하늘을 향한 열정을 키웠다. 그는 열다섯 살 때부터 홀로 밤하늘을 관측하기 시작했다. 마침 구드릭의 이웃에는 천문학자가 살고 있었다. 너새니얼 피곳Nathaniel Pigott과 그의 아들 에드워드 피곳Edward Pigott은 당대 최고 수준의 개인 천문대를 갖추고 있었다. 에드워드는 구드릭보다 열한 살 연상이었지만, 두 사람은 밤하늘을 향한 깊은 애착을 확인하며 각별한 우정을 쌓았다.

당시 에드워드는 천문학자들이 집필한 별 목록에 오류가 많다고 느꼈다. 목록마다 별의 위치와 밝기가 조금씩 달랐기 때문이다. 그는 별의 위치가 어긋나는 건 날씨나 관측자의 실수 같은 사소한 이유 때문이라 생각했으나, 별의 밝기가 시기나 관측자에 따라 다르게 기록된 점은 도무지 이해할 수 없었다. 에드워드는 여기에 어떤 우주의 비밀이 숨어 있으리라 직감했다. 그렇게 구드릭과 에드워드는 1782년부터 힘을 합쳐 밝기가 변하는 별, 변광성 연구에 매진하기 시작했다.

그들의 시선이 가장 먼저 머문 곳은 페르세우스자리에서 두 번째로 밝은 별인 알골이었다. 두 사람은 관측에 앞서 약 100년 전인 1671년, 당시 이탈리아 볼로냐대학교의 천문학자 제미니아노 몬타나리Geminiano Montanari가 논문에서 알골의 수상한 변화를 언급했다는 사실을 찾아냈다.

> 만약 당신이 메두사의 무시무시한 머리를 향해 눈을 돌린다면, 그 안에서 가장 빛나는 별이 예상치 못한 밝기 변화를 빈번히 나타낸다는 사실을 알게 될 것이다.

구드릭은 피곳 부자와 함께 그들의 개인 천문대에서 알골을 지켜봤다. 그리고 1782년 11월 12일, 마침내 알골이 잠시 어두워지는 모습을 처음으로 목격했다. 그날 구드릭이 느낀 감동과 경이로움은 일기에 고스란히 담겼다.

> 오늘밤 나는 페르세우스자리 베타를 관측했다. 그 밝기가 변하는 것을 보고 놀라지 않을 수 없었다. 약 1시간 동안 꾸준히 관측했는데, 별의 밝기가 변했다는 사실이 믿기지 않았다. 그렇게 빠르게 변하는 별은 생전 처음 보았기 때문이다.

밤하늘에 멀쩡히 빛나던 별이 순식간에 빛을 잃는 광경을 믿기 어려웠던 구드릭은 처음에는 단순한 착시나 잠시 스쳐 간 구름 때문이라 생각했다. 그는 날이 맑을 때마다 쉬지 않고 다섯 달 내내 알골을 살폈다. 충분한 데이터를 쌓은 끝에 1783년 4월 구드릭은 알골이 약 2.75일을 주기로 일정하게 어두워진다는 사실을 확인했다. 이토록 빠르게 변하는 별의 변광 패턴을 방대한 관측 데이터로 명확히 입증한 것은 사실상 인류 역사상 처음 있는 일이었다.

구드릭은 단순히 알골의 변화를 보고하는 데 그치지 않고, 그 이면의 천체물리학적 원인을 밝히려 했다. 그는 크게 두 가지 가능성을 제시했다. 첫 번째로 알골 주변을 커다란 행성 같은 천체가 주기적으로 공전한다고 보았다. 거대 천체가 일정한 주기로 알골 앞을 가로지르며 우리의 시야를 차단하기에 밝기가 줄었다가 다시 원래대로 돌아온다는 가설이다. 두 번째로 알골 표면에 태양 흑점처럼 온도가 낮은 거대한 얼룩이 존재할 가능성을 떠올렸다. 별이 일정한 주기로 자전하며 이 어두운 얼룩이 지구를 향할 때마다 밝기가 일시적으로 감소한다고 추정한 것이다.

구드릭의 통찰은 놀라울 만큼 정확했다. 100여 년이 흐른 뒤에야 그의 첫 번째 가설이 참으로 밝혀졌다. 알골은 동반하는 두 별이 서로를 번갈아 가리며 밝기가 변하는 식쌍성eclipsing binary이다. 두 별의 공전 궤도가 지구 관측자의 시선 방향과 거의 수평을 이루어 별이 앞뒤로 겹칠 때마다 일종의 일식이나 월식이 일어나는 셈이다.

현상 보고를 넘어 천체물리학적 해석까지 덧붙인 구드릭의 시도는 영국왕립학회의 주목을 받았다. 그가 포착한 알골의 주기적 변화

◆ 두 별이 서로의 앞을 번갈아 가리고 지나가면서 별 전체의 밝기가 규칙적으로 변화하는 식쌍성의 모습을 표현한 그림. 알골은 동반하는 두 별이 서로를 번갈아 가리며 밝기가 변하는 식쌍성이다.

는 뒤이어 천문학자 윌리엄 허셜이 재확인하며 공신력을 얻었다. 덕분에 구드릭은 왕립학회 최고 영예인 코플리 메달을 거머쥐었다. 그를 왕립학회 회원으로 선출하자는 논의가 일었으나, 스물한 살 이상이어야 한다는 규정에 가로막혀 당시 열아홉 살인 구드릭은 뜻을 이루지 못했다. 마침내 1786년 4월 6일, 나이 요건을 갖춰 회원으로 선출되었으나 안타깝게도 비보가 먼저 도착했다. 그는 회원 선출 소식이 집에 닿기도 전인 같은 해 4월 20일에 폐렴으로 짧은 생을 마감했다.

별들의 왈츠가 남긴 발자국

1880년 미국의 천문학자 에드워드 피커링은 구드릭의 발견을 계승해 다시 한번 알골을 살폈다. 당시 피커링은 북반구 밤하늘의 모든 별을 담은 가장 방대한 별 지도를 완성하는 임무에 몰두하고 있었다. 그의 표에는 별 좌표와 밝기, 색깔이 빼곡히 들어찼다. 그런 피커링에게도 알골은 까다로운 존재였다. 고작 이틀에서 사흘 사이에 밝기가 눈에 띄게 변하니, 표에 별의 밝기를 확정해 적어 넣기가 난감했을 터다. 피커링은 알골에서 대체 무슨 일이 벌어지는지 면밀히 조사하기 시작했다. 바로 이 시기 피커링은 레빗과 함께 변광성 연구에 전념하고 있었다.

알골은 평소 2등급 근처의 일정한 밝기를 유지하다가 2.86일마다 갑자기 밝기가 곤두박질친다. 빛이 사그라들기 시작하면 약 4시간 30분에 걸쳐 가파르게 어두워졌는데 평소 밝기의 5분의 3에 달하는 빛이 사라질 정도다. 가장 어두운 순간을 잠시 지나면 다시 4시간 30분 동안 급격히 밝아지며 원래 빛을 되찾는다. 밝기가 어두워졌다가 다시 밝아지는 과정은 완벽한 대칭을 이룬다.

시간에 따른 알골의 밝기 변화를 보여주는 광도 곡선light curve은 마치 평평한 나무판자에 일정한 간격으로 깊은 도끼 자국을 낸 듯한 모양이다. 이는 별 자체가 팽창과 수축을 반복하며 일으키는 변화로 보기 어렵다. 만약 별이 맥동하며 빛을 낸다면 광도 곡선은 천천히 밝아지고 어두워지기를 반복하며 오르내리는 모습을 보여야 한다.

하지만 알골처럼 일정하게 빛나던 별이 갑자기 뚝 떨어지듯 어두워 졌다가 아무 일 없었다는 듯 원래 밝기로 돌아오는 패턴은 맥동만으로는 설명할 수 없다.

피커링은 구드릭의 가설을 수학으로 정교하게 다듬으며 한 걸음 더 나아갔다. 구드릭은 알골을 그저 평범한 별이라 여겼고, 그 곁을 맴도는 거대한 행성이 잠깐씩 별빛을 가린다고 보았다. 이 생각이 오늘날 태양계 바깥 외계행성 탐색에 활용하는 트랜싯 개념과 놀라울 정도로 유사하다는 것을 생각하면, 구드릭의 통찰력은 대단하게 느껴진다. 피커링은 여기서 발상을 전환했다. 알골이 별 하나가 아니라 두 별이 짝을 이룬 체계라는 사실에 주목한 것이다.

피커링은 밝기가 서로 다른 두 별이 공전한다고 확신했다. 두 별은 거의 원형인 궤도를 그리며 일정한 간격으로 서로를 가로지른다. 둘 중 어두운 별이 가려질 때는 전체 밝기가 조금 줄어드는 것에 그친다. 어두운 별이 알골의 전체 광도에 미치는 기여도가 낮기 때문이다. 반대로 어두운 별이 밝은 별 앞을 지날 때는 빛이 깊게 사그라든다. 피커링은 광도 곡선에서 광량이 크게 줄어드는 구간과 작게 줄어드는 구간이 번갈아 나타나는 현상을 밝고 어두운 두 별이 함께 왈츠를 추고 있다는 증거라고 생각했다. 알골의 광도 곡선에 뚜렷하게 남은 깊고 얕은 흔적은 두 별이 춘 왈츠의 발자국인 셈이다.

식쌍성은 별의 숨은 비밀을 푸는 열쇠다. 별이 서로를 가릴 때 빛이 얼마나 줄어드느냐에 따라 앞을 지나는 별의 크기를 알아낼 수 있다. 실루엣이 클수록 더 많은 빛을 가리기 때문이다. 또한 어두운 순간이 반복되는 주기를 파헤치면 두 별의 공전 주기를 파악할 수 있으며 이는 곧 각 별이 그리는 공전 궤도 크기까지 밝혀준다. 파티가 끝난 뒤에 카펫 위에 남은 발자국만으로 춤을 춘 사람의 덩치와 보폭을 유추하듯, 천문학자들은 별의 궤적을 좇으며 우주의 진실에 다가간다.

커플 곁을 서성이는 수상한 하객들

한 쌍이 손을 맞잡고 서로를 바라보며 빙글빙글 춤춘다고 가정해보자. 이 모습을 옆에서 지켜보면 한 사람은 우리를 향해 다가오고 동시에 다른 한 사람은 우리에게서 멀어지는 방향으로 움직인다. 다시 반 바퀴를 돌면 이번에는 반대로 다가오던 사람이 멀어지고 멀어지던 사람이 다시 다가온다.

이처럼 우리를 향해 다가오고 멀어지는 별의 움직임은 별빛 파장에 고스란히 흔적을 남긴다. 다가오는 별은 파장이 짧은 푸른빛을 띠고 멀어지는 별은 파장이 긴 붉은빛으로 나타난다. 두 별 모두에서 서로 반대 방향으로 도플러 효과가 동시에 일어나는 셈이다.

오히려 두 별 중 하나가 다른 별 앞을 정확히 가로질러 밝기가 가장 크게 어두워지는 순간에는 정작 도플러 효과가 잘 나타나지 않는다. 그 찰나에는 별이 우리 시선과 수직으로 흘러가기 때문이다. 도플러 효과는 별이 우리를 향해 다가오거나 멀어지는 방향, 즉 시선 속도가 있을 때만 고개를 내민다. 시선 방향에 완벽히 수직으로 움직일 때는 도플러 효과가 보이지 않는다. 따라서 피커링이 예상한 알골의 도플러 효과는 별빛이 가장 어두운 순간이 아니라, 그보다 살짝 앞서거나 뒤처진 시점에 나타난다.

게다가 알골을 이루는 두 별은 매우 일정한 리듬에 맞춰 왈츠를 춘다. 그러므로 두 별이 번갈아 다가오고 멀어지며 생기는 도플러 효과 역시 주기가 반복되어야 한다. 피커링은 별빛이 가장 어두워지기 직전과 직후, 쉬지 않고 번갈아 가면서 반복되는 시선 속도 변화를 확인한다면 그것이야말로 알골이 확실한 식쌍성임을 입증할 명백한 증거라고 보았다. 그는 단순히 가설을 제시했을 뿐 아니라 훗날 자신의 주장을 증명하려면 어떤 관측을 시도해야 하는지 길잡이 역할까지 톡톡히 해냈다.

피커링의 예측은 적중했다. 그의 가설이 세상에 나온 지 얼마 지나지 않은 1889년에 독일의 천문학자 헤르만 포겔은 망원경으로 모은 알골의 빛을 프리즘에 통과시켜 스펙트럼을 추출했다. 그는 스펙트럼에서 가장 선명한 수소 흡수선을 추적하며 별빛 파장이 미세하게 변하는 양상을 파악했다. 알골의 스펙트럼은 정확히 2.86일 간격으로 파장이 길어지거나 짧아지는 변화를 되풀이했다. 별이 가장 어두워지는 순간에는 도플러 효과가 사라졌고 그 직전과 직후에 도플러 효과가 가장 뚜렷했다. 알골을 이루는 두 별은 이미 알려진 2.86일 주기에 맞춰 서로 앞서거나 뒤서거나 하며 끝없는 왈츠를 이어가고 있었다.

그런데 알골이라는 무대를 채우는 주인공은 이 둘뿐이 아니었다. 두 별이 정답게 왈츠를 모습을 멀리서 시샘하듯 지켜보는 별 하나가 더 숨어 있었다. 구드릭과 피커링, 그리고 포겔의 발견 이후 알골이 선보이는 왈츠에서 또 다른 미세한 흔들림이 포착되었다. 두 별이 통째로 앞뒤로 흔들리는 듯한 움직임이었다. 마치 왈츠를 추다가 중심을 잡지 못해서 정확히 빙글빙글 돌지 못하고 가끔씩 쓰러질 듯 뒤뚱거리는 초보 댄서 같은 움직임이었다. 두 별의 질량 중심점 자체가 미세한 시선 속도 변화를 보였다. 이 움직임 역시 느리지만 일정한 주기를 지니고 있었다.

1950년대에 접어들어 오랫동안 베일에 싸여 있던 알골의 세 번째 별이 마침내 정체를 드러냈다. 이 별은 왈츠를 추며 바짝 붙어 있는 한 쌍으로부터 2.7AU 거리를 두고 홀로 떨어져 있다. 이들은 680일, 즉 약 1.86년 주기로 커플 곁을 외롭게 서성인다. 그 모습이 유난히 쓸쓸하게 다가온다. 과거 천문학자들은 왈츠를 추는 두 별과 멀리 떨어진 세 번째 별을 각각 페르세우스자리 A, B, C라 불렀다. 하지만 최근에는 별에 이름을 붙이는 방법이 바뀌어 가까이 맞붙은 두 별을 알골 Aa1과 알골 Aa2라 부르고 세 번째 별을 알골 Ab라 칭한다. 바짝 붙은 두 별을 한 덩어리로 묶고, 그들과 세 번째 별이 더 넓은 짝을 이룬다고 간주하는 셈이다. 이렇게라도 이름을 붙여준 것이 세 번째 별의 소외감을 조금 덜어줄 수 있으려나.

최근 천문학계는 알골이 예상보다 훨씬 복잡한 세계일 수 있다는 가설을 내놓았다. 알골 Aa1, 알골 Aa2, 그리고 소외되었던 알골 Ab

◆ 함께 짝을 이루는 알골 Aa1과 알골 Aa2, 그리고 멀리서 그 둘 곁을 맴도는 세 번째 별, 알골 Ab의 모습을 표현한 그림. 알골 Aa1과 Aa2는 앞뒤로 함께 흔들리는 듯한 움직임을 보인다. 1950년대에 접어들어 이 움직임에 영향을 주는 세 번째 별, 알골 Ab가 마침내 정체를 드러냈다.

뿐 아니라 최소 세 개에서 다섯 개의 별이 이 항성계를 함께 이룬다는 주장이다. 성능 좋은 망원경으로 알골을 살피면 주변에 숨어 있던 작은 별들이 그 모습을 드러낸다. 앞서 세 번째 별을 발견했을 때와 마찬가지로, 일부 천문학자는 이 세 별의 질량 중심점 역시 느리고 작지만 분명한 주기성을 띠며 움직인다고 보았다.

1782년부터 240년간 쌓인 관측 데이터를 분석한 결과, 세 별 외에도 더 멀리서 각각 30년, 180년을 주기로 천천히 맴도는 어두운 별들이 숨어 있을 가능성이 제기되었다. 물론 알골 주변에서 한 시야에 들어오는 별이 실제로 알골 항성계에 묶여 있는지 아니면 전혀 다른 거리에 놓여 있지만 우연히 같은 방향에 겹쳐 보일 뿐인지는 아직 확실치 않다. 이토록 긴 주기라면 그들의 여정을 확인하는 데 훨씬 긴 기다림이 필요하다. 만약 알골이 오중성계나 칠중성계로 밝혀진다면 알골 항성계의 풍경은 수많은 하객에 둘러싸여 축하를 받으며 왈츠를 추는 더욱 사랑스러운 모습으로 보일지도 모르겠다.

거꾸로 흐르는 알골의 시간

알골의 메인 무대에서 춤추는 두 별은 각각 태양보다 3.7배 무거운 알골 Aa1, 그리고 태양 질량의 80퍼센트 수준인 알골 Aa2로 이루어졌다. 보통 쌍성을 이루는 두 별은 한 자리에서 비슷한 시기에 태어난 동갑내기 별이다. 별은 질량이 무거울수록 진화 속도가 빠르다. 같은 날 태어나도 몸집이 큰 별이 더 빨리 늙는 셈이다. 그래서 흔히 쌍성을 이루는 두 별 중에서 질량이 무거운 별은 죽음의 문턱에 들어선 반면, 상대적으로 가벼운 옆 별은 여전히 어린 모습으로 발견되는 경우가 흔하다.

하지만 알골에서는 상식을 뒤엎는 일이 벌어진다. 질량은 알골 Aa1이 Aa2보다 더 무거운데 크기는 오히려 작다. 알골 Aa1 지름이 태양의 3배에 채 못 미치는 반면, 알골 Aa2는 태양의 3.5배까지 부풀었다. 무거운 알골 Aa1은 우리 태양처럼 아직 한창 수소를 태우며 빛나는 어린 주계열성 단계를 걷지만, 질량이 더 가벼운 알골 Aa2는 이미 그 단계를 마치고 죽음을 앞둔 준거성Subgiant 단계를 지난다. 보통은 질량이 무거운 별이 먼저 늙어야 마땅하다. 그런데 알골은 무거운 별이 더 어리고, 가벼운 별이 더 빨리 늙어버린 모습이다. 천문학자들은 서로의 신세가 뒤바뀐 것처럼 보이는 알골의 기묘한 모습에 혼란스러움을 느끼며 알골 패러독스Algol Paradox라고 부를 정도다.

이 패러독스는 두 별이 너무 가까이 붙어 있는 탓에 발생한다. 알골 Aa1과 알골 Aa2는 고작 0.06AU 거리를 두고 바짝 붙어 있다. 태양과 수성 사이 거리의 5분의 1에도 못 미치는 수치다. 조금만 더 다가서면 두 별의 표면이 맞닿을 정도다. 상황이 이렇다 보니 동반성의 강력한 중력에 이끌려 별 표면의 물질이 별 바깥으로 흘러가는 일까지 벌어진다.

본래 알골도 평범한 쌍성이었다. 처음에는 둘 중 무거운 별이 빠르게 진화하며 주계열성 단계를 거쳐 거성으로 크게 부풀어 올랐다. 문제는 두 별이 너무 가까이 붙어 있다 보니 크게 부푼 거성 표면의 물질이 동반성 쪽으로 쏟아지기 시작했다. 거성은 덩치가 워낙 커서 표면이 별 중심으로부터 멀리 떨어져 있다. 그만큼 자기 중력으로 표면 물질을 붙잡는 중력도 약하다. 결국 바로 옆 동반성이 끌어당기는 중력의 영향을 더 강하게 받게 되고, 물질을 계속 빼앗기면서 별의 질량은 점차 줄어들었다.

자신의 중력으로 물질을 붙잡아두지 못하고 동반성에게 빼앗기는 한계 지점을 로슈 로브Roche lobe라고 한다. 쌍성 주변에 로슈 로브를 설정하면 각 별을 감싸는 물방울 모양 경계가 나타난다. 두 물방울의 뾰족한 끝은 별이 서로를 마주 보는 방향으로 맞닿아 있다. 질량이 더 무거운 별이 빠르게 진화하며 거대하게 팽창하다 보면 결국 로슈 로브 경계를 넘어선다. 그 순간 거대하게 부푼 별의 표면 물질은 원래 속해 있던 별의 중력권을 벗어난다. 대신 더 강력한 중력으로 자신을 유혹하는 동반성 쪽으로 흘러 들어간다. 이로써 밀착한 쌍성 사이에서 활발한 질량 교환이 일어난다.

질량이 컸던 별은 상대에게 질량을 내어주며 가벼워진다. 반대로 가벼웠던 별은 흡수한 물질로 몸집을 불려 훨씬 무거운 별로 변신한다. 결국 알골의 패러독스는 두 별이 서로를 너무 사랑한 나머지 두 별이 지나치게 가까워지며 빚어낸 역설적인 풍경이다. 먼저 진화한 별이 로슈 로브라는 한계를 넘어 상대에게 한 발짝 더 다가섰고, 자신의 물질을 아낌없이 내어주는 헌신을 발휘한 덕분이다. 이 거대한 우주적 희생이 마치 시간이 거꾸로 흐르는 듯한 신비로운 광경을 빚어냈다. 알골은 헌신적인 사랑이 때로 세월의 벽조차 뛰어넘을 수 있다는 위로를 건네는 듯하다.

이집트의 시간의 관찰자

알골의 주기와 관련해 흥미로운 이야기가 하나 전해진다. 고대 이집트인들 역시 알골이 약 사흘 주기로 밝기를 바꾼다는 사실을 이미 간파했을지 모른다는 가설이다. 공식적으로 알골의 규칙적인 밝기 변화에 주목해 주기가 대략 사흘임을 처음 발견한 사람은 구드릭

별 1

별 2

로슈 로브

1. 알골은 원래 평범한 쌍성이었다.

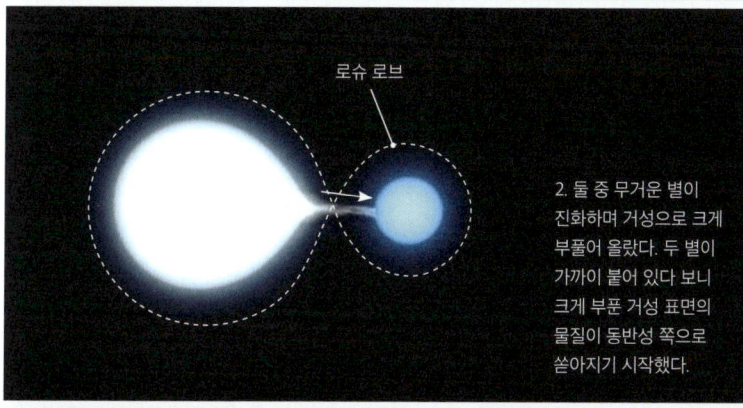

로슈 로브

2. 둘 중 무거운 별이 진화하며 거성으로 크게 부풀어 올랐다. 두 별이 가까이 붙어 있다 보니 크게 부푼 거성 표면의 물질이 동반성 쪽으로 쏟아지기 시작했다.

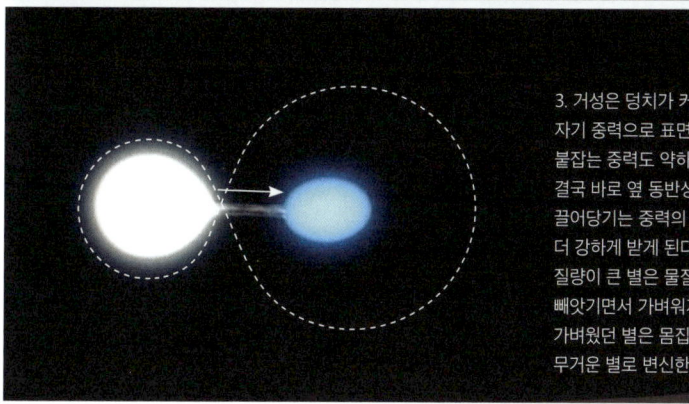

3. 거성은 덩치가 커서 자기 중력으로 표면 물질을 붙잡는 중력도 약하다. 결국 바로 옆 동반성이 끌어당기는 중력의 영향을 더 강하게 받게 된다. 질량이 큰 별은 물질을 빼앗기면서 가벼워지고 가벼웠던 별은 몸집을 불려 무거운 별로 변신한다.

이다. 이후 피커링과 포겔을 거쳐 19세기에 이르러서야 알골 주기가 세상에 명확히 알려졌다. 그런데 이보다 무려 3000년 앞선 고대 이집트에서도 정확히 사흘 주기로 반복되는 알골의 변덕을 이미 꿰뚫고 있었다는 증거가 발견되었다.

이 가설은 고대 이집트의 카이로 달력에서 출발한다. 당시 시간의 관찰자hour watcher라 불리던 이들은 매일 밤 밝은 별과 행성의 움직임을 쫓으며 역사적 사건의 길흉을 점쳤다. 이들은 1년 동안 각 날짜를 아침과 한낮, 저녁 세 구간으로 나눈 뒤 구간마다 길흉을 따졌고 그 결과를 파피루스에 기록해 카이로 달력을 완성했다.

천문학자들은 카이로 달력에 적힌 길일과 흉일이 일정한 주기로 되풀이된다는 사실에 주목했다. 통계 분석 결과 이 달력에는 크게 두 가지 주기가 존재했다. 첫 번째는 약 29.6일마다 반복되는 강한 주기였다. 달의 위상이 삭에서 삭으로, 또는 망에서 망으로 똑같은 위상으로 다시 되돌아오는 데 걸리는 주기 삭망월(29.53일)과 거의 일치한다. 그런데 이 삭망월 주기를 걷어내자 길흉 패턴 속에 숨어 있던 또 다른 작은 주기가 모습을 드러냈다. 그 주기는 약 2.85일이었다. 알골의 두 별이 서로를 맴돌며 밝기를 바꾸는 주기와 정확히 맞닿아 있다.

물론 2.85일이라는 값이 정확히 무엇의 주기인지 알 수 없다. 하지만 몇 가지 정황은 고대 이집트인이 알골을 관측해 길흉을 점쳤을 가능성을 강력히 시사한다. 우선 알골은 당시 이집트 밤하늘에서 육안으로 충분히 볼 수 있는 변광성이었다. 1년 내내 지평선 아래로 저무는 일이 드물어 언제나 이집트 하늘에 높이 떠 있었다. 알골은 밝기 변화가 상당히 커서 망원경이 없던 시절에도 충분히 알아차릴 수 있다. 특히 주변에 다른 별이 밀집해 있어, 밝기가 일정한 다른 별과 비교하면 알골의 변덕은 더욱 확연히 드러난다.

엄밀히 따지면 구드릭이 파악한 알골 주기는 약 2.867일이다. 반면 카이로 달력에서 발견한 주기는 약 2.85일로, 현대 측정치보다 약 25분가량 짧다. 이 정도 차이는 사소한 측정 오차로 치부할 수도 있다. 하지만 역설적으로 이 미세한 간극이야말로 카이로 달력과 알골의 연결 고리를 더욱 단단히 이어주는 결정적 증거가 된다.

앞서 살폈듯 알골을 이루는 두 주인공 사이에서는 별의 물질이 다른 별로 쏟아지는 질량 교환이 일어난다. 오랜 세월 질량 이동이 이어지면 각 별의 질량이 변하고, 쌍성계 전체의 질량 중심점도 틀어지며 결국 공전 주기가 미세하게 길어진다. 현재 알골 주기는 2.867일이나, 카이로 달력을 제작한 기원전 1224년경 주기를 2.85일로 가정하면 질량이 흘러가는 속도를 역으로 계산할 수 있다. 현재 두 별의 질량은 각각 태양의 3.7배 그리고 0.8배인데, 두 별의 공전 주기가 3000년 사이에 25분 늘어났다면 두 별 사이에서는 1000만 년당 태양 두 개에 달하는 질량이 이동해야 한다. 이는 다른 정밀 관측으로 추정한 알골 시스템의 질량 이동 속도와 거의 일치한다.

이처럼 흥미로운 우연과 정황이 맞물리며 일부 천문학자는 카이로 달력의 2.85일 주기가 기원전 12~13세기 무렵 이집트 밤하늘을 수놓았던 알골의 변덕을 반영한다고 분석한다. 당시 알골은 지금보다 25분 짧은 주기로 한층 가쁘게 요동쳤다. 이후 3000년 동안 꾸준히 질량 교환이 일어나며 오늘날의 느긋한 리듬에 이르렀다는 해석이다. 오랜 세월 사랑을 주고받은 두 별이 서서히 지쳐가며 그들이 선보이는 춤사위도 조금씩 느려진 셈이다. 이 가설이 사실이라면 고대 이집트인은 단순히 알골의 밝기가 변하는 수준을 넘어 그 주기까지 정확히 파악하고 있었던 것이다. 이는 인류 역사상 가장 오래도록 지켜본 사랑의 현장일지도 모른다. 물론 여전히 이 주장에 반론을 제기하는 학자도 적지 않다.

알골은 우리에게 중요한 교훈을 전해준다. 겉으로 보이는 모습만으로 내린 성급한 판단이 진실을 가릴 수 있다고 말이다. 알골이 그저 밤하늘의 작은 얼룩으로 보이던 시절, 사람들에게 이 별은 기분 나쁘게 어두워지는 불길한 징조일 뿐이었다. 가끔 마주할 때마다 모습이 달라지는 알골은 두렵고 불편한 존재였으며 사람들은 그 위에 신화 속 괴물과 귀신의 이미지를 투영했다.

알골을 오랫동안 바라본 끝에 비로소 우리는 가장 사랑스러운 별들의 왈츠가 그곳에서 벌어지고 있음을 깨달았다. 알골은 한 별이 다른 별로 물질을 흘려보내며 세월을 거스르는 가장 애처롭고 헌신적인 사랑이 펼쳐지는 무대다. 천문학자들은 이런 방식으로 진화하는 쌍성을 모두 알골형 쌍성이라 일컫는다. 그렇다. 이제 알골은 우주에서 가장 이타적인 사랑을 상징하는 이름이 되었다.

이제 알골의 실상을 마주한 우리는 그곳에서 두려움이 아닌 사랑을 느낀다. 알골이 보여준 불쾌한 변덕은 그저 사랑의 징표였을 뿐

우리가 두려워할 이유는 전혀 없었다. 어쩌면 알골은 사랑이 두렵게 느껴지는 이유가 우리가 그 대상을 충분히 오래 바라보지 않았기 때문이라는 사실을 조용히 일깨우고 있는지도 모른다.

이해는 바라보는 것에서
시작된다

고백하자면, 나는 별을 그다지 좋아하지 않았다. 천문학자인 내가 이런 말을 하면 배신감을 느낄지도 모르겠다. 천문학 공부를 시작했을 때부터 나는 별 하나보다 수천억, 수조 개 별이 모여 이룬 거대한 집단에 더 끌렸다. 천문학과 우주에 마음을 빼앗긴 계기가 애니메이션 〈은하철도 999〉였으니, 어쩌면 처음부터 내 시선은 하나의 별보다 은하로 기울었는지도 모른다. 나에게 우주는 언제나 하나의 점이 아니라, 셀 수 없이 많은 점이 모인 은하의 압도적인 풍경으로 다가왔다.

내가 은하에 마음을 빼앗긴 까닭은 민망할 정도로 단순하다. 지극히 외모지상주의적인 이유였다. 별은 겉보기에는 서로 큰 차이가 없었다. 이 별이나 저 별이나, 결국 칠흑 같은 어둠 속에 박힌 작은 점일 뿐이기 때문이다. 게다가 아무리 거대한 망원경을 들이대도 별은 좀처럼 얼굴을 보여주지 않는다. 별 자체는 거대하지만 거리가 압도적으로 멀다. 그래서 인류가 개발한 가장 뛰어난 망원경으로도 별은 하나의 점으로 보일 뿐이다. 그런 시시한 모습은 나에게 큰 매력으로 다가오지 않았다.

반면 은하는 달랐다. 건물 불빛 하나, 자동차 전조등 하나는 심심할지 모르나, 수많은 불빛이 모인 순간 도시는 아름다운 야경을 완성한다. 은하도 마찬가지다. 별은 하나하나 작은 점에 불과하지만 그 점이 무수히 많이 모여 이룬 은하는 전혀 다른 장면을 선보였다. 어떤 은하는 별이 거대한 소용돌이처럼 휘감긴 모습을 보여 주고, 어떤 은하는 별이 둥글게 들어찬 묵직한 위압감을 드러낸다. 도시마다 야경이 다르듯 은하마다 표정이 달랐다. 나는 그 다양성에 빠져들었다. 어차피 평생 연구해야 한다면, 이왕이면 겉보기에도 아름다운 대상을 붙들고 싶었다. 그래서 나는 별 하나의 탄생과 죽음보다, 별이 모여 이룬 거대한 도시가 지닌 탄생과 진화를 바라보는 쪽으로 마음을 돌렸다.

돌이켜보면 나는 하나의 존재가 내는 외로운 홍얼거림보다 합창을 더 사랑했다. 별 하나가 들려주는 이야기가 아니라, 여러 별이 외치는 수많은 서사가 소란스럽게 어우러진 화음에 더 빠져들었다. 별이 각자 무슨 말을 하는지 세심하게 귀 기울여 듣기보다, 천체가 한꺼번에 모여 이룬 장엄한 풍경에 더 관심이 많았다. 그런데 이번 책을 집필하며 밤하늘을 멍하니 바라보는 시간이 늘어났다. 평생 우리 은하 너머 머나먼 외부은하에만 몰두했던 내가, 오랜만에 코앞 가까운 거리에서 흐릿하게 흘러가는 은하수 속의 희미한 별빛에 주목했다. 그 항성이 품은 사연을 하나하나 따라가기 시작했다. 그리고 웅장한 합창과 다른 독주곡만의 매력에 빠져들었다.

어떤 별은 길 잃은 이에게 길잡이가 되었고, 어떤 별은 선구자에게 오래된 세계관을 뒤집을 용기를 불어넣었다. 어떤 별은 아직 찾아오지 않은 먼 미래를 상상하게 했고, 어떤 별은 미지의 생명체와의 조우를 상상하게 했다. 또 어떤 별은 죽음과 탄생의 순간이 결코 동떨어진 이야기가 아니라는 진리를 들려 주었다. 한낱 시시한 점에 불과하다고 생각했던 별은 나에게 제각기 다른 소식을 전해 주었다. 저마다 서로 다른 비밀을 감추고 있었고, 각기 다른 방식으로 인류 역사와 상상력 속에 스며들어 있었다.

아름다움은 크고 화려한 집단 속에만 있는 것이 아니다. 하나하나의 개별 존재가 지닌 서사도 그에 못지않게 아름다우며 소중하다. 아니, 그 이야기가 존재하기에 별이 모인 거대한 집단이 뽐내는 아름다움도 존재할 수 있다. 이 책을 완성하며 문득 그동안 은하에만 한눈을 파는 바람에, 정작 별 하나가 매일 전해준 소중한 소식에는 신경 쓰지 못했던 지난날이 떠올라 미안하게 느껴졌다.

몇 년 전, 한 인터뷰에서 별을 왜 바라봐야 하는지를 묻는 질문에 이렇게 답한 적이 있었다. "수백, 수천 광년을 날아온 별빛이 그 누구의 눈동자에도 닿지 못한다면 그 별빛은 얼마나 서운할까." 어쩌면 이해란 그런 과정인지도 모른다. 오래 바라보며 그 의미를 알아차리는 일 말이다.

별을 이해하고 싶다면 우리가 해야 할 일은 하나뿐이다. 당장 창문을 열고 바깥을 보라. 그리고 머리 위에서 희미하게 빛나는 별빛을 눈동자에 담아 보자. 그 순간 우주가 말을 걸기 시작할 것이다. 온종일 들어도 지루할 틈 없는 방대한 소식을 품고서.

1. 미래를 가리키는 안내자, 시리우스

15쪽 NASA Goddard Space Flight Center

18쪽 Wikimedia commons/Merlin UK

20쪽 Wikimedia commons/Nick Teomancimit

21쪽 셔터스톡

25쪽 위 사진 NASA, ESA, H. Bond (STScI), and M. Barstow (University of Leicester)

25쪽 아래 사진 NASA, ESA and G. Bacon (STScI)

2. 흔들리는 밤하늘의 나침반, 북극성

41쪽 Bureau of Engraving and Printing

50쪽 외교부 누리집

54쪽 Carnegie Observatories

56쪽 NASA, ESA, G. Bacon (STScI)

3. 낯선 세계로 이끄는 길잡이, 카노푸스

67쪽 NASA

70쪽 Johannes Hevelius

지구인에게, 별로부터
12개 별이 전해준 138억 년 우주의 소식

초판 1쇄 인쇄 2026년 4월 14일
초판 1쇄 발행 2026년 4월 22일

지은이 지웅배
펴낸이 김선식

부사장 김은영
책임기획 백지윤 **책임편집** 옥다애 **디자인** 정아연 **책임마케터** 이현주
콘텐츠사업4팀장 박윤아 **콘텐츠사업4팀** 정아연, 임지원, 옥다애, 최유진
마케팅사업2팀 오서영, 이현주, 단비 **홍보2팀** 정세림, 고나연, 이다은
브랜드사업본부장 정명찬
브랜드홍보팀 오수미, 서가을, 박장미, 박주현 **영상홍보팀** 이수인, 염아라, 이지연, 노경은
저작권팀 성민경 **편집관리팀** 조세현, 김호주, 백설희
재무관리팀 하미선, 임혜정, 이슬기, 김주영, 오지수
인사총무팀 강미숙, 김재경, 김혜진, 김주림, 황종원
제작관리팀 이소현, 김소영, 유미애, 이지우, 이승협
물류관리팀 김형기, 김선진, 주정훈, 양문현, 채원석, 박재연, 이준희, 최대식
외부스태프 본문 일러스트 이한

펴낸곳 다산북스 **출판등록** 2005년 12월 23일 제313-2005-00277호
주소 경기도 파주시 회동길 490 다산북스 파주사옥
전화 02-704-1724 **팩스** 02-703-2219 **이메일** dasanbooks@dasanbooks.com
홈페이지 www.dasan.group **블로그** blog.naver.com/dasan_books
종이 스마일몬스터 **인쇄** 민언프린텍 **코팅·후가공** 제이오엘앤피 **제본** 국일문화사

ISBN 979-11-306-7634-0 (03400)

다산북스(DASANBOOKS)는 책에 관한 독자 여러분의 아이디어와 원고를 기쁜 마음으로 기다리고 있습니다.
출간을 원하는 분은 다산북스 홈페이지 '원고 투고' 항목에 출간 기획서와 원고 샘플 등을 보내주세요.
머뭇거리지 말고 문을 두드리세요.